凤凰建筑数字设计师系列

3ds Max & VRay渲染演绎风暴

何才山　　李林凤　　主编

U0341406

江苏科学技术出版社

图书在版编目（ＣＩＰ）数据

3ds Max&VRay渲染演绎风暴 / 何才山，李林凤主编.
-- 南京 ： 江苏科学技术出版社，2014.1
（凤凰建筑数字设计师系列）
ISBN 978-7-5537-1899-6

Ⅰ. ①3… Ⅱ. ①何… ②李… Ⅲ. ①三维动画软件
Ⅳ. ①TP391.41

中国版本图书馆CIP数据核字(2013)第202018号

凤凰建筑数字设计师系列
3ds Max & VRay 渲染演绎风暴

编　　　者	何才山　　李林凤	
责 任 编 辑	刘屹立	
特 约 编 辑	封秀敏	

出 版 发 行	凤凰出版传媒股份有限公司
	江苏科学技术出版社
出 版 社 地 址	南京市湖南路1号A楼，邮编：210009
出 版 社 网 址	http://www.pspress.cn
总　经　销	天津凤凰空间文化传媒有限公司
总 经 销 网 址	http://www.ifengspace.cn
经　　　销	全国新华书店
印　　　刷	北京博海升彩色印刷有限公司

开　　本	787 mm×1 092 mm	1/16	
印　　张	28		
字　　数	663 000		
版　　次	2014年1月第1版		
印　　次	2014年1月第1次印刷		

标 准 书 号	ISBN 978-7-5537-1899-6
定　　价	98.00元

内容提要

　　本书深度解析当前市场各种设计风格的案例，再现不同场景的经典佳作。既探讨了3ds Max的布光技巧，又揭秘了VRay中不为人熟知的实用参数。《3ds Max & VRay渲染演绎风暴》不仅是一本VRay渲染书籍，还是一本室内装饰设计的实用宝典。

　　本书共13章，前12章分别介绍了客厅、餐厅、卧室、卫生间、书房、视听间、会客室等案例，每个案例都讲解了不同户型、不同风格及不同的软装应用。第13章是作者的心得体会和经验总结。在讲解材质和灯光过程中，针对遇到的或者可能遇到的问题都采用了图文结合的形式进行分析和解答，并给读者提供一个和本章案例风格类似的场景进行练习。读者可以通过学习不同场景的材质设置技巧、布光思路，全面提升渲染室内效果图的表现功底与水平，轻松制作出照片级的室内三维作品。

　　本书配有DVD光盘，内容包括全部案例的场景文件、材质贴图、光域网等，以及附送的精品家具模型。别具一格的讲解方式、多样性的案例，使本书观赏性、技术参考性和实用性更强。本书适合中级用户、各类室内设计、建筑与照明设计人员使用，也可作为培训人员的参考书，同时还可作为各大、中专院校美术专业师生的辅助阅读书籍。

前　言

　　随着人们生活水平与欣赏能力的不断提高，人们对室内家装设计的要求也越来越高，因此，室内设计师所面对的挑战也越来越大。那么如何才能提高自身的设计和表现水平，让自己的设计方案得到客户认可呢？效果图的"表现"无疑是室内设计中非常重要的环节，真实、细致的表现在一定程度上可以起到推波助澜的作用。

　　本书以实例教学的形式介绍了3ds Max和VRay进行室内表现的方法和技巧。本书内容丰富、结构清晰。全书共13章，前12章列举了若干个极具代表性的案例及场景，并且每个章节都有重点专题，第13章主要是作者的一些心得体会。本书在对不同类型的室内家装案例的讲解过程中更注重VRay渲染技术的提炼和讲解。书中各章主要内容如下。

　　第1章为VRay基础知识篇。讲解了VRay特点、VRay默认选项面板、VRay间接面板、VRay设置面板等，在讲解VRay参数的同时，也融入了一些小的测试案例。

　　第2章为新古典风格客厅篇。主要讲解了新古典风格的特点及软装应用、基本材质的设置以及太阳光的创建。本章的学习目的主要是熟悉3ds Max和VRay室内效果图表现的基本操作流程。

　　第3章为田园风格别墅篇。主要讲解了【VR灯光】模拟天光以及窗帘材质、布纹材质和木纹材质的设置方法。

　　第4章为巴洛克风格试听间篇。主要讲解了试听间中屏幕、壁纸等典型材料的设置方法，以及"人工光"在场景中的布光技巧，场景中不但使用了VRay专用灯光，而且配合使用了3ds Max标准灯光以及光域网。

　　第5章为欧式古典风格会客室篇。主要讲解了"自然光"与"人工光"在场景中的布光方法，材质表现上重点讲述了水材质以及玻璃材质的设置方法。另外，本章还讲述了利用3ds Max批处理渲染命令进行VRay多视角渲染的技巧和方法。

　　第6章为中式风格客厅篇。主要讲解了如何使用灯光营造夜晚的室内气氛的方法和技巧，材质方面则重点讲述了屏风材质、透光云石材质以及菲涅耳反射的应用。

　　第7章为后现代风格卫生间篇。主要讲解了如何使用【目标灯光】作为场景的主光源，以及卫生间中常见的陶瓷、不锈钢、马赛克等材质的设置方法。

　　第8章为洛可可风格餐厅篇。主要讲解了如何结合材质和灯光来表现豪华餐厅效果，材质方面主要针对表现难度较大的软包、金铂以及金属、木纹等材质做了细致的讲述。

　　第9章为东南亚风格卧室篇。重点对卧室中的床铺、床头柜以及台灯等物体的材质做了详细的讲解，以及主要讲解了如何表现中午强烈阳光照射下的白天效果。

　　第10章为地中海风格卧室篇。主要讲解了如何表现傍晚夕阳西下的布光技巧和原则。在材质方面主要针对地板、装饰织物、纱帘等材质的设置方法进行了详细的讲述。

　　第11章为美式风格书房篇。主要讲解了美式风格的特点，以及如何使用【VR灯光】模拟天光和如何使用【目标灯光】模拟室内光照。材质方面重点讲述了电脑、植物以及皮革材质的设置方法。

　　第12章为欧式古典会客室篇。主要讲解了如何使用LWF进行渲染，如何渲染AO图以及AO图和成图的使用。材质方面重点介绍了布纹材质的设置方法。

　　第13章为技法与心得篇。深入讲解现实中的光与表现图中光的区别与运用，以及本人从事多年表现图的一些经验。

　　另外，本书实例使用VRay Adv 1.50 SP2版本，对于习惯了使用其他版本的用户，本书内容同样适用。

编者

2014年1月

目　录

1　VRay渲染面板详解

在3ds Max众多的渲染器中，笔者最欣赏的就是VRay渲染器。VRay渲染器是一款结合了光线跟踪和光能传递的渲染器，它是由光子图来进行计算的，类似于Lightscape的光能传递计算方式，可真实地创建出专业的照明效果。VRay的【渲染设置】对话框如图1-1所示。

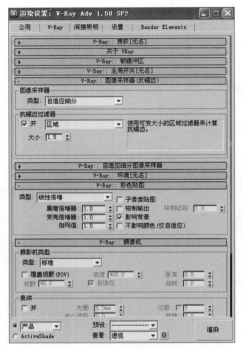

图1-1 VRay的【渲染设置】对话框

1.1 初识VRay

VRay渲染器是3ds Max软件中的一种渲染插件。它的出现，使得3ds Max渲染的真实性又提高了一个档次。本章来学习VRay渲染器的强大功能。

1.1.1 VRay简介

VRay渲染器是保加利亚的Chaos Group公司开发的3ds Max全局光渲染器。Chaos Group公司是一家以制作3D动画、电脑影像和软件为主的公司，有50多年的历史，其产品包括电脑动画、数字效果和电影胶片等。

VRay渲染器是模拟真实光照的一个全局光渲染器，无论是静止画面还是动态画面，其真实性和可操作性都让用户为之惊讶。VRay渲染器主要用于渲染一些特殊的效果，如次表面散射、光影追踪、焦散、全局照明等。VRay是一种结合了光线跟踪和光能传递的渲染器，其真实的光线计算创建了专业的照明效果，可用于建筑设计、灯光设计、展示设计等多个领域。其特点是渲染速度快，目前很多制作公司都使用它来制作建筑动画和效果图，就是看中了这一优点。 VRay光影追踪渲染器有Basic Package

和 Advanced Package两种包装形式。其中，Basic Package具有适当的功能和较低的价格，适合学生和业余艺术家使用；Advanced Package 包含有几种特殊功能，适用于专业人员使用。

1.1.2 软件版本和特点

自VRay面市以来，版本的不断更新使其自身的功能也越来越强大。从目前的使用情况来统计，可以将其分为VRay1.09系列、VRay1.4系列、VRay1.5系列、VRay1.6系列和Vray2.0系列。

在众多的版本系列中，以VRay1.5系列的用户群最多，渲染效果也最稳定。

我们可以把VRay的特点概括为以下三点。

（1）真实性。

VRay渲染器完全可以得到照片级的效果，VRay对物体的阴影、材质、光线跟踪的表现都非常真实（见图1-2和图1-3）。具体表现如下：

真正的光影追踪反射和折射。

平滑的反射和折射。

半透明材质用于创建石蜡、大理石、磨砂玻璃。

面阴影（柔和阴影），包括方体和球体发射器。

间接照明系统（全局照明系统）。可采取直接光照和光照贴图方式、运动模糊。

摄像机景深效果。

散焦功能。

基于G-缓冲的抗锯齿功能。

可重复使用光照贴图。

可重复使用光子贴图。

带有分析采样的运动模糊。

真正支持 HDRI贴图，包含 *.hdr、*.rad 图片装载器，可处理立方体贴图和角贴图坐标。

可直接贴图而不会产生变形或切片。

可产生正确物理照明的自然面光源与能够更准确并更快计算的自然材质。

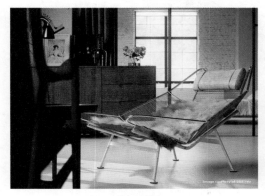

图1-2 照片级效果（一）　　　　　　　图1-3 照片级效果（二）

（2）全面性。

　　VRay可适用于室内、建筑、景观、动画、工业产品、影视等各个领域，适用面非常广（见图1-4）。

（a）　　　　　　　　　　　　　　　　　（b）

（c）　　　　　　　　　　　　　　　　　（d）

（e）

（f）

（g）

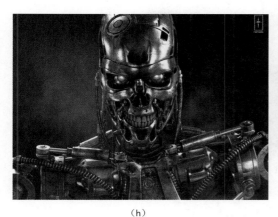

（i）

（h）

图1-4 VRay适用的各个领域的照片

（3）灵活性和高效性。

可以根据需要调节VRay渲染器的参数，从而使其自身控制渲染质量、速度，效率非常高。

1.1.3 指定VRay渲染器

在介绍VRay的面板之前，首先要确认在3ds Max中安装了VRay渲染器。在此笔者推荐使用【中文版V-Ray Adv 1.50 SP2】版本。

在3ds Max界面中单击工具栏中的 按钮，打开【渲染设置】对话框。在打开的对话框中，单击【公用】选项卡，展开【指定渲染器】卷展栏，单击产品右侧的 按钮，在弹出的【选择渲染器】对话框中选择【V-Ray Adv 1.50 SP2】渲染器，如图1-5所示。单击【确定】按钮即可。

图1-5 指定渲染器

此时，在【指定渲染器】卷展栏下的【产品级】类型自动切换为【V-Ray Adv 1.50 SP2】渲染器，如图1-6所示。

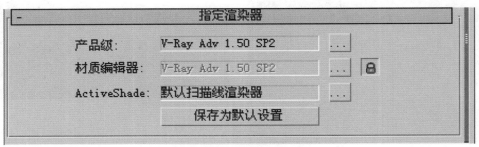

图1-6 指定场景渲染器

1.2 VRay默认选项面板

VRay由七大部分组成，以卷展栏的形式存在，包括：渲染器卷展栏、灯光卷展栏、阴影卷展栏、材质以及贴图类型卷展栏、VRay物体卷展栏、置换修改器卷展栏和卡通卷展栏。下面讲解各卷展栏。

1.2.1 VRay授权【无名】

【V-Ray：授权［无名］】卷展栏：授权中显示了注册信息，如计算机名称或IP信息等。注意：这部分没有具体作用，如图1-7所示。

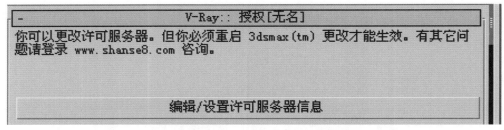

图1-7 【VRay：授权（无名）】卷展栏

1.2.2 关于VRay

【关于VRay】卷展栏：该卷展栏显示的是软件商标和当前渲染器的版本号【V-Ray Adv 1.50 SP2】，如图1-8所示。

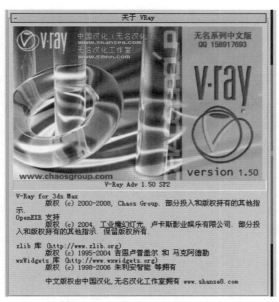

图1-8 【关于VRay】卷展栏

1.2.3 VRay帧缓冲区

【V-Ray：：帧缓冲区】卷展栏：用来设置使用VRay自身的图像帧序列窗口，设置输出尺寸，对图像文件的保存，以及对G-缓冲器图像文件的保存等内容，如图1-9（左）所示。开启【启用内置帧缓冲区】后的效果，如图1-9（右）所示。

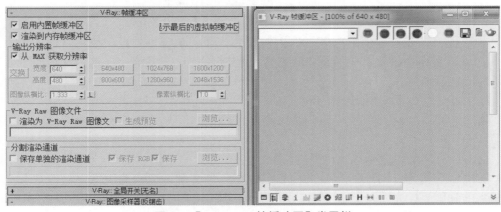

图1-9 【V-Ray：：帧缓冲区】卷展栏

启用内置帧缓冲区：勾选此选项，将使用VRay渲染内置的帧缓冲区，而且它不会渲染任何数据到3ds Max自身的帧缓冲区，3ds Max自身的帧缓冲区仍然是存在的。

从Max获取分辨率：勾选此选项，将使用3ds Max所设置的分辨率。

渲染为V-Ray Raw图像文件：该项类似于将3ds Max的渲染图像输出。

生成预览：勾选此选项，可以观看系统的渲染过程。

1.2.4 VRay全局开关

【V-Ray：：全局开关】卷展栏：是VRay对几何体、灯光、间接照明、材质、光影跟踪的全局设置。如：对什么样的灯光进行渲染，对间接照明的处理方式，对材质的反射/折射调节，以及对光影跟踪的偏移方式进行全局的设置管理，如图1-10所示。

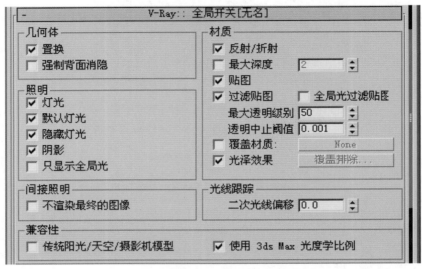

图1-10 【V-Ray：：全局开关】卷展栏

置换：该项决定是否使用VRay自带的置换贴图效果。勾选此选项，不会影响到3ds Max中的置换效果。

灯光：决定是否使用全局的灯光，也就是说这个选项是VRay场景中直接灯光的总开关，当然这里的灯光不包括3ds Max默认的灯光。如果不勾选的话，系统不会渲染手动设置的任何灯光，即使这些灯光处于勾选的状态，系统也是自动使用默认灯光渲染场景。所以当你不希望渲染场景中直接灯光的时候，只需取消勾选这个选项和下面的默认灯光选项即可。

默认灯光：是否使用3ds Max的默认灯光。

隐藏灯光：勾选此项的时候，系统会渲染隐藏的灯光效果而不会考虑灯光是否被隐藏。

阴影：决定是否渲染灯光产生的阴影。

仅显示全局光：勾选的时候直接光照将不包含在最终渲染的图像中，但是在计算全局光的时候直接光照仍会被考虑，只是最后仍显示间接光照明的效果。

反射/折射：勾选此选项，才能使用VRay材质或贴图的光线反射/折射效果。

最大深度：设置VRay材质或贴图的光线反射/折射的最大反弹参数。如果不勾选此选项，反弹的次数将使用材质/贴图的局部参数来控制；若勾选此选项，其参数将取代局部参数的设置。

1.2.5 VRay图像采样器

【V-Ray：：图像采样器】卷展栏：主要负责图像的精细程度。使用不同的采样器会得到不同的图像质量，对纹理贴图使用系统内定的过滤器，可以进行抗锯齿处理。每种过滤器都有各自的优点和缺点。在此提供了3种采样器类型，即固定比率、自适应准蒙特卡洛和自适应细分，如图1-11所示。

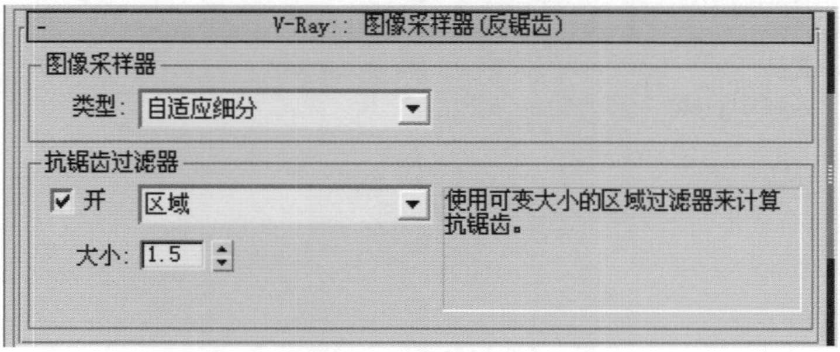

图1-11 【V-Ray：：图像采样器】卷展栏

固定比率：3种采样器中最简单的一种采样方法，它对每个像素采用固定的几个采样。

自适应准蒙特卡洛：一种最简单的高级采样法，首先对图像中的像素采样较少的数目，然后对邻近的像素进行高级采样以提高图像质量。

自适应细分：这是一种较好的高级采样器。相对于其他采样器，它能够以较少的采样数目（花费较少的时间）来获得相同的图像质量。

1.2.6 VRay环境

【V-Ray：：环境】卷展栏：用来指定使用全局照明、反射以及折射时使用的环境颜色和环境贴图。如果在场景中没有指定环境颜色和环境贴图，那么将默认为Max的环境颜色和环境贴图，如图1-12和图1-13所示。

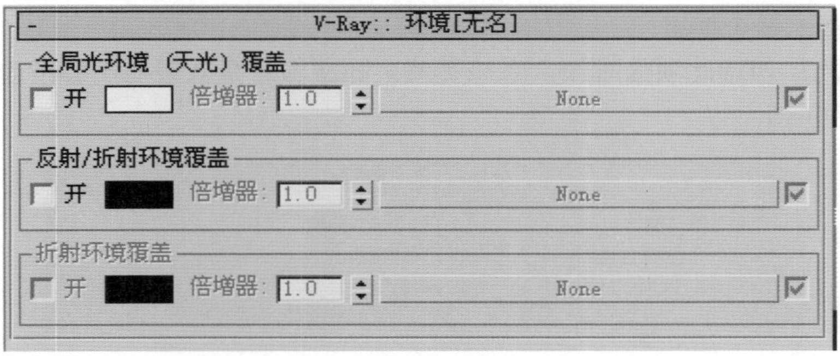

图1-12 【V-Ray：：环境】卷展栏

图1-13 开启环境光后的效果

【全局光环境（天光）覆盖】选项区：可以在计算间接照明的时候代替3ds Max的环境设置，这种改变环境的效果类似于天空光。

开：只有在这个选项被勾选后，其余的参数才会被激活，在计算GI的过程中VRay才能使用指定的环境色或纹理贴图，否则系统将使用3ds Max默认的环境参数设置。

颜色：指定背景颜色。

倍增器：设置天空颜色的亮度倍增值。

【反射/折射环境覆盖】选项区：在计算反射、折射的时候替代3ds Max自身的环境设置，也可以选择在每个材质或贴图的基础设置部分来替代3ds Max的反射/折射环境。其他参数与【全局光环境（天光）覆盖】的区域参数相同。

【折射环境覆盖】选项区域：在计算反射的时候替代3ds Max自身的环境设置，其他参数与【全局光环境（天光）覆盖】的区域参数相同。

1.2.7 VRay彩色贴图

【V-Ray：：彩色贴图】卷展栏：该卷展栏用于设置最终图像的颜色映射，其参数面板如图1-14所示。

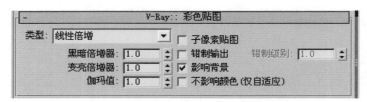

图1-14 【V-Ray：：彩色贴图】卷展栏

彩色贴图的类型共有7种，即线性倍增、指数、HSV指数、强度指数、伽玛校正、亮度伽玛和莱因哈德。

线性倍增：该模式是基于最终图像的亮度来进行的简单倍增。该模式相对于其他模式而言，渲染需要的时间会多一些，并且容易产生曝光现象。

指数：该模式是基于亮度来决定颜色的饱和度，它不易产生渲染现象，但由于它不限制颜色范围，所以会导致颜色的色调偏移。

HSV指数：该模式与指数模式相似，但不同的是它会保护颜色的色调和饱和度。

强度指数：该模式得到的效果介于指数和HSV指数之间。

伽玛校正、亮度伽玛和莱因哈德这3种模式得到的效果基本相似。

上述7种模式的对比效果，如图1-15所示。

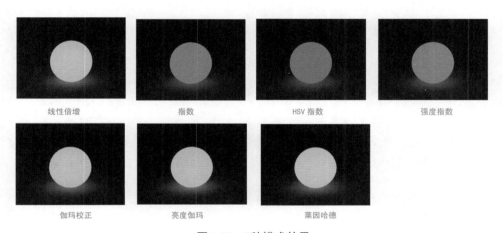

图1-15　7种模式效果

1.2.8　VRay摄像机

【V-Ray：：摄像机】卷展栏：主要控制将三维场景映射成二维平面的各种方式，以及映射的同时对景深效果和运动模糊效果的指定和调节，如图1-16所示。

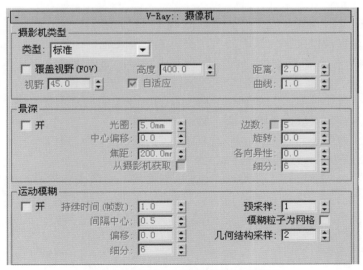

图1-16　【V-Ray：：摄像机】卷展栏

1. **摄像机类型**

类型：在下拉列表中可以选择7种摄像机类型，它们分别是标准、球形、圆柱（点）、圆柱（正交）、盒、鱼眼及变形球（旧式）。不同的摄像机使用不同的方式将三维场景投影到平面。

覆盖视野（FOV）：用来替代3ds Max默认摄像机的视角，3ds Max默认摄像机的最大视角为180°，而这里的视角最大可以设定为360°。

高度：当仅使用圆柱（点）摄像机时，该选项可用于设定摄像机高度。

自适应：当使用鱼眼和变形球（旧式）摄像机类型时，此选项可用。当勾选它时，系统会自动匹配歪曲直径到渲染图的宽度上。

距离：当使用鱼眼摄像机时，该选项可用。在不勾选自适应选项的情况下，距离控制摄像机到反射球之间的距离，值越大表示摄像机到反射球之间的距离越大。

曲线：当使用鱼眼摄像机时，该选项可用。它控制渲染图形的扭曲程度，值越小扭曲程度越大。

2. **景深（该参数栏用来设置景深效果）**

开：只有勾选此选项，才会渲染出景深效果。

光圈：设置摄像机的光圈尺寸，光圈值越大景深越小，光圈值越小景深越大，模糊程度越高。

中心偏移：这个参数控制模糊效果的中心位置，值为0意味着从物体边缘起均向两边模糊，正值意味着模糊中心向物体内部偏移，负值则意味着模糊中心向物体外部偏移。

焦距：设置摄像机焦距，焦点处的物体最清晰。

从摄像机获取：勾选此选项，焦距失效，如果渲染的是摄像机视图，则以摄像机与摄像机目标点的距离作为焦距。

边数：该参数用来模拟物理相机光圈金属叶片的数量。如果不勾选此选项，VRay将默认进光孔为圆形；如果勾选，则根据输入的值将光圈模拟为一个多边形。

旋转：设置光圈多边形的旋转方向。

各向异性：设置光圈多边形的变化，值越大，光圈越扁。

细分：该参数设置景深效果的品质，值越大，品质越好。

3. **运动模糊**

运动模糊是对正在运动的物体进行拍摄所产生的一种模糊效果。由于物体在运动，因此会有一连串或长或短的动作被曝光在同一帧图像上，也就产生了模糊效果。

开：只有勾选此选项，才能渲染出运动模糊效果。

持续时间（帧数）：控制动画运动模糊的时间间隔中心，值为0表示位于精确的动画位置，值为0.5表示位于动画帧之间的中部。

偏移：用来控制运动模糊的偏移，0表示不偏移，负值表示沿着运动方向的反方向偏移，正值表示沿着运动方向偏移。

细分：此参数用来控制运动模糊的品质，值越大，品质越好，花费的渲染时间也会越长。

1.3 VRay间接照明面板

1.3.1 VRay间接照明（GI）

【V-Ray：：间接照明】卷展栏：主要控制是否使用全局光照，全局光照渲染引擎使用什么样的搭配方式以及对间接照明强度的全局控制，同样可以对饱和度、对比度进行简单调节。VRay采用两种方法进行全局照明计算。其中，直接照明计算是一种简单的计算方式，它对所有用于全局照明的光线进行追踪计算，能产生最准确的照明结果，但是需要花费较长的渲染时间；光照贴图是一种使用较复杂的技术，能够以较短的渲染时间获得准确度较低的图像，如图1-17所示。

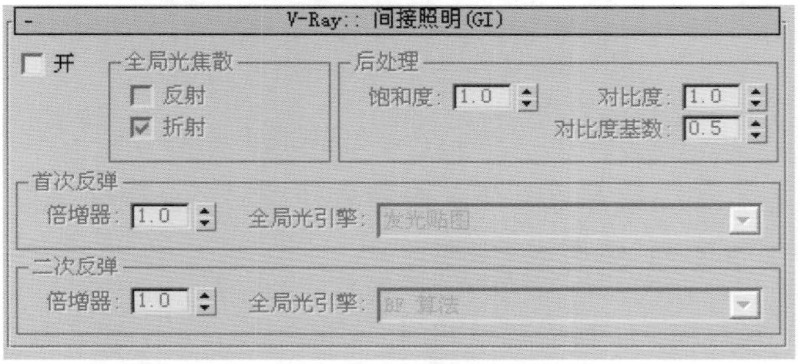

图1-17 【V-Ray：：间接照明】卷展栏

开：控制是否计算全局光，勾选此选项，就可以打开全局照明。

全局光散焦：表现全局光产生散焦的一种光学现象。反射是间接光反弹到物体表面时所产生的反射散焦；折射是间接穿过半透明（或透明）物体时形成的折射散焦，但它与直接光穿过半透明（或透明）物体所产生的散焦是不一样的。

首次反弹倍增器：设置初次反弹光的能量强度。系统默认为1，当小于1时，场景亮度会变暗；当大于1或等于0时，场景不会产生间接光照。

二次反弹倍增器：用于设置二次反弹光的倍增器。值越高，二次反弹光的能量越强。默认值是1，当小于1时，场景亮度会变暗；当等于0时，场景不会产生二次反弹。

后处理：该参数栏对渲染图像进行饱和度和对比度控制，就像经过Photoshop后期处理一样。

饱和度：控制图的饱和度，值越高，饱和度越强。

对比度：控制图像颜色对比度，值越高，颜色对比越强。

对比度基数：和上面的对比度效果相似，这里主要控制渲染图像的明暗对比，值越高，明暗对比越强烈。

1.3.2 VRay发光贴图

【V-Ray：：发光贴图】卷展栏：专门对发光贴图渲染引擎进行细致调节，如：品质的设置、基础参数的调节、普通选项、高级选项、渲染模式等内容的管理。它是VRay的默认渲染引擎，也是VRay中最好的间接照明渲染引擎，如图1-18所示。

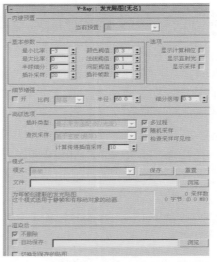

图1-18 【V-Ray：：发光贴图】卷展栏

在【内键预置】选项组中可以任意选择多种模式，分别是：自定义、非常低、低、中、中-动画、高、高-动画、非常高。

自定义：该模式可以根据自己的需要设置不同的参数，这也是默认的选项。

非常低：这个预设模式仅仅对预览有用，只表现场景中的普通照明。

低：一种低质量的用于预览的预览模式。

中：一种中等质量的预设模式，如果场景中不需要太多的细节，大多数情况下可以产生较好的效果。

中-动画：一种中等质量的预设动画模式，可减少动画中的闪烁。

高：一种高质量的预设模式，大多数情况下使用这种模式，即使具有大量细节的动画也可使用。

高-动画：主要用于解决高预设模式下渲染动画闪烁的问题。

非常高：一种极高质量的预设模式，一般用于有大量极细小的细节或极复杂的场景。

提 示

若选择【自定义】模式，基本参数选项组下的所有参数将被激活。

最小比率：该值确定全局光首次传递的分辨率。通常设置负值，这能快速地计算全局光。它类似于自适应细分图像采样器的最小比率值。

最大比率：该值确定全局光最终传递的分辨率。通常设置为正数，这样能得到很好的效果，它类似于自适应细分图像采样器的最大比率值。

模型细分：该值是细分模型的精细程度。

插补采样：该值用于插值计算的全局光样本的数量。较大的值得到的效果比较光滑，但有可能使全局光的细节丢失；较小的值能取得更多细节，但可能会产生黑斑现象。

颜色阈值：该值确定发光贴图对间接照明变化的灵敏性。较小的值将使发光贴图对间接照明的变化越加灵敏；反之，则灵敏性小。

提 示

【渲染后】选项区：该区域控制VRay渲染器在渲染过程结束后如何处理发光贴图。

不删除：该选项默认是激活的，表示发光贴图将保存在内存中直到下一次渲染前，如果关闭，VRay会在渲染任务完成后删除存在的发光贴图。

自动保存：激活该选项，在渲染结束后，VRay将发光贴图文件自动保存到用户指定的目录。如果希望在网络渲染的时候每一个渲染服务器都使用同样的发光贴图，该功能尤其有用。

切换到保存的贴图：该选项只有在自动保存激活的时候才能被激活。在勾选切换到保存的贴图选项时，当计算完上次的发光贴图后，VRay渲染器会自动设置发光贴图为"从文件"模式。

1.3.3 VRay灯光缓存

【V-Ray：：灯光缓存】卷展栏：VRay的最后一种渲染引擎，与光子贴图渲染引擎类似，是模拟真实光线的一种计算方式，但它对光线的使用没有局限性，它的渲染方式与Finalrender的渲染引擎和Mentalray的全局渲染方式十分相似，如图1-19所示。

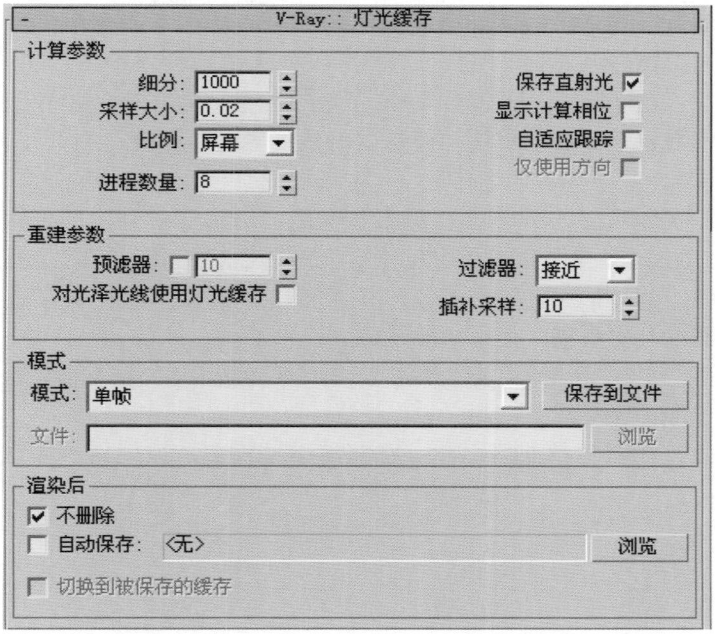

图1-19 【V-Ray：：灯光缓存】卷展栏

灯光缓存与光子贴图相比有如下几点优势：

（1）灯光缓存很容易设置，只需要确定用于光线追踪的摄影机视线路径即可，而光子贴图则需要处理场景中的每一盏灯光，并对其灯光的参数进行单独的控制。

（2）灯光缓存没有光子贴图那么多局限，它支持所有被VRay渲染器支持的灯光类型，因此适用范围很广。

（3）灯光缓存在一些细小的物体和角落部位可以产生正确的结果，而光子贴图是通过评估特定点的光子密度进行插值计算，但这种计算有些时候会产生错误的结果，导致这些部位通常不是太暗就是太亮。

（4）灯光缓存独立于视图，这样就能够被快速地计算。

① 计算参数选项区域。

细分：用来决定灯光缓存的样本数量，值越高，样本总量越多，渲染效果越好，渲染时间越慢。

采样大小：此参数用于设置采样点的尺寸。较小的值会产生较多的采样点，能得到更好的细节效果，但可能会产生噪波，并占用较多的内存。

比例：此参数用于确定采样大小和过滤大小的尺寸依据，有"屏幕"和"世界"两种方式。

进程数量：此参数用来设置灯光缓存的计算次数。这个参数由CPU的个数来确定，如果是单核单线程CPU，那么就可以设定为1，如果是双核就可以设定为2。

保存直射光：该选项控制是否在计算全局光的同时计算直接光照，并保存到灯光缓存中，当场景有很多灯的时候，使用这个选项会提高渲染速度。但如果想得到清晰、锐利的直射光效果，则取消勾选这个选项。

显示计算相位：勾选此选项可以显示计算过程，类似于发光贴图中的显示计算相位，它对渲染的效果没有影响。

自适应跟踪：这个选项用于记录场景中光的位置，并在光的位置上采用更多的样本，同时模拟特效也会处理得更快，但是占用更多的内存资源。

②重建参数区域。

预滤器：勾选此项后，VRay会在渲染图像之前对灯光缓存中的采样点进行检查，当某个采样点在较大程度上有异于附近采样点时，就会对该采样点进行过滤，使其达到由此参数指定范围内采样点的平均水平。该数值越大，表示采用更多的过滤采样点，所得到的图像会更模糊，但可消除噪波。

对光泽光线使用灯光缓存：选择此选项，灯光缓存将会把光泽效果一起进行计算，这样有助于加速光泽反射效果。

过滤器：此过滤器与预滤器不同，它在渲染过程中才被使用，并且二者的工作方式也是不同的。

1.3.4 VRay焦散

【V-Ray：：焦散】卷展栏：用来调节产生焦散效果的各种参数。焦散是光线透过半透明物体或类似玻璃、金属表面反射或折射形成的一种现象。VRay的焦散参数调节方式非常简单，而且计算速度也非常快。唯一不足的是，目前焦散卷展栏中还没有容积焦散的各种参数，如图1-20和图1-21所示。

图1-20 【V-Ray：：焦散】卷展栏

图1-21 VRay焦散效果

开：勾选此项，就可以启用散焦下的各参数。

倍增器：用来控制焦散的强度，值越大，焦散效果越亮。该参数是一个全局参数，整体控制场景中所有对象的焦散倍增。

搜索距离：用于设置光子的搜寻距离。较小的值容易产生斑点，较大的值又会产生模糊焦散效果。

最大光子：当VRay追踪一个撞击在物体表面上的光子时，它同时计算其周围产生的光子数目，再对这些光子均匀分布并照明。如果光子的数目多出了最大光子值，VRay只采用最大光子值的光子数目来计算。

【模式】选项组中用于控制发光贴图模式。此处提供了两种模式，即【新贴图】和【从文件】。当选择【新贴图】选项时，将产生新的光子图，而且它会覆盖之前渲染产生的光子图；当选择【从文件】选项时，VRay将不会计算光子图，而是从原来保存好的文件中调入，单击【浏览】按钮即可调出所需的文件。

在【渲染后】选项组中，勾选【不删除】选项，渲染完成后VRay会自动保存当前的光子贴图到内存中，否则会删除该项贴图，同时内存也会被清空；勾选【自动保存】选项，渲染后VRay将自动保存焦散光子贴图到指定的目录中；勾选【切换到保存的贴图】选项，在模式选项中将自动切换到"从文件"模式，并且使用最后保存的光子贴图来计算焦散。

1.4 VRay设置面板

1.4.1 VRay：：DMC采样器

【V-Ray：：DMC采样器】卷展栏：这个卷展栏主要控制图像的精细程度。使用不同的采样器会得到不同的图像质量，对纹理贴图使用系统内定的过滤器，可以进行抗锯齿处理。每种过滤器都有各自的优点和缺点，如图1-22所示。

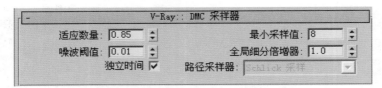

图1-22 【V-Ray：：DMC采样器】卷展栏

适应数量：用来控制样本使用的范围。

噪波阈值：用于估算产生噪波的数量。数值较小，产生的噪波就较少。

最小采样值：每个像素采样点的最小时间采样数。较大的值会产生光滑的效果，但渲染需要的时间就越长。

全局细分倍增器：该值用于控制全局参数的细分值。通过设置该值，可以快速控制全局的采样品质。

1.4.2 VRay默认置换

【V-Ray：：默认置换】卷展栏：主要针对在材质中已经指定的置换贴图物体进行三角面置换，这种置换仅在渲染时进行，对比Max的置换修改器节省了大量的内存，而且效果要优于使用Max置换修改器产生的效果，如图1-23所示。

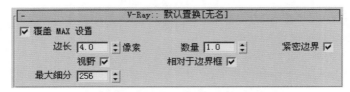

图1-23 【V-Ray：：默认置换】卷展栏

覆盖Max设置：勾选此选项，VRay使用其内置的方法在渲染被指定置换贴图的对象，否则使用3ds Max的方法渲染。

边长：在置换的过程中，VRay会将物体表面划分成许多小的三角形，划分的三角形越多，置换就越精确。

视野：勾选此选项，边长参数决定了物体表面划分的三角形的最大边长，以像素为单位。

最大细分：设置物体表面划分的三角形最大数量，实际被划分的三角形为该参数的平方，如该值为256，则实际所产生的三角形数量为256×256＝65536。通常默认值即可，如果要得到更精细的效果，可增加物体本身的片段数。

数量：设置置换效果的强度。

相对于边界框：勾选此选项，置换表面将不会超出原来物体的最大边界，这样置换的效果会非常强烈。

紧密边界：当勾选这个选项的时候，VRay对置换贴图进行预采样，可加快渲染速度；如果不勾选，将不会进行预采样。

1.4.3 VRay系统

【V-Ray：：系统】卷展栏：是对VRay渲染器的全局控制，包括光线投射、渲染区块设置、分布式渲染、物体属性、灯光属性、内存的使用方式、场景的检测、水印的使用等内容，如图1-24所示。

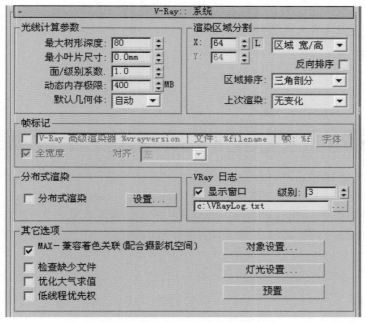

图1-24 【V-Ray：：系统】卷展栏

1. 渲染区域分割

该参数栏用于设置VRay渲染块的尺寸。VRay在渲染图像时将图像划分成若干矩形块单独进行渲染，所在矩形块渲染完成后，VRay再将其他组合成完整图像。这些矩形块相互独立，因此可以分别被多个CPU进行渲染，也可以分布到其他机器上渲染。

X：当在右侧的列表里选择区域宽/高时，它表示渲染块的像素宽度；当在右侧列表框里选择区域计算时，它表示水平方向一共有多少渲染块。

Y：当在右侧的列表框里选择区域宽/高时，它表示渲染块的像素高度；当在右侧列表框里选择区域计算时，它表示垂直方向一共有多少个渲染块。

2. 分布式渲染

该参数控制VRay的分布式渲染。一个渲染块就是当前渲染帧中被独立渲染的矩形部分，它可以被传送到局域网中其他空闲机器中进行处理，也可以被CPU进行分布式渲染。

分布式渲染：当勾选此选项以后，就可以打开分布式渲染功能。

设置：这里用来控制网络中的计算机的添加、删除等。

3. 其他选项

通过该参数栏可以设置 对象和灯光属性，还可以对前面设置的参数进行保存、载入。

对象设置：单击该按钮，系统弹出【VRay对象属性】对话框，在该对话框中，可以设置场景中所有对象的属性，如GI、焦散等。

灯光设置：单击该按钮，系统会弹出【VRay灯光属性】对话框，在该对话框中，可以设置场景中所有灯光的属性，如焦散、灯光光子贴图等。

预置：单击该按钮，系统弹出【VRay预置】对话框。VRay预置是一个比较实用的功能，它能保存渲染面板中的全部或部分参数，并可载入所保存的参数设置，从而避免了参数的反复设置，提高了操作速度和工作效率。

1.5 本章小结

本章对VRay基础知识进行了讲解，包括：VRay特点、VRay默认选项面板、VRay间接面板及VRay设置面板等；在讲解VRay参数的同时，也融入了一些小的测试案例，这样可以帮助读者更好地掌握VRay渲染器的应用。在学习本章内容的同时，除要掌握VRay的参数命令以外，还应该掌握如何应用VRay渲染器来进行工作的流程。

2　　温馨明亮——欧洲新古典风格客厅

欧洲新古典主义是在古典主义风格基础上的改良，不同于巴洛克和洛可可的艺术风格，它吸收欧洲古希腊、古罗马艺术，遵循传统美学法则，运用现代材料及结构重塑端庄、典雅以及高贵感、品质感（见图2-1和图2-2所示）。

图2-1 客厅的最终效果（一）

图2-2 客厅的最终效果（二）

2.1 设计介绍

　　所有设计思想与设计风格，无外乎是对生活的一种态度而已。为业主设计适合现代人居住、功能性强并且风景优美的新古典主义风格时，能否敏锐地把握客户需求，实际上是对设计师们提出了更高的要求。无论是家具还是配饰均以其优雅、唯美的姿态，平和而富有内涵的气韵，描绘出居室主人高雅、贵族之身份。常见的壁炉、水晶宫灯、罗马古柱亦是新古典风格的点睛之笔。

　　从图2-3平面布置中可以看出客厅面积比较大，这给新古典风格提供了有利条件，设计师大胆地把壁炉设计得格外挺拔，整个空间也因此显得富有气势。而在墙面及软装设计中大量运用曲线、直线相结合的设计手法，如家具的造型、壁纸的图案、窗帘的形式等，这些柔美优雅的曲线不但打破了直线造型的生硬，同时两者又形成一种互补与平衡，给新古典主义增加了更多浪漫的元素。

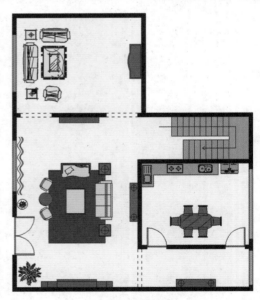

图2-3 客厅平面布置

2.2 软装应用

随着新古典主义的流行，曾经兴盛一时的曲线风格，让位给具有古希腊、古罗马时期风格的直线。新古典主义时期的家具借鉴了建筑的外形，以直线和矩形为造型基础，以雕刻、镀金、嵌木、镶嵌陶瓷及金属等装饰方法为主，家具图案的雕花和镶嵌多运用韵律节奏，摒弃了传统欧式家具的严肃和压迫感，营造出贵族奢华、浪漫的生活氛围（见图2-4和图2-5）。

图2-4 新古典家具特点（一）

图2-5 新古典家具特点（二）

一件小小的艺术品，能给人们带来视觉上的美感，一种与众不同的生活情调。如在入门的门柜上摆上一件精美的细瓷花瓶，在客厅的墙面上挂上几幅装饰画，在装饰柜里摆上几件成套的陶瓷小品，可让客人感觉到你独特的审美眼光和艺术品位，给居室营造出一种温馨的文化氛围（见图2-6）。

图2-6 艺术品的选择

壁炉在欧式风格的装修中很普遍，从某种意义上说，壁炉已经成为欧式古典设计的一个标志。壁炉的原有作用是取暖，但在中国现代家居设计中，壁炉更多的作用是装饰（见图2-7）。如果家中的壁炉只是作为房间整体的装饰，那么壁炉的外观就变得尤为重要，在风格上壁炉也需要一定的搭配和协调。

图2-7 壁炉的搭配

以下一些壁炉的搭配是笔者收集的资料（见图2-8），供读者参考。

（1）如果壁炉本身是瓷砖，那么壁炉的边缘选择色彩艳丽的马赛克，或者是在原始的泥土上装饰瓷砖的碎片，都会让壁炉大变身，充满被包裹的兴奋。

（2）如果壁炉本身是花纹，为了使壁炉和古典家居的搭配得更为和谐，壁柱上精致的雕花和复杂的曲线就必不可少了，因为它们不但能造就雍容华贵的气质，更会使整个居室风格更加优雅。

（3）如果壁炉本身是花砖，壁炉前是沙发区，花形的吊灯，朴实的红砖壁炉将人和环境有机地结合在一起。有瓷砖拼贴的边缘更衬托出红砖的质朴、坚硬，原生态的自然与朴实，在壁炉身上也显露无遗。

（4）如果壁炉本身是大理石，那么带有巴洛克样式的白色大理石就成为壁炉的最佳搭配，金色的边缘成为闪耀其中的光亮点，壁炉上与之协调的花瓶和装饰物成为点睛之笔。

图2-8 灯的种类

吊灯的样式繁多，常用的有欧式烛台吊灯、水晶吊灯、羊皮纸吊灯、时尚吊灯、锥形罩花灯、尖扁罩花灯、束腰罩花灯、五叉圆球吊灯、玉兰罩花灯、橄榄吊灯等。其他用于居室的又分单头吊灯和多头吊灯两种，前者多用于卧室、餐厅，后者多用于客厅里。

新古典的家具、饰品，追寻的目标就是通过设计上独具匠心的细节处理，将古典与现代两者融为一体，带给人们一种全新的浪漫感受。

具体而言，新古典风格饰品摒弃了巴洛克式的图案与奢华的金粉装饰，取而代之的是简单线条与几何图形（见图2-9）。其轻盈、流畅的造型，朴素、精巧的装饰，令人赏心悦目。它在继承传统美学的基础上，运用现代的材质与工艺，以一种简约的手法，再现了传统家居文化中的精髓，在打造典雅与端庄的同时，更具鲜明的时代特征。

图2-9 家居饰品的选择

高雅与和谐是新古典风格的代名词。白色、金色、黄色、暗红是欧式风格中常见的主色调（白色和黑色属于无色系），但对于居室来说并不是色彩用得多就好看，只有色彩搭配和谐，空间才不会显得凌乱。以案例中的客厅为例（见图2-10），墙面有相对较亮的白色和较暗的暗红色，有淡金色的家具装饰和白色的纱帘。

白色使色彩看起来明亮、大方，使整个空间给人以开放、宽容的非凡气度，让人丝毫不显局促。

金色代表着人们对奢华的渴求，设计师巧妙地运用金色贯穿整栋房子，在呈现居室的气派与韵味的同时，还增加了现代感。这就使得此客厅放眼望去虽未满眼金色，但仔细看时它又却无处不在。这种设计使得在家具、布艺、配饰，甚至在每个角落都绽放着低调奢华。

奢华并不一定优雅，但优雅却会散发出内在的奢华，设计师为整个客厅定制了三种颜色：金色、紫色和红色。它们在白色的底色中温和地跳动着，渲染着一种柔和高雅的气质，并使整栋大宅呈现一种尊贵感。

图2-10 客厅的色彩搭配

2.3 制作流程

制作一张效果图，模型、材质、灯光与渲染这几个步骤是不可缺少的，但这并不能说就可以表现出一张好的效果图，只有模型精细、光感和谐、材质搭配到位才是优秀作品所要具备的条件。从效果图表现技法的角度讲，掌握制作的流程至关重要，本案例客厅的整个制作流程如图2-11所示。

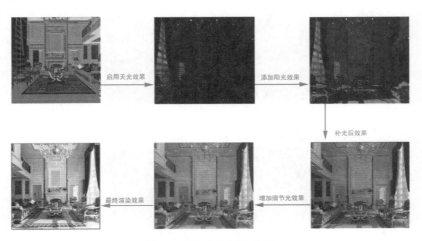

图2-11 客厅的制作流程

2.4 材质表现

本节将对室内场景中一些常见材质的设置方法进行简单介绍，如乳胶漆、地砖、纱帘、不锈钢等。在设置这些材质时，读者也可参考后面章节中更为详细的讲述。

启动3ds Max 2013软件，打开配套光盘提供的CHP2/豪华客厅初始模型.Max文件，如图2-12所示。

图2-12 客厅场景模型

打开模型后，发现场景已指定了基本的VRay材质（当然这只是初步的材质参数，只是为了方便观察效果）。从图中可以看出场景更多的是白色，辅之以金色、暗红色，所以并不是很复杂。但从造型来看，模型做得非常精细，无论是家具造型还是墙面装饰都有较多的雕花和曲线，要把这些造型的阴面和阳面表现出来，材质的设置就显得尤其重要。下面就从简单的材质开始介绍。

2.4.1 乳胶漆材质的分析和制作

乳胶漆有两种：吊顶上的白色乳胶漆和墙面的黄色乳胶漆。两种乳胶漆的性质是一样的，只是颜色上有所不同而已。

Step 1 按M键打开材质编辑器，选择顶材质示例窗。

Step 2 在【基本参数】卷展栏中，将漫反射设置为白色，细分设置为12，其他的参数使用默认值即可，如图2-13所示。

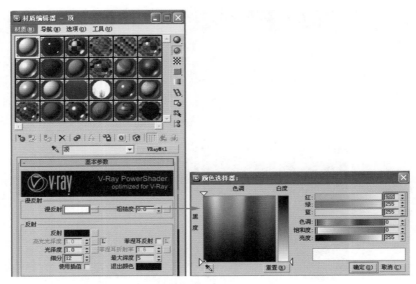

图2-13 顶材质的设置

Step 3 用同样的方法选择墙面材质示例窗，在【基本参数】卷展栏中，将漫反射设置为淡黄色（红：255；绿：247；蓝：239）。细分设置为18，如图2-14所示。

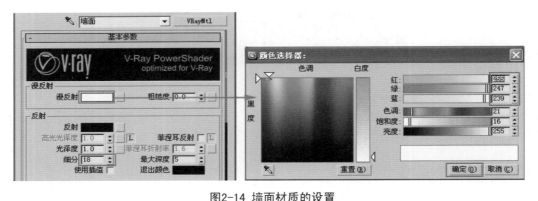

图2-14 墙面材质的设置

技巧提示

由于场景用到的材质示例窗比较多，如果想更快地了解相应材质和模型的关系，可以在材质名称窗口左边单击工具，然后再在场景中把鼠标放到相应的模型上单击，这样就可以把模型的材质吸取到材质示例窗上。

2.4.2 石膏材质的分析和制作

这里的石膏材质包括天花角线、墙面的石膏线和踢脚线。石膏具有较高的透气性能，而且表面平整、略带光泽、无反射，所示设置比较简单。

Step 1 按M键打开材质编辑器，选择角线材质示例窗。

Step 2 在【基本参数】卷展栏中，将漫反射设置为白色，激活高光光泽度右侧的按钮，将高光光泽度设置为0.6，光泽度设置为0.65，细分设置为18，如图2-15所示。

图2-15 石膏材质的设置

> **技巧提示**
>
> VRayMtl可以代替3ds Max的默认材质，它既可以方便快捷地表现出物体的反射、折射效果，也可以表现出真实的次表面散射效果，如皮肤、玉石等物体的半透明效果。

2.4.3 地砖材质的分析和制作

Step 1 按M键打开材质编辑器，选择地面材质示例窗。

Step 2 在【基本参数】卷展栏中，单击漫反射右侧的按钮，打开配套光盘提供的CHP2/地砖.jpg文件，将光泽度设置为0.98，同时给反射指定【衰减】贴图，具体参数设置如图2-16、图2-17所示。

图2-16 地砖材质的设置

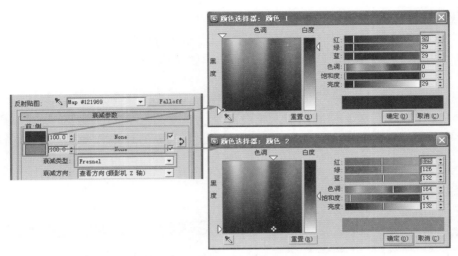

图2-17 设置前侧的两个通道颜色

这里地砖反射效果不需要太大，由于地砖具有菲涅尔反射效果，所以在反射通道里添加一个【衰减】贴图，并且设置衰减类型为菲涅尔，这样使地砖在反射时可以根据自身受光的强弱来决定反射的大小，从而避免暗的部分反射得更强。

2.4.4 窗帘材质的分析和制作

窗帘在这里分为呢绒帘和纱帘，呢绒帘表面光滑、手感自然柔和、极富弹性，这些特性比较常见，而且设置方法也多种多样。

Step 1 按M键打开材质编辑器，选择纱帘材质示例窗。

Step 2 在【基本参数】卷展栏中，将漫反射设置为灰蓝色（红：173；绿：176；蓝：183），细分参数设置为12，如图2-18所示。

图2-18 设置颜色和细分参数

Step 3 进入【贴图】卷展栏，将不透明度通道值设置为80，然后将不透明度通道指定为【凹痕】贴图，此时会自动进入到【凹痕参数】卷展栏，再将颜色 #2设置为白色，然后在"颜色 #1"上指定黑白花纹图案，参数设置如图2-19所示。

图2-19 设置凹痕参数

小知识

> 凹痕是 3D 程序贴图，在扫描线渲染过程中，凹痕会根据分形噪波产生随机图案。

> 大小：用来设置凹痕图案的密度，当低设置时图案密集，随着大小的增加而其他设置不变，图案会变得松散。

> 强度：用来设置凹痕图案中的颜色强度。当低设置时，颜色 #1（黑色）在图案中占主导地位，但随着强度的增加，颜色 #2（白色）会替换颜色 #1。

> 迭代次数：设置凹痕图案中的颜色迭代次数。当低设置时，颜色 #1占主导地位，但随着迭代次数的增加，颜色 #2在图案中会逐步增加。

Step 4 选择窗帘材质示例窗，单击漫反射色块旁的M按钮，给漫反射指定【衰减】贴图，这时会自动进入到【衰减参数】卷展栏，将前侧的两个颜色分别设置相差不大的深紫色。返回【基本参数】卷展栏里将反射设置为深灰色，激活高光光泽度右侧的按钮，高光光泽度设置为0.65，光泽度设置为0.7，细分设置为12，如图2-20所示。

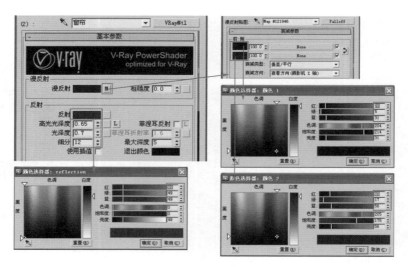

图2-20 窗帘材质的设置

窗帘是呢绒帘材质，在阳光透过时还具有一定的朦胧现象，这种类型的材质要经过反复调试才能得到好效果。所以设定窗帘材质的时候要有耐心，细致地慢慢调节出它本身所固有的特性。

2.4.5 地毯材质的分析和制作

手工地毯图案优美、色彩协调、手感丰富、富有弹性、质地精良、舒适，集典雅堂皇和装饰实用于一体。手工地毯的表现效果相对比较简单，用一张手工地毯的图案照片作为贴图使用即可。

Step 1 按M键打开材质编辑器，选择地毯材质示例窗。

Step 2 进入【贴图】卷展栏，给漫反射指定【地毯】贴图，将凹凸通道值设置为10，并指定一张黑白贴图，如图2-21所示。

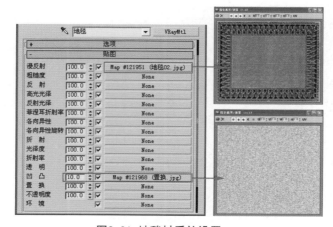

图2-21 地毯材质的设置

2.4.6 金属材质的分析和制作

场景中金属也分为两种，一种是金色的，一种是灰色的。金属的属性大部分相同，一般都具有很强的反射和高光，给人冷艳之感，是家居装饰中的常用材料。

Step 1 按M键打开材质编辑器，选择黄色金属材质示例窗。

Step 2 在【基本参数】卷展栏中，将漫反射设置为橘黄色（红：137；绿：88；蓝：31），反射设置为黄色（红：165；绿：138；蓝：100），高光光泽度设置为0.8，光泽度设置为0.85，细分设置为10，如图2-22所示。

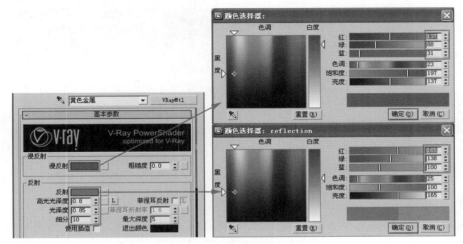

图2-22 金属材质的设置

技巧提示

反射颜色不仅决定反射的强弱，而且还影响到材质基本色。之所以把反射颜色设置为浅黄色，目的是使黄色金属显得更加金黄。

Step 3 选择灰色金属材质示例窗。将漫反射设置为浅蓝色（红：217；绿：220；蓝：231），反射设置为灰色（红：132；绿：132；蓝：132），激活高光光泽度右侧的按钮，将高光光泽度设置为0.65，光泽度设置为0.8，其他参数使用默认即可，如图2-23所示。

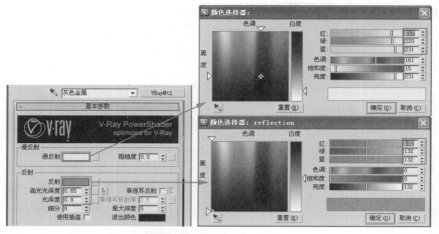

图2-23 灰色金属的设置

2.4.7 沙发布料材质的分析和制作

场景中的布料有：沙发、抱枕、椅子和美人榻等材质，这几种材质并不是一样的，在调节时应注意它们之间的区别。

Step 1 按M键打开材质编辑器，选择沙发材质01示例窗。

Step 2 在【基本参数】卷展栏中，单击漫反射色块旁的M按钮给漫反射指定布纹贴图，反射指定灰色布纹贴图，激活高光光泽度右侧的按钮，将高光光泽度设置为0.7，光泽度设置为0.75，细分设置为15，如图2-24所示。

图2-24 沙发材质的设置

技巧提示

在反射通道指定贴图，反射的强弱则由贴图的明暗来指定，贴图亮的地方反射强些，贴图黑色部分则无反射。

Step 3 按M键打开材质编辑器，选择沙发材质02示例窗。

Step 4 在【基本参数】卷展栏中，单击漫反射色块旁的M按钮给漫反射指定布料贴图，将光泽度设置为0.8，细分设置为15，如图2-25所示。

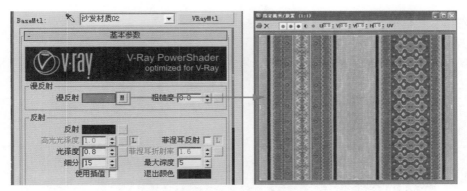

图2-25 沙发材质的设置

Step 5 在【基本参数】卷展栏中单击 VRayMtl 按钮，弹出【材质/贴图浏览器】对话框，双击【VR材质包裹器】材质选项，这时会自动进入到【VR材质包裹器参数】卷展栏，将接收全局照明设置为0.9，如图2-26所示。

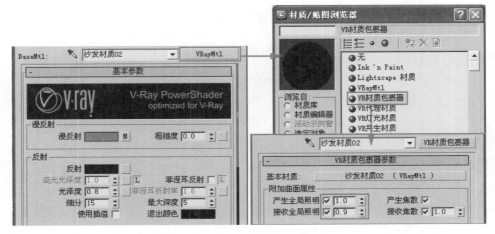

图2-26 设置接收全局照明参数

　　VR材质包裹器主要用于控制材质的全局光照、焦散和不可见。也就是说，通过VRay材质包裹器可以将标准材质转换为VRay渲染器支持的材质类型。当一个材质在场景中过于亮或溢色太多时，就可以嵌套这个材质控制产生/接受GI的数值。一般情况下用于控制有自发光的材质或者饱和度过高的材质。

技巧提示

接收全局照明参数仅改变当前赋予包裹材质的物体自身效果，不影响周围环境。

Step 6 选择眉帘和枕头材质示例窗。给漫反射指定布纹贴图，将反射设置为深灰色（红：33；绿：33；蓝：33），激活高光光泽度右侧的按钮，将高光光泽度设置为0.7，光泽度设置为0.8，细分设置为12，如图2-27所示。

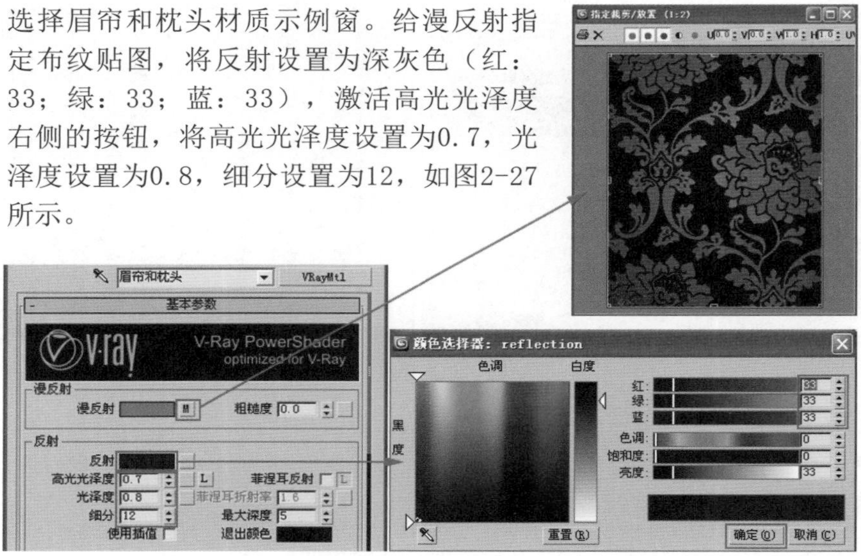

图2-27 枕头材质的设置

2.4.8 壁纸材质的分析和制作

调节壁纸材质的时候重点放在选择贴图上，但也要考虑到纹理、颜色与整个客厅风格的搭配。

Step 1 按M键打开材质编辑器，选择墙面纸材质示例窗。

Step 2 在【基本参数】卷展栏中，给反射指定布纹贴图，激活高光光泽度右侧的按钮，将高光光泽度设置为0.5，光泽度设置为0.65，细分设置为15，如图2-28所示。

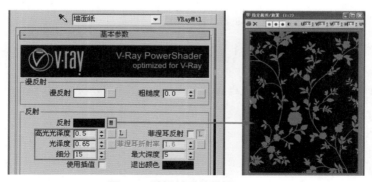

图2-28 壁纸材质的设置

Step 3 在【基本参数】卷展栏中，单击漫反射右侧的按钮，弹出【材质/贴图浏览器】对话框，双击【混合】贴图选项，这时会自动进入到【混合参数】卷展栏，单击"颜色 #1"选项，将其设置为暗红色（红：108；绿：32；蓝：17），再用同样方法将颜色#2设置为橘黄色（红：168；绿：113；蓝：65），同时在混合量通道上指定墙纸贴图，如图2-29所示。

在【混合参数】卷展栏中，混合量决定着"颜色 #1"和"颜色 #2"融合的程度，如果混合量为0，那么只显示一种颜色；如果指定贴图，那么黑色部分显示的是"颜色 #1"，其中白色部分显示的是"颜色 #2"，同时也可以用混合曲线来调节，但必须勾选使用曲线选项。

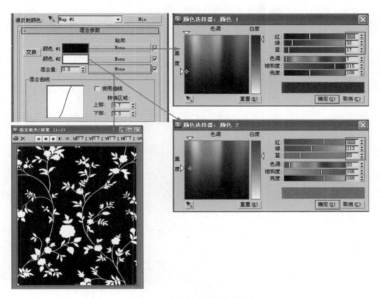

图2-29 混合参数的设置

2.4.9 木纹材质的分析和制作

木纹是制作效果图时用得最多的材料之一，木纹的调节方法也是多种多样的。由于场景用到的木纹比较少，加上木纹在此也不是重点要表现的材质，所以只做简单讲解，在后面的章节中会进行更深入的讲解。

Step 1 按M键打开材质编辑器，选择木纹材质示例窗。

Step 2 在【基本参数】卷展栏中，给漫反射指定木纹贴图，反射设置为灰色（红：96；绿：96；蓝：96），光泽度设置为0.85，细分设置为12，如图2-30所示。

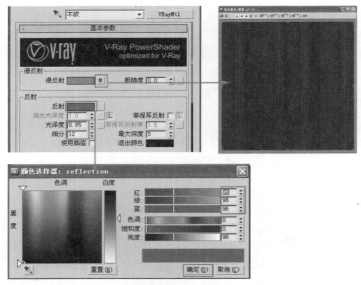

图2-30 设置木纹材质

2.4.10 水晶材质的分析和制作

水晶硬度大，具有双折性，若在灯光或阳光照射下，无论从哪个角度都能放射出夺目的光彩，而要在VRay渲染器中表现出这种效果并不难，但模型一定要精细。

Step 1 按M键打开材质编辑器，选择水晶材质示例窗。

Step 2 在【基本参数】卷展栏中单击漫反射右侧的按钮，在弹出【材质/贴图浏览器】对话框中双击【VR颜色】贴图选项，这时会自动进入到【VR颜色参数】卷展栏，将RGB倍增器设置为2，如图2-31所示。

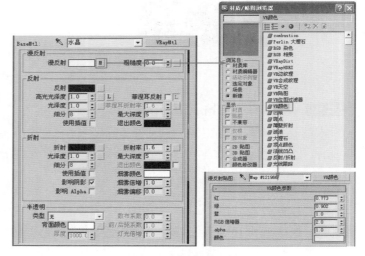

图2-31 水晶材质的设置

技巧提示

　　【VR颜色】贴图可通过RGB颜色通道或Alpha通道设置出任何想要的颜色，RGB倍增器的大小会影响到材质本身的亮度。

Step 3　返回【基本参数】卷展栏，设置反射为深灰色（红：71；绿：71；蓝：71），激活高光光泽度右侧的按钮，将高光光泽度设置为0.8，折射设置为淡蓝色（红：228；绿：239；蓝：255），同时勾选影响阴影选项，如图2-32所示。

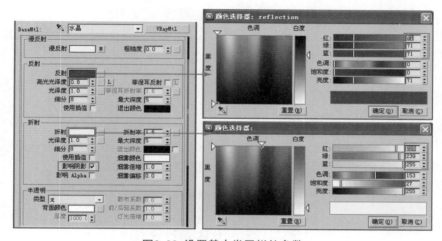

图2-32 设置基本卷展栏的参数

2.4.11 玻璃材质的分析和制作

　　玻璃的种类很多，如青玻、背白漆、有机玻璃等，但它们都有共同的特性，即都具有光泽度、透明度、折射率等。此场景中有两种玻璃，茶几的背漆玻璃和瓶子的青玻璃，可分别用不同的方法来调节。

Step 1　按M键打开材质编辑器，选择玻璃材质示例窗。

Step 2　在【明暗器基本参数】卷展栏中，单击环境光色块，将环境光及漫反射色块的颜色设置为灰色（红：176；绿：203；蓝：225），高光级别设置为73，光泽度设置为50，然后展开【扩展参数】卷展栏，将数量设置为100，如图2-33所示。

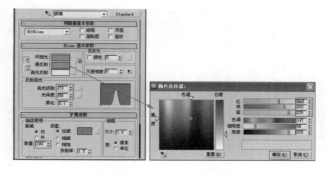

图2-33 玻璃材质的设置

小知识

> 高光级别：影响反射高光的强度。随着该值的增大，高光将越来越亮。高光的强度与物体表面的光滑程度是相关联的，物体表面越光滑，反射高光就越大。

> 光泽度：表面光滑的物体反射光的面积会相对集中，而表面粗糙的物体反射光的面积会相对扩大，该数值越高，高光范围越小。

> 【扩展参数】卷展栏：扩展参数是基本参数的延伸，所有类型明暗器的扩展参数卷展栏中的参数基本相同，它针对场景对象。

> 数量：设置衰减到内部或外部最透明位置时的透明度。

Step **3** 进入【贴图】卷展栏，在不透明度通道上指定【衰减】贴图，这时会自动进入到【衰减参数】卷展栏，将衰减类型设置为Fresnel方式，将反射通道值设置为10，并给反射通道指定【VR贴图】，如图2-34所示。

　　VR贴图相当于3ds Max自带的光线跟踪贴图，可以让材质带有反射效果，只是使用VRay渲染不支持3ds Max自带的光线跟踪贴图。

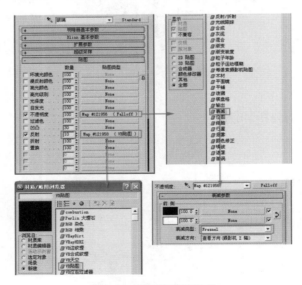

图2-34 贴图通道的设置

Step **4** 选择玻璃瓶材质示例窗，在【基本参数】卷展栏中，将漫反射设置为青色（红：176；绿：203；蓝：225），反射设置为深灰色（红：52；绿：52；蓝：52），再激活高光光泽度右侧的按钮，将高光光泽度设置为0.85，最后在【折射】区域中将折射设置为白色，如图2-35所示。

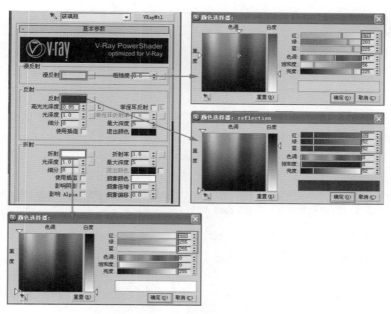

图2-35 玻璃瓶材质的设置

技巧提示

VRay里的折射相当于透明度，颜色越亮则越透明，如果是纯白色则全透明。

2.4.12 壁炉材质的分析和制作

Step 1 按M键打开材质编辑器，选择壁炉材质示例窗。

Step 2 在【基本参数】卷展栏中，将漫反射设置为淡黄色（红：255；绿：231；蓝：221），反射设置为深灰色（红：18；绿：18；蓝：18），光泽度设置为0.7，细分设置为20，如图2-36所示。

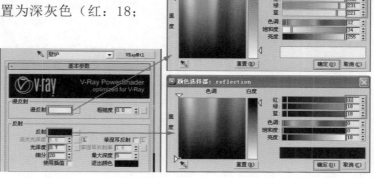

图2-36 壁炉材质的设置

技巧提示

　　有些材质为了得到高光效果，可以将反射和光泽度配合使用，但是细分参数的设置必须比较大，否则容易出现噪点。

　　材质到此已设置完成，一些细节材质的设置方法可参考本章配套光盘提供的CHP2/豪华客厅最终模型.Max文件，接下来将对场景的光线来源进行简单的分析并布光。

2.5　灯光艺术

　　材质和灯光是紧密相连的，灯光在塑造材质质感的过程中是一个必不可少的环节，很多好的材质效果不但要求自身表现到位，也要取决于良好的灯光效果表现。很多人在调节材质的过程中花费大量的时间，而忽略灯光的设置，致使怎么做也做不出令人满意的效果。因此，要想做好表现图，需要同时结合灯光对材质进行调节。

2.5.1　布光分析

　　布光时应遵循由主体到局部、由简到繁的顺序。对于灯光效果的形成，应该先设置好摄影机的角度，再调节灯光的强度、颜色等特性来增强现实感，最后再根据场景效果做细致修改。如果要真实地模拟自然光的效果，还必须对自然光源有足够深刻的理解，不同场景的布光方法也是不一样的。

　　从图2-37客厅布光分析图中可以看出，客厅中大面积的落地窗在采光上占很大优势。在布置灯光时，可把太阳光作为主光源，天光及室内人工光作为辅助光使用。为了表现出金碧辉煌的效果，往往会把一些主灯光的颜色设置为淡淡的橘黄色，这样就可以达到材质不容易做到的效果，但要注意两者之间的主次关系。

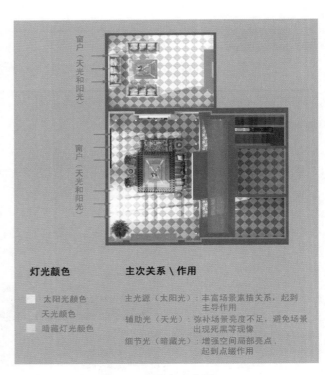

图2-37　客厅布光分析

2.5.2 初始渲染参数的设置

做一些渲染前的各项工作，就是把渲染面板中影响到测试时间的参数设置得更低，目的是不浪费更多的时间在测试渲染上。

Step 1 按F10键打开【渲染设置】对话框，进入【V-Ray：：全局开关】和【V-Ray：：图像采样器】卷展栏，取消【照明】区域中的默认灯光选项，将图像采样器类型设置为固定，取消【抗锯齿过滤器】区域的"开"选项，如图2-38所示。

在3ds Max中系统有两个默认灯光，把默认灯光取消是为了在后面更好地观察灯光效果。

Step 2 进入【V-Ray：：间接照明】【V-Ray：：发光贴图】【V-Ray：：灯光缓存】卷展栏，勾选"开"选项激活全局光，在【首次反弹】的全局光引擎中选择发光贴图选项，在【二次反弹】中选择灯光缓存选项，其他参数的设置如图2-39所示。

图2-38 设置卷展栏选项

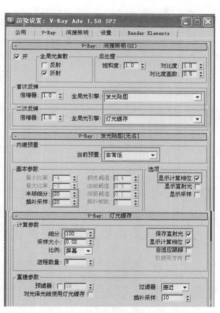

图2-39 间接照明卷展栏的设置

技巧提示

间接照明：直观的解释就是在渲染的过程中，考虑了整个空间环境的总体光照效果和各个物体之间的反射影响，也就是平时经常讲的"间接光照"。VRay的这种性质与3ds Max的算法有着本质的区别。在默认渲染的情况下，只能计算光源的"直接光照"，至于物体与物体之间的相互影响，就需要"间接光照"来模拟。VRay的最大优越性一般也体现在这个算法上。

2.5.3 创建天光

天光一般情况下使用VRay自带的环境光来模拟，也可以结合面光来模拟，这样效果会更明显。

Step 1 进入【V-Ray：：环境】和【V-Ray：：彩色贴图】卷展栏，勾选"开"选项将环境光激活，单击倍增器右侧的按钮，在弹出的【材质/贴图浏览器】对话框中双击【VR天空】选项，然后将彩色贴图类型设置为指数，如图2-40所示。

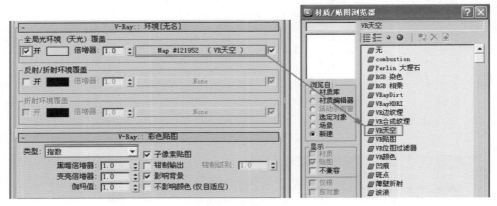

图2-40 环境光的设置

> **技巧提示**
>
> 倍增器中使用VR天空贴图时，天光的颜色及强度将通过VR天空的贴图来表现。

Step 2 按M键打开材质编辑器，将【V-Ray：：环境】卷展栏下的VR天空贴图拖入材质编辑器的材质球示例窗中，此时在材质编辑器对话框中将弹出【VR天空参数】面板，设置其参数如图2-41所示。

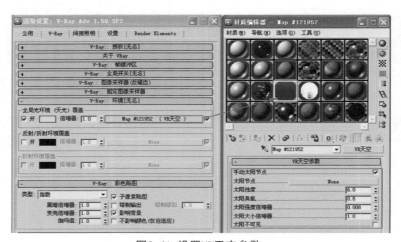

图2-41 设置VR天空参数

VR天空参数的设置如下。

手动太阳节点：当不勾选此项时，VR天空的参数将从场景中VR太阳的参数里自动匹配；当勾选时，用户就可以从场景中选择不同的光源，比如3ds Max里的Direct Light。在这种情况下，VR太阳将不再控制VR天空的效果，而VR天空将通过自身的参数来调整天光的效果。

太阳节点：单击右侧的 None 按钮可以在场景中选择一盏灯光，此时【VR天空】贴图将与该灯光联动，即根据该灯光相对于摄像机和角度的变化而产生不同时段的光照。

太阳浊度：设置空气的混浊度。值越小光线越明亮，空气越清新；值越大光线越暗，空气越混浊，且颜色逐渐变成金黄色。该值从最小值2到最大值20，可以模拟出从早上到傍晚的光照效果。

太阳臭氧：设置臭氧层厚度。数值越小光线越饱和，该值对场景影响不大。

太阳强度倍增器：决定所产生光照的强度，该值通常设置得较小。

太阳大小倍增器：设置光源的尺寸。

Step 3 按F9键进行测试渲染，效果如图2-42所示。

图2-42 启用天光后的效果

这是启用天光后的效果，虽然比较暗，但可以感觉有光线进入。如果想得到更亮的效果，可以把天光参数设置得更大些，但主要表现的是阳光，天光只是作为辅助照明，因此不必太亮。

2.5.4 创建太阳光

模拟太阳光的方法很多，有聚光灯模拟、平行光模拟、Max太阳光模拟、VR太阳光模拟等。每种灯光都有各自的优缺点，本例使用【目标平行光】来模拟，在后面的章节中我们会逐步讲解运用别的方法来模拟太阳光。

Step 1 单击【创建】面板 图标下"标准"类型中的【目标平行光】按钮，在前视图拖动鼠标创建一束目标平行光模拟太阳光。

Step 2 进入【修改】面板，勾选【阴影】区域中的启用选项，并设置为"VRay阴影"方式，单击【倍增】旁的色块，将太阳光设置为黄色，倍增设置为1.2，如图2-43所示。

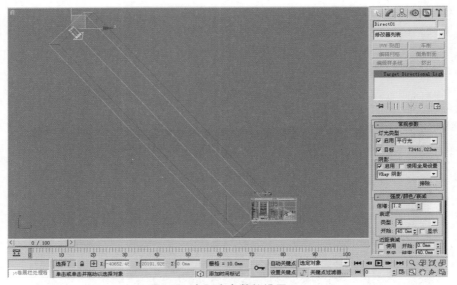

图2-43 太阳光参数的设置

阴影是渲染图中重要的组成部分，灯光的阴影属性可以增加场景的真实感、色彩层次和图像的明暗效果，它可以将场景中各物体紧密地联系在一起。太阳光是场景的主光源，因此太阳光的阴影也是场景的主阴影。

Step 3 确认选中太阳光，展开【VRayShadows params（VRay阴影参数）】卷展栏，设置其阴影参数如图2-44所示。

图2-44 设置VRay阴影参数

技巧提示

> ➤透明阴影：勾选此项，透明物体将产生透明阴影，透明物体的颜色将影响阴影的颜色。
>
> ➤光滑表面阴影：勾选此项，VRay将对表面阴影进行光滑处理。
>
> 偏移：设置阴影与产生阴影物体的距离，值越大，阴影越偏向光源。
>
> ➤区域阴影：勾选此项，灯光可以产生柔和的面积阴影，阴影的柔和度由下面的U、V和W尺寸参数来控制。
>
> ➤立方体：设置光源为立方体类型，光源将以立方体发射光线的方式产生阴影。
>
> ➤球体：设置光源为球体类型，光源将以球体发射光线的方式产生阴影。
>
> ➤细分：设置计算灯光的采样细分，较大的值可得到光滑的效果，但会花费较多的渲染时间；较低的值会产生较多的噪波，但渲染速度会很快。

Step ④ 按F9键进行测试渲染，效果如图2-45所示。

图2-45 创建太阳光后的效果

很明显阳光已洒入室内，但场景还是太暗了，这说明只用阳光场景效果是出不来的，而且也没有太多的细节，必须通过更多的辅助光来弥补其不足，从而达到温馨明亮的效果。

2.5.5 创建辅助光

许多人在对场景进行补光的时候，都会习惯地在室内增加灯光来表现，在这里可以通过在窗户位置创建VR灯光来表现。

Step 1 单击【创建】面板图标下"VRay"类型中的【VR灯光】按钮，将灯光类型设置为平面，在左视图的窗户位置拖动鼠标创建一盏VR灯光。

Step 2 进入【修改】面板，在参数卷展栏中将VR灯光设置为蓝色，倍增器设置为10，如图2-46所示。

Step 3 在顶视图中将灯光移动并复制到各个窗户的位置，如图2-47所示。

此灯光是作为阳光和天光的辅助照明，颜色可以冷一些，因此，这时就不能按正常的阳光或天光的颜色来调整了。因为这几盏灯光起到过渡的作用，如果室内是冷色，那么这几盏灯的颜色就是暖色，相反也是同样的道理。

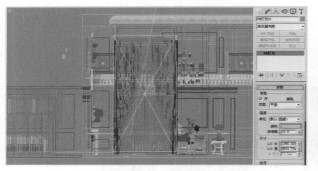

图2-46 设置辅助光参数

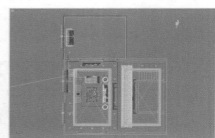

图2-47 复制灯光

Step 4 进入【参数】卷展栏的【选项】区域，取消选中双面和影响反射的选项，同时把【采样】区域中的细分设置为12，如图2-48所示。

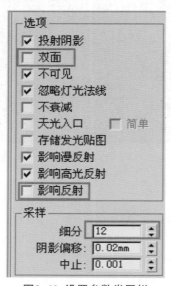

图2-48 设置参数卷展栏

小知识

> 双面：当光源类型为平面时（其他灯光类型无效），勾选此项，光源（平面）的两个面都会产生光照效果，关闭则只有箭头指向的面可以产生发光效果。
> 影响反射：此项决定VR灯光是否在物体表面产生反射。
> 细分：该选项设置VR灯光的采样细分，较大的值可得到光滑的效果，但会花费较多的渲染时间；较低的值会产生较多的噪波，但渲染速度会很快。

Step 5 按F9键进行测试渲染，效果如图2-49所示。

图2-49 添加辅助光后的效果

这是添加了室外辅助光的效果，效果得到明显改变，但问题也是很明显的，那就是场景太蓝了，还达不到理想中的效果。解决的办法有两种：一是把灯光的颜色改为暖色；二是再增加暖色的辅助光来平衡场景的色调。如果使用第一种办法，在细节上会有所欠缺，但速度会更快。为了得到更细腻的效果，这里使用第二种办法。

Step 6 在顶视图创建一盏VR灯光，由于是辅助光，所以参数不宜过大，进入【参数】卷展栏，在【强度】区域中将倍增器设置为1.2，颜色设置为暖色，【尺寸】区域参数设置如图2-50所示。

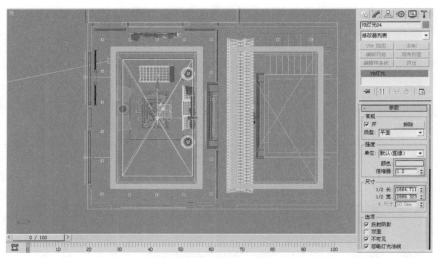

图2-50 设置VR灯光参数

创建室内辅助光，颜色一定要跟室外的辅助光相反，形成冷暖对比，颜色淡一些或深一些并没有太大的关系，但一定要是暖色。

Step 7 将灯光复制一盏到客厅的位置，然后用缩放工具将其沿X轴适当缩小，并移动到相应的位置，如图2-51所示。

Step 8 按F9键进行测试渲染，效果如图2-52所示。
显然场景的色彩没有之前那么冷，细节上的光线也比较好，只是吊顶位置处过于平淡，看不出模型的结构关系，还需在吊顶增加一些灯光以表现更多的细节。

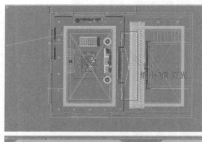

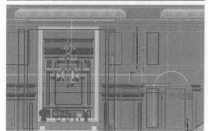

图2-51 复制灯光

图2-52 添加辅助光后的效果

2.5.6 添加细节光

Step 1 单击【创建】面板 图标下"VRay"类型中的【VR灯光】按钮,将灯光类型设置为平面,在顶视图的灯槽位置拖动鼠标创建一盏VR灯光模拟暗藏灯。

Step 2 进入【修改】面板,将暗藏灯设置为暖色,倍增器设置为2.0,【尺寸】参数如图2-53所示。

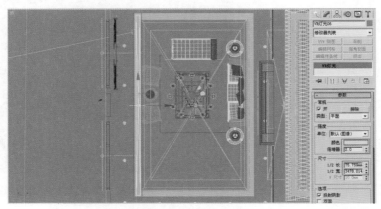

图2-53 设置暗藏灯参数

Step 3 按F键转到前视图,将暗藏灯移到如图2-54所示的位置。

Step 4 将暗藏灯复制到各个灯槽位置,如图2-55所示。

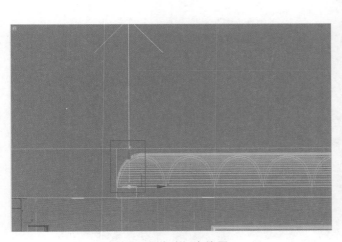

图2-54 移动灯光位置

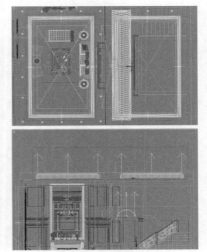

图2-55 复制暗藏灯

技巧提示

同一类型的灯光最好使用实例的方式进行复制,这样在修改任意一盏灯的参数时,其他灯光的参数也会一起跟着改变。如果在复制中灯光的大小跟灯槽有差别,就用缩放工具对其进行缩放大小,只有这样才不影响到其他灯光的属性参数。

Step 5 按F9键进行测试渲染，效果如图2-56所示。

此时得到的效果比较理想，只是整体稍微有些暗，这可以通过提高亮度来改变。对于一些局部出现的问题（如有黑斑、杂点等现象），是由于渲染参数较低所造成的，并不是模型或灯光问题，下面就通过提高整体亮度来看效果。

图2-56 创建暗藏灯后的效果

Step 6 按F10键打开渲染面板，进入【V-Ray：：彩色贴图】卷展栏，将黑暗倍增器设置为1.35，变亮倍增器设置为1.8，再进行测试渲染，效果如图2-57所示。

图2-57 整体提亮后的效果

黑暗倍增器和变亮倍增器可以提高场景的亮度，但要使场景的色相和空间层次不会受到影响，在提高亮度时场景必须注意以下几点：①场景的空间关系不会跟着改变，也就是说场景的光感、光线过渡是不变的；②场景的色相不变，只是明度上更亮或更暗；③只能在整体上提亮或变暗，要得到好的效果还必须用灯光和材质调节出来。

2.6 渲染技巧

当灯光和材质都设置好以后，就可以设置最终渲染参数，渲染最终成图。在设置渲染参数时，最好能在保证质量的前提下尽量加快渲染速度。

2.6.1 设置全局开关和图像采样器

【V-Ray∷图像采样器】卷展栏：主要负责图像的精细程度，使用不同的采样器类型会得到不同的图像质量，对纹理贴图使用系统内定的过滤器，可以进行抗锯齿处理。每种过滤器都有各自的优点和缺点。

Step ① 进入【V-Ray∷全局开关】【V-Ray∷图像采样器（反锯齿）】卷展栏，勾选【间接照明】区域中的"不渲染最终的图像"选项，在【V-Ray∷图像采样器（反锯齿）】下设置图像采样器的类型为"自适应确定性蒙特卡洛"，并设置抗锯齿过滤器的方式，如图2-58所示。

不渲染最终的图像：勾选此选项，渲染时只计算光子图等，而不渲染图像的效果。

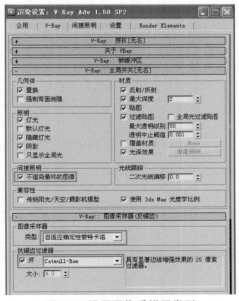

图2-58 设置图像采样器类型

2.6.2 保存光子图

Step 1 进入【V-Ray：：发光贴图】卷展栏，在【当前预置】中选择"中"的方式，将半球细分设置为60，插补采样设置为25，勾选【渲染后】区域中的不删除、自动保存和切换到保存的贴图选项，单击【浏览】按钮将发光贴图保存到指定的文件夹中并自行命名，如图2-59所示。

图2-59 设置发光贴图卷展栏的参数

小知识

> 中：一种中等质量的预设模式，如果场景中不需要太多的细节，大多数情况下可以产生较好的效果。

> 模型细分：该值表示细分模型的精细程度。

> 插补采样：该值用于插值计算的全局光样本的数量。较大的值得到的效果比较光滑，但有可能使全局光的细节丢失；较小的值能取得更多的细节，但可能会出现黑斑效果。

【渲染后】选项区：该区域控制VRay渲染器在渲染过程结束后如何处理发光贴图。

Step 2 进入【V-Ray：：灯光缓存】卷展栏，将细分参数设置为800，勾选【渲染后】区域中的不删除、自动保存和切换到被保存的缓存的贴图选项，单击【浏览】按钮将灯光贴图保存到指定的文件夹中并自行命名，如图2-60所示。

图2-60 设置灯光贴图卷展栏的参数

【V-Ray：：灯光缓存】卷展栏：VRay的最后一种渲染引擎与光子贴图渲染引擎类似，是模拟真实光线的一种计算方式，但它对光线的使用没有局限性，且它的渲染方式与Finalrender的渲染引擎以及Mentalray的全局渲染方式十分相似。

2.6.3 设置DMC采样器和系统

Step 1 进入【V-Ray：：DMC采样器】卷展栏，将最小采样值设置为16，如图2-61所示。

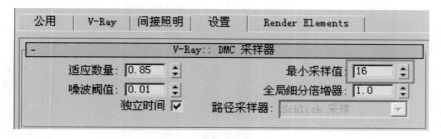

图2-61 设置最小采样值

最小采样值：每个像素采样点的最小时间采样数。较大的值会产生光滑的效果，但渲染需要的时间较多。

Step 2 进入【V-Ray：：系统】卷展栏，将【渲染区域分割】区域中的区域排序设置为从上到下，取消勾选"帧标记"区域的选项，取消勾选【VRay日志】区域中的显示窗口选项，如图2-62所示。

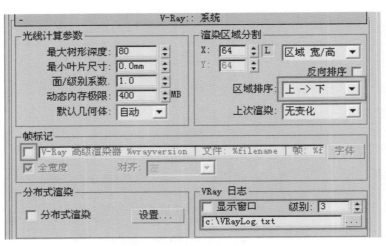

图2-62 设置系统卷展栏

Step 3 进入【渲染设置】对话框，将输出大小设置为600×600，单击【渲染】按钮开始进行光子图的渲染，光子图的效果如图2-63所示。

图2-63 光子图效果

技巧提示

根据经验，最终出图尺寸的大小是由光子图的大小来决定的，即400×300的光子图，可以渲染4000×3000的成图，也可以渲染6000×4500的成图。当然两者的比例必须是一致的。

2.6.4 最终成品渲染

当发光贴图和灯光缓存计算及其渲染完成后，就可以进行最终成品渲染了。

Step 1 进入【V-Ray：：全局开关】卷展栏，取消【间接照明】中"不渲染最终的图像"的勾选，如图2-64所示。

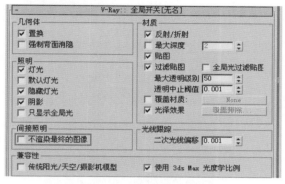

图2-64 取消不渲染最终的图像选项

技巧提示

在最终渲染的时候，一定要记住取消"不渲染最终的图像"的勾选。

图2-65 客厅的最终效果

Step 2 进入【渲染设置】对话框，将输出大小设置为2400×2400，单击【渲染】按钮开始进行最终渲染，客厅最终的效果如图2-65所示。

当一种风格体现硬直的线条时，曲线的运用则会显得更加重要。直线若是炫耀般的、毫不掩饰的、高调的，那曲线则需是含蓄、内敛与低调的，这样才能在不动声色中达到视觉平衡、以柔克刚的效果。这两者的结合在客厅中表现得非常到位，也为新古典主义客厅添加了更多浪漫的元素。

2.7 读者问答

问： 使用VRay渲染时，材质必须使用VRay材质吗？

答： 不一定，Max本身的材质也很强大，比如在设置一些布料材质时，经常会在自发光里用Mask贴图类型，得到的效果也不错。至于使用哪种材质并不重要，关键在于能否得到好的效果。

问： 打开场景时为什么出现如图2-66所示的缺少外部文件对话框？

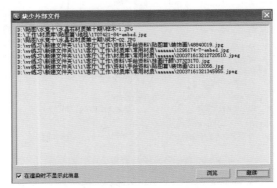

图2-66 缺少外部文件对话框

答： 因为Max 2013并不支持中文路径，所以当我们COPY或复制文件到别的电脑时，打开之后就会显示找不到贴图的路径。遇到这种问题解决的办法有两种：一是将所有的目录都使用英文路径，包括Max所在的文件夹和所用的材质和贴图；二是重新指定路径，方法如下。

方法一： 在【工具】面板中单击【更多】按钮，弹出【工具】对话框，选择位图/光度学路径，单击【确定】按钮。此时工具面板中多出了【路径编辑器】对话框，单击【编辑资源】按钮，然后选中所有贴图，指定路径，如图2-67~图2-69所示。

方法二： 执行主菜单【文件/资源追踪】命令，在弹出的【资源追踪】对话框中选择所有贴图，然后在路径菜单下执行"设置路径"命令重新指定贴图，如图2-70所示。

图2-67 设置工具对话框

图2-68 设置位图/光度学路径编辑器对话框

图2-69 设置新路径对话框

图2-70 设置资源追踪对话框

问：使用标准灯光来模拟太阳光和使用VRay本身自带的灯光有何区别？

答：两者的区别是用标准灯光模拟太阳光得到的投射阴影会更加真实细腻，因为VRay阴影面板有非常细致的阴影参数设置，而VRay阳光阴影的参数则没有这些参数设置。但是VRay阳光得到的光感更加真实，这是标准灯光所不能与之相比的。从图2-71和图2-72可以比较出它们各自的优缺点。

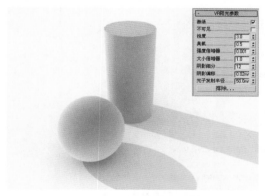

图2-71 太阳光阴影效果

图2-72 标准灯光阴影效果

问：场景面太多时，渲染Max自动关闭怎么办？

答：造成Max自动关闭有两种可能。一是场景面数太多，二是内存使用总量过大。如果是场景面数太多，可以把一些家具进行网格代理，如图2-73~图2-75所示。

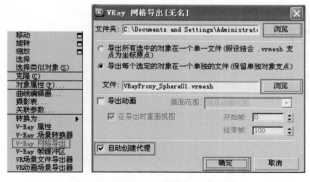

图2-73 设置VRay网格导出对话框

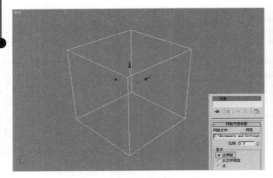

图2-74 设置显示网格（一）　　　　　　　　图2-75 设置显示网格（二）

从图中可以看出，使用代理之后，物体在场景中可以有三种不同的显示方式：边界框、从文件预览和点。其中，边界框是以方体来显示的，所以不论是有多少面的模型，用此来显示都只有12个面，而从文件预览面数没有变。用点的方式来显示，那么就只用一个面。哪怕是有一亿个面的模型被代理后也只有一个面（要代理的物体必须是一体的）。

一般情况下32位的XP系统在内存使用总量超过1.83GB时，Max就会自动关闭。这时就需要手动来设置，步骤如下：

（1）在"我的电脑"上右击鼠标，在弹出的快捷菜单中选择【属性】选项，如图2-76所示。

图2-76 设置属性对话框

（2）在【属性】对话框中选择【高级】选项，然后单击【设置】按钮，此时弹出【启动和故障恢复】对话框，单击【编辑】按钮，最后在【boot-记事本】后面加上【/PAE/3GB】，如图2-77所示。

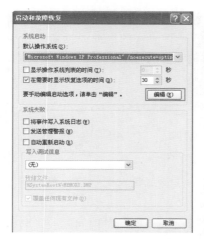

图2-77 设置记事本

技巧提示

设置完成后，重新启动电脑才能生效。

2.8 扩展练习

通过对温馨明亮——新古典风格客厅的学习，读者对材质的调节以及布置灯光已有一定的了解。希望读者结合本章所学习的方法，练习一张与本章客厅光线效果相似的场景图，最终效果如图2-78所示。

图2-78 客厅的最终效果

资料：配套光盘含有原模型文件、贴图、光域网。

要求：本案例的灯光布置方法对此客厅创建灯光有很好的帮助，读者可参照布光分析图进行研究，材质也可以参考前面材质的设置方法进行调节，制作出如图2-78所示的效果。

注意事项：

（1）此客厅为白天效果，布光时太阳光应更强烈。

（2）灯光要注意有明显的色彩变化和光线过渡。

（3）在调节材质时，地砖和木纹的模糊反射特性一定要表现到位，窗帘的颜色要控制好。

（4）灯光和材质调节完成后，一定要反复进行测试渲染，发现问题应及时解决，只有这样才会得出好的效果。

3　寂静典雅的天光——田园风格别墅

　　田园风格以自然色调为主，摒弃了烦琐和奢华，在设计上讲求心灵的自然回归感，给人一种自然的乡土气息。同时，又把一些精细的后期配饰融入设计风格之中，充分体现设计师和业主所追求的一种安逸、舒适的生活氛围。

　　无论是带有岁月沧桑的配饰，还是带有手工精美的纹理家具装饰，都在向人们展示着生活的舒适和自由。在室内环境中力求表现悠闲、舒畅、自然的田园生活情趣。如图3-1和图3-2所示。

图3-1 客厅最终效果角度（一）

图3-2 客厅最终效果角度（二）

3.1 设计介绍

　　这个客厅的墙面以自然色系中的黄色为基调，在软装中则使用碎花图案的各种布艺和挂饰，欧式家具的轮廓与精美的吊灯相得益彰。墙壁上也并不空寂，挂画和装饰品都使空间增色不少，鲜花和绿色的植物也是很好的点缀。

　　总而言之，在设计这套方案时，设计师讲究的是一种切身体验，是人们从家居中所感受到的日出而作、日落而息的宁静与闲适。粗犷的体积，简化的线条，质朴的气息，透着阳光、青草、露珠的自然味道，仿佛随手拈来，毫不矫情。客厅平面布置如图3-3所示。

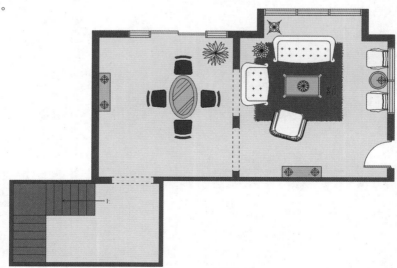

图3-3 客厅平面布置

3.2 软装应用

相对于欧式古典家具的厚重和宫廷气质，欧式田园风格的家具则更多地吸收了简约的现代气息，同时又具有美式家具的粗犷和温馨的乡村风格气质（见图3-4）。这种风格从整体到局部，从空间到室内陈设，精雕细琢，给人一丝不苟的印象。它一方面保留了材质、色彩的大致感受，使人可以领悟到欧洲传统的历史痕迹与深厚的文化底蕴，同时又摒弃了过于复杂的肌理和装饰，简化了线条。

图3-4 欧式风格家具

欧式田园风格的家具色彩以自然色调为主（见图3-5），大量使用带有碎花图案的各种布艺和挂饰。居室整体以白色、土黄色较为常见。自然、怀旧、散发着质朴气息的色彩是田园风格的典型特征，壁纸也多选用纯纸浆质地。

图3-5 田园风格的家居色彩

对于原材料的选择，不用雕饰，仍然保留木材原始的纹理与质感，创造出一种古朴和粗犷的感觉。再加以原木、铁艺、布艺等自然元素作为配饰来进行调节。欧式田园风格家具强调"回归自然"。不论是感觉笨重的家具，还是带有岁月沧桑的配饰，都在向人们展示生活的舒适和自由（见图3-6和图3-7）。

欧式田园风格的家具在室内环境中力求表现悠闲、舒畅、自然的田园生活情趣，也常运用天然木、石、藤、竹等材质质朴的纹理，巧于设置室内绿化，创造自然、简朴、高雅的氛围。

图3-6 家居配饰的选择（一）

图3-7 家居配饰的选择（二）

软装对配饰要求很随意，它强调的是一种随和与意境。各种花草是欧式田园风格最好的配饰，直接传达了一种自然气息。窗帘与沙发、布艺相互协调，图案上也不限定是小碎花的样式。格子布同样是田园风格永不落伍的装饰。各种充满回忆的旧物都是最佳的装饰品（见图3-8）。

图3-8 配饰的选择

一般常用的装饰植物有万年青、玉簪、非洲茉莉、芍药花、千叶木、地毯海棠、龙血树、绿箩、发财树、绿巨人、散尾葵、南天竹等，田园风格通常对于植物的选择有着较高的要求，植物多数为不开花的绿叶植物，将绿叶植物按照房型结构和装修风格，分别散布在每个房间，如地面、茶几、装饰柜、床头、梳妆台等处，形成错落有致的格局和层次，充分体现人与自然的完美和谐（见图3-9和图3-10）。

图3-9 植物的摆放（一）

图3-10 植物的摆放（二）

欧式田园风格受到很多业主的喜爱，原因在于人们对高品位生活向往的同时又对复古思潮有所怀念。田园风格倡导"回归自然"，美学上推崇"自然美"，认为只有崇尚自然、结合自然，才能在当今高科技快节奏的社会生活中获取生理和心理的平衡。因此田园风格力求表现悠闲、舒畅、自然的田园生活情趣。

欧式田园风格的装修色彩大多以白色、土黄色为主，布艺和挂饰多以碎花为主，家具色彩以自然色调为主。本案例客厅主要以土黄色、深紫色和红色为主色调（见图3-11），下面介绍紫色和红色所代表的意义。

紫色：是波长最短的可见光波。紫色是非知觉的色，它美丽而又神秘，给人深刻的印象，它既富有威胁性，又富有鼓舞性。与黄色不同，紫色不能容纳许多色彩，但它可以容纳许多淡化的层次，一个暗的纯紫色只要加入少量的白色，就会成为一种十分优美、柔和的色彩。

图3-11 客厅的主色调

红色：是热烈、冲动、强有力的色彩，它能使肌肉的机能和血液循环加快。由于红色容易引起注意，所以在各种媒体中也被广泛地利用，除了具有较佳的明视效果之外，更被用来传达有活力、积极、热诚、温暖、前进等含义的企业形象与精神。 红色与浅黄色最为匹配，大红色与绿色、橙色、蓝色（尤其是深一点的蓝色）相斥，与奶黄色、灰色为中性搭配。

3.3 制作流程

本案例场景相对较小，所以材质和灯光相对第2章而言减少了很多，但是要想得到好的效果，还是需要在材质和灯光方面耐心细致地调节，客厅效果图的制作流程。如图3-12所示。

图3-12 客厅效果图制作流程

3.4 灯光艺术

自从发明了电以后，灯光成了人们生活中最重要的一部分，它让人们的生理时钟得以延长，加速了人类文明的发展。时至今日，灯光更是从单纯提供照明的光源演变为创造生活情趣的色彩。

3.4.1 布光分析

本场景要用天光表现欧式田园风格的效果，VRay渲染器提供的【VR灯光】是模拟自然天光最好的表现手段，称得上是3ds Max 场景的灵魂。但是复杂的天光设置与多变的运用效果，却是让许多读者极为困扰的一大难题。本案例主要目的是深入了解【VR面光源】的设置，从而创造出更真实的3ds Max 效果图。

灯光宜精不宜多。过多的灯光使工作过程变得杂乱无章，难以处理，显示与渲染速度也会受到严重影响。只有必要的灯光才可保留。另外要注意灯光投影与灯光颜色的用处，这样才能渲染出好的气氛来。例如要表现夜景时，从室外投入到室内，光的颜色是不一样的。虽然都是蓝色，但色相和明度是有差别的。从图3-13中可以看出本案例的主光源是室外天光，灯光的冷暖变化及明暗关系都很明显。

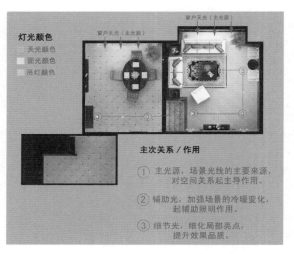

图3-13 布光分析

3.4.2 导入检查模型

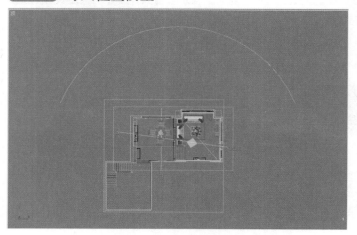

图3-14 打开场景模型

Step 1 启动3ds Max 2013软件，打开配套光盘提供的CHP3/田园风格客厅别墅初始模型.Max文件场景，如图3-14所示。

Step 2 按M键打开材质编辑器，选择背景材质示例窗，然后将背景材质转化为VR灯光材质类型，如图3-15所示。

Step 3 在【参数】卷展栏中单击 None 按钮，弹出【材质/贴图浏览器】对话框，选择并双击位图选项，然后打开配套光盘提供的背景贴图，如图3-16所示。

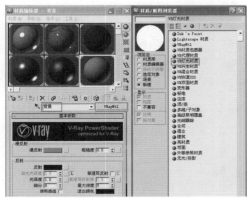
图3-15 将背景转化为VR灯光材质

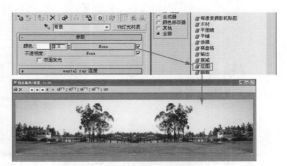
图3-16 设置背景材质

技巧提示

　　因为在模型中我们可以看到大面积的外景，这就必须用贴图来表现，同时又由于外景受天光的照射，从室内往外看是比较明亮的，所以指定了VR灯光材质。这样设置既可以使外景的光线影响到室内，又可以使场景中有反射的物体可以反射到室外的景物。

Step 4 材质编辑器中选择VR材质示例窗，并将漫反射设置为浅灰色，如图3-17所示。

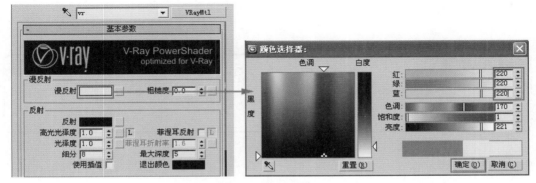
图3-17 设置VR材质

Step 5 按F10键打开【渲染设置】对话框，进入【V-Ray：：全局开关】【V-Ray：：图像采样器】卷展栏，取消【照明】区域中的默认灯光选项，勾选【材质】区域中的覆盖材质选项，然后把前面设置的VR材质拖动到覆盖材质的 None 按钮上。将图像采样器类型设置为固定，取消【抗锯齿过滤器】区域的开选项，如图3-18所示。

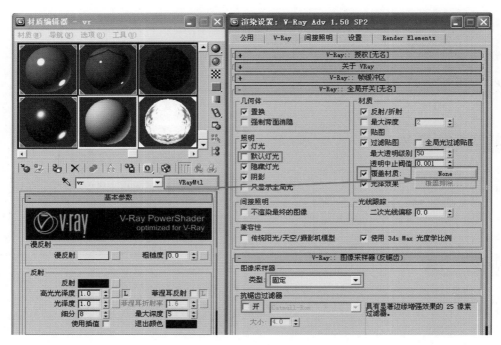

图3-18 设置卷展栏

这一步是为测试灯光准备的，并且可以检查模型有没有问题，如果有则可以马上修改，这样不至于浪费更多的时间。当然大家可以根据自己的经验用不同的方法来检测模型，这里不做过多的说明。但需要注意的是模型检查最好使用覆盖材质才能更直观地发现问题所在。

技巧提示

如果场景中的窗帘覆盖所有窗户或窗户的玻璃，必须把窗帘模型隐藏，这样光线才能照射进来。

Step 6 依次展开VR渲染器的各个卷展栏，并设置其相应的卷展栏参数，如图3-19、3-20所示。

Step 7 按F9键进行测试渲染，效果如图3-21所示。

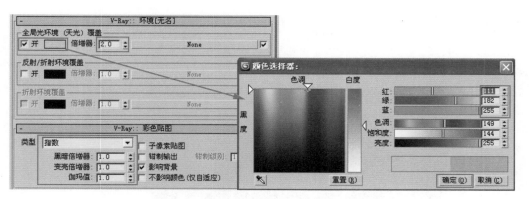

图3-19 设置环境和彩色贴图卷展栏参数

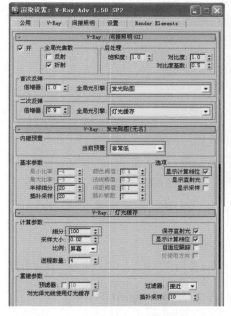

图3-20 设置各个卷展栏参数

图3-21 测试渲染效果

通过对场景的测试，发现模型并没有问题，而且之前设置的外景和环境光都起了作用，那么就可以创建灯光，用VR面灯来模拟天光及辅助光。

3.4.3 用VRay灯光模拟天光

天光是太阳光在大气层中散射形成的漫射光线。在大多情况下，天光没有统一的方向。在传统灯光照明中，通常采用点光源阵列的方式进行模拟。在VRay中，如果想得到更为精细的天光效果，可以使用【VR灯光】进行模拟，但这会花费更多的渲染时间。

Step 1 单击【创建】面板 图标下"VRay"类型中的【VR灯光】按钮，将灯光类型设置为平面，在前视图的窗户位置拖动鼠标创建一盏VR灯光用来模拟天光。

Step 2 进入【修改】面板，将天光设置为蓝色，倍增器设置为8，勾选【选项】区域中的不可见选项，取消影响反射选项，并将【采样】区域中的细分设置为12，具体设置如图3-22所示。

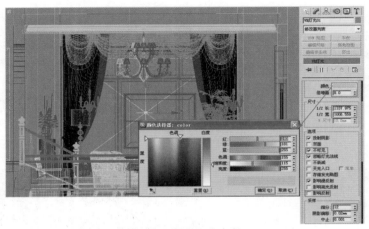

图3-22 设置天光参数

技巧提示

VR面光源的长和宽也影响到灯光自身光线的强弱，建议灯的大小与窗户相符，这样便于指定参数。

Step 3 按住 Shift键，将VR灯光以复制的方式复制一盏到餐厅的窗户，如图3-23所示。

Step 4 按F9键进行测试渲染，效果如图3-24所示。

图3-23 复制灯光

图3-24 测试渲染效果（一）

从渲染效果来看，餐厅并没有光线进来，这说明餐厅的窗户有玻璃挡着，之前使用覆盖材质来替代所有材质，玻璃因被材质所替代而不透明，下一步可以对餐厅的窗户进行检查。

Step 5 按T键返回顶视图，放大餐厅窗户，不难发现窗户及推拉门都有玻璃，选择玻璃模型并右击鼠标，在弹出的快捷菜单中选择"隐藏当前选择"选项，将玻璃隐藏，如图3-25所示。

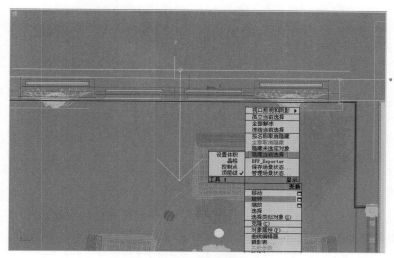

图3-25 隐藏玻璃模型

Step 6 将客厅窗户的VR灯光以复制的方式沿Y轴负方向复制一盏，并修改颜色和大小，如图3-26所示。

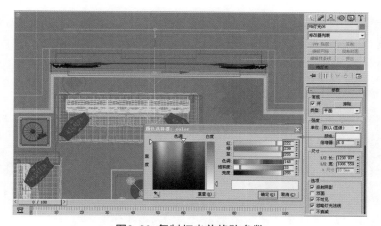

图3-26 复制灯光并修改参数

> **技巧提示**
>
> 在3ds Max中灯光是超现实的，虽然模拟的天光是从室外进入室内的，但是灯光并不一定要遵循这个原则。因为是放在窗户外面的灯，如果强度过大则会造成窗口处曝光；若太小则室内亮度不够，这时就需要用叠光的方法来设置，就是把两盏灯一前一后叠加使用。需要注意的是两盏灯的颜色不要设置相同。

Step 7 按F9键进行测试渲染，效果如图3-27所示。

图3-27 测试渲染效果（二）

此时更能强烈地感受到阳光的照射效果，餐厅也有光线照射进来，而且从光的过渡来看也比较明显。但整体给人一种阴森的感觉，原因在于光的颜色太蓝了，这不是想要的效果。我们要表现的是一种温馨的、富有田园气息的氛围，所以所呈现出来的光线也是要带有暖色的，而不是冰冷的感觉。

3.4.4 创建辅助光

Step 1 单击【创建】面板 图标下"VRay"类型中的【VR灯光】按钮，将灯光类型设置为平面，在顶视图拖动鼠标创建一盏VR灯光作为辅助光。

Step 2 进入【修改】面板，将辅助光设置为黄色，倍增器设置为5，具体参数设置如图3-28所示。

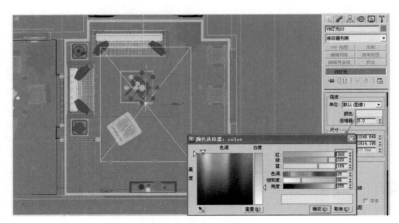

图3-28 设置辅助灯光参数

技巧提示

　　灯光既可以构成空间，又能改变空间；既能美化空间，又能破坏空间。不同的光线不仅照亮了各种空间，而且能营造不同的空间意境、情调和气氛，所以要根据场景效果而设置合适的灯光强度和颜色。从前面渲染效果可以看出场景色彩偏冷，所以辅助光应设置为偏暖的颜色。

Step 3 按住 Shift键，将辅助光以复制的方式复制一盏到餐厅和楼梯位置，具体参数设置如图3-29和图3-30所示。

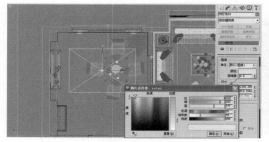
图3-29 修改灯光参数（一）

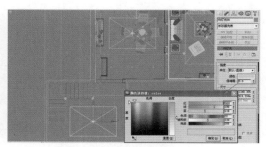
图3-30 修改灯光参数（二）

技巧提示

　　辅助光又称为补光，与细节光不同，它是用来填补主光源照不到或阴影较深的区域，调节明暗之间的反差，同时形成景深与冷暖关系的变化，从而达到一种柔和照明效果，通常辅助光的颜色和主光源的颜色是相反的，而且其亮度也要比主光源弱，否则容易喧宾夺主。

Step 4 按F9键进行测试渲染，效果如图3-31所示。

图3-31 创建辅助光后的效果

　　这是添加辅助光后的效果，效果与之前有了明显的不同，没有了之前的冰冷，更多的是暖中带有一些蓝色，而且比之前更像阳光照射效果，但由于使用了全局覆盖材质，所以得到的效果并不是很清晰，给人灰蒙蒙的感觉，吊灯和天花板之间也分不清层次，下一步可以布置一些细节灯，同时将材质显示出来再看效果。

3.4.5　创建细节光

Step 1　单击【创建】面板 图标下"光度学"类型中的【自由灯光】按钮，在顶视图的吊灯位置创建一盏自由灯光。

Step 2　进入【修改】面板，将自由灯光设置为暖色，强度设置为20，如图3-32所示。

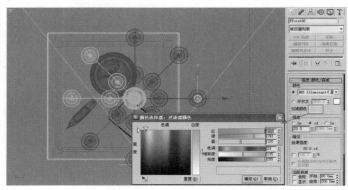

图3-32　设置自由灯光参数

> **技巧提示**
>
> 　　这盏灯作为细节灯，目的是使吊灯更加突出。

Step 3　按住 Shift键，将自由灯光以实例的方式复制到各个灯帽内，如图3-33所示。

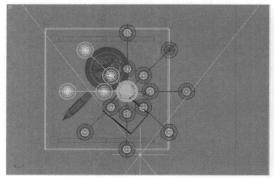 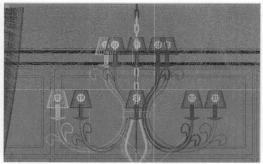

图3-33　复制自由灯光

　　自由灯光：没有方向控制，它们均匀地向所有方向发射光。它是最简单的类型，可以放置在场景中的任何地方，主要作用是作为一个辅助光帮助照亮场景。

Step **4**　按F10键打开【渲染设置】对话框，进入【V-Ray：：全局开关】卷展栏，取消【材质】区域的覆盖材质选项，如图3-34所示。

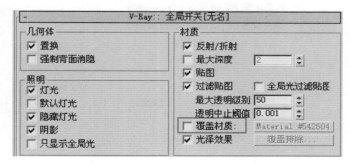

图3-34 取消覆盖材质选项

Step **5**　按F9键进行测试渲染，效果如图3-35所示。

　　这是显示材质及纹理后的效果，如果单从光感上分析，可以感觉到明媚、温馨的氛围，光线效果还是比较理想的，但从整体上看场景却显得太白，层次也不够清晰。

　　针对以上两点，可以通过设置材质来达到理想的效果，材质色相与饱和度都直接或间接影响着场景的明暗、层次和色彩，合理地调节材质可以得到更真实的效果。

图3-35 创建细节光后的效果

3.5　材质表现

3.5.1　乳胶漆材质的分析和制作

　　在制作效果图时，用到最多的材质要数乳胶漆，乳胶漆材质的设置相对简单，这里就不再做更多的阐述。

Step 1　按M键打开材质编辑器，选择顶材质示例窗。

Step 2　在【基本参数】卷展栏中，将漫反射设置为浅黄色，细分设置为16，如图3-36所示。

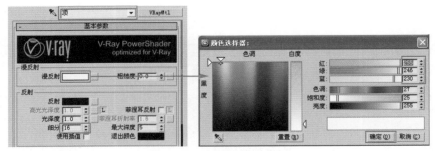

图3-36　设置乳胶漆材质

这里设置的是客厅吊顶材质，吊顶占模型面积非常大。为了得到比较细腻效果，可将细分设置为16。

Step 3　选择墙体材质示例窗，将漫反射设置为土黄色，反射设置为深灰色，激活高光光泽度右侧的按钮，将高光光泽度设置为0.35，然后在【选项】卷展栏中取消跟踪反射的勾选，如图3-37所示。

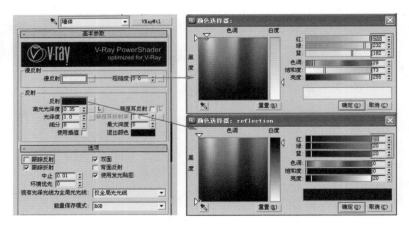

图3-37　墙体材质的设置

> **技巧提示**
>
> 　　取消跟踪反射是使物体没有反射而又能得到真实的高光光泽的效果。一般情况下制作乳胶漆材质设置高光光泽度参数时，都会取消跟踪反射选项。

3.5.2　布纹材质的分析和制作

　　布纹材质泛指枕头、地毯、沙发等物体，布纹材质的调节方法是多种多样的，而且不同的布纹所调节的方法也不尽相同。

Step 1 按M键打开材质编辑器，选择枕头材质示例窗。

Step 2 进入【贴图】卷展栏，给漫反射指定【衰减】贴图，这时会自动进入到【衰减参数】卷展栏，将前侧的两个通道指定一张枕头贴图。返回【贴图】卷展栏，给凹凸通道指定一张黑白贴图，并将凹凸通道值设置为150，如图3-38所示。

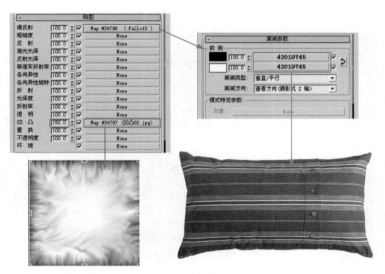

图3-38 设置枕头材质

技巧提示

凹凸通道上的黑白贴图可以在物体表面上产生褶皱的纹理，参数可以设置得大些。

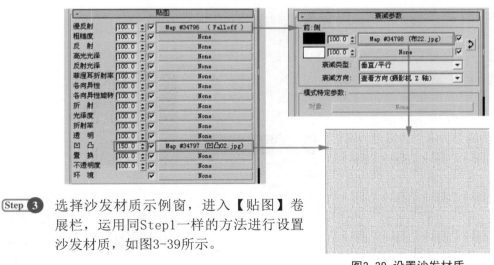

Step 3 选择沙发材质示例窗，进入【贴图】卷展栏，运用同Step1一样的方法进行设置沙发材质，如图3-39所示。

图3-39 设置沙发材质

场景中的材质比较多，对于一些设置方法相同的材质或贴图，这里将不再重复讲述，对于一些很细微的或在视图中看不到的物体，其材质制作也不作说明，因为这不会影响到场景的效果，还可以节省更多的时间。

Step 4 选择地毯材质示例窗，进入【贴图】卷展栏，给漫反射通道和凹凸通道指定地毯贴图，并将凹凸通道值设置为30，如图3-40所示。

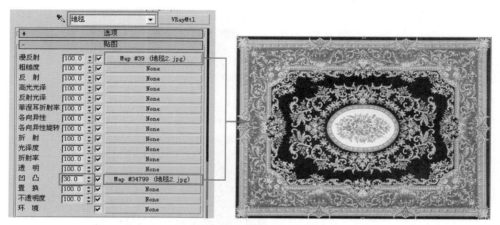

图3-40 设置地毯材质

技巧提示

给凹凸通道指定地毯贴图的时候，凹凸通道值不要设置过高，一般在30~40之间即可，否则地毯凹凸纹理会失真。

3.5.3 木纹材质的分析和制作

场景中的木纹是刷过清漆后的木纹材质，其表面具有一定的光滑度，有比较柔和的高光，其反射带有一定的模糊效果，同时还可以清晰地看到自身的肌理。

Step 1 按M键打开材质编辑器，选择木纹材质示例窗。

Step 2 在【基本参数】卷展栏中，单击漫反射按钮为漫反射指定木纹贴图，反射设置为灰色，激活高光光泽度右侧的按钮，将高光光泽度设置为0.7，光泽度设置为0.8，细分设置为15，具体参数如图3-41所示。

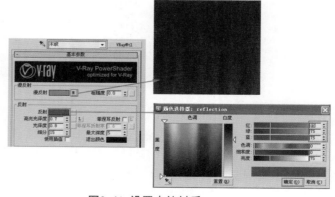

图3-41 设置木纹材质

3.5.4 地砖材质的分析和制作

案例中有几种地砖材质，其设置方法都是相同的，选择离视线近的两种进行讲解，余下的读者可以根据相同的方法来设置。

Step 1 按M键打开材质编辑器，选择地砖02材质示例窗。

Step 2 在【基本参数】卷展栏中，单击漫反射按钮为漫反射指定地砖贴图，将反射设置为深灰色，光泽度设置为0.9，细分设置为16，如图3-42所示。

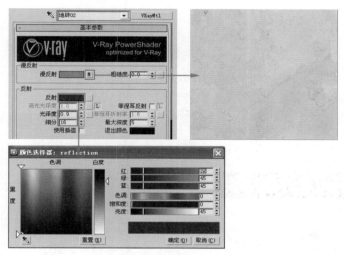

图3-42 设置地砖材质

Step 3 选择啡网材质示例窗，在【基本参数】卷展栏中，单击漫反射按钮为漫反射指定啡网贴图，反射设置为深灰色，光泽度设置为0.9，细分设置为12，如图3-43所示。

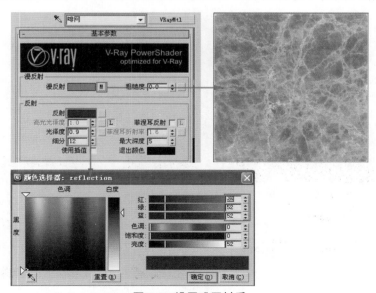

图3-43 设置啡网材质

技巧提示

　　一般的地砖，可以设置一些反射模糊特性，但像大理石、花岗石之类的石材是很少有模糊反射的。

3.5.5 油漆材质的分析和制作

　　这里主要讲的是混油，混油的种类很多，有醇酸调和漆、硝基酸调和漆等，但它们的共同特点是整洁、有弹力、覆盖性强，如果用手去触摸，还可以感觉到表面有一定的凹凸感。

Step 1 按M键打开材质编辑器，选择混油材质示例窗。

Step 2 在【基本参数】卷展栏中，将漫反射设置为白色，反射设置为深灰色，光泽度设置为0.85，细分设置为8，具体参数如图3-44所示。

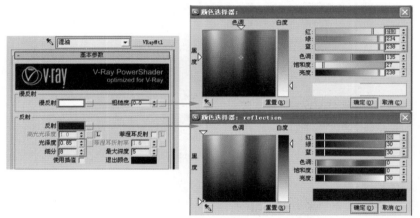

图3-44 设置混油材质

Step 3 选择墙裙材质示例窗，将漫反射设置为深蓝色，反射设置为深灰色，光泽度设置为0.7，细分设置为12，如图3-45所示。

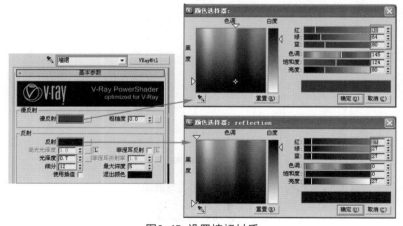

图3-45 设置墙裙材质

3.5.6 窗帘材质的分析和制作

案例中的窗帘要表现的是呢绒效果，呢绒的特点是绒身柔软、绒面饱满、伸缩性好、手感细腻等，在表现呢绒的这些特点时，通常用【衰减】贴图来表现。

Step 1 按M键打开材质编辑器，选择窗帘1材质示例窗。

Step 2 在【基本参数】卷展栏中，单击漫反射按钮为漫反射指定【衰减】贴图，再把反射设置为深灰色，激活高光光泽度右侧的按钮，将高光光泽度设置为0.45，光泽度设置为0.65，细分设置为12，如图3-46所示。

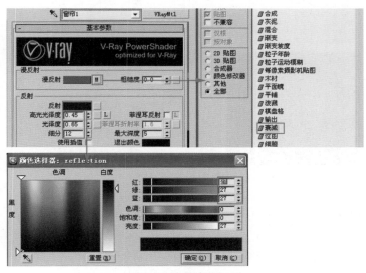

图3-46 设置窗帘材质

Step 3 在【衰减参数】卷展栏中，将前侧的两个通道分别指定布纹贴图，如图3-47所示。

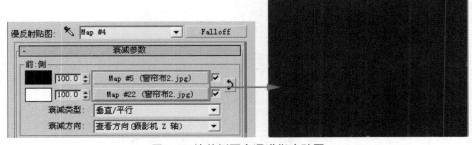

图3-47 给前侧两个通道指定贴图

技巧提示

前侧的两个通道如果能指定一深一浅的两张贴图，效果会更好（纹理最好是一样的）。很多情况下调节窗帘材质的时候，漫反射通道都使用【衰减】贴图来表现。

Step 4 选择窗帘2材质示例窗，进入【贴图】卷展栏，给漫反射指定【衰减】贴图，这时会自动进入到【衰减参数】卷展栏，将前侧的两个通道都指定布纹贴图，如图3-48所示。

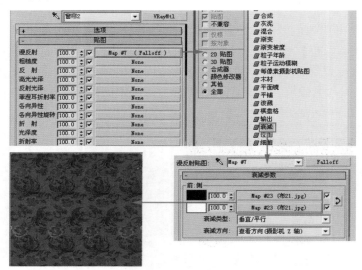

图3-48 设置窗帘材质

3.5.7 其他材质的分析和制作

其他材质指吊灯、植物、花、玻璃瓶等，由于这些材质在场景中所占的比例是比较小的，所以将其归为同类，但它们各自的设置方法是不一样的。

Step 1 选择灯片材质示例窗，把标准材质转化为VR灯光材质，再将颜色旁的强度设置为2，如图3-49所示。

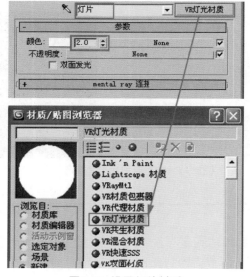

图3-49 设置灯片材质

技巧提示

在Max中，并不是所有的发光效果都是用灯光来完成的，对于光源来说，也可以通过材质来实现。如果场景用线性的曝光控制，那么对于灯片物体可使用自发光；如果不是，那么可使用VR灯光材质，它不仅可以自身发光，而且还可以像灯光一样向周边散射，只要运用合理，其效果也是相当不错的。

Step 2 选择金属材质示例窗，在【基本参数】卷展栏中，将漫反射设置为黄色，反射设置为土黄色，激活高光光泽度右侧的按钮，将高光光泽度和光泽度参数都设置为0.8，具体参数如图3-50所示。

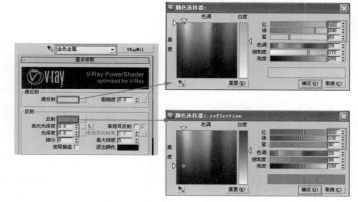

图3-50 设置金属材质

有些反射材质，由于反射到周围的物体，其本身的颜色会略失纯度，这时可以通过把反射颜色设置为物体的颜色，从而达到想要的效果。

Step 3 选择玻璃材质示例窗，将漫反射和折射都设置为白色，反射设置为深灰色，激活高光光泽度右侧的按钮，将高光光泽度设置为0.9，细分设置为6，然后把烟雾颜色设置为淡青色，具体参数如图3-51所示。

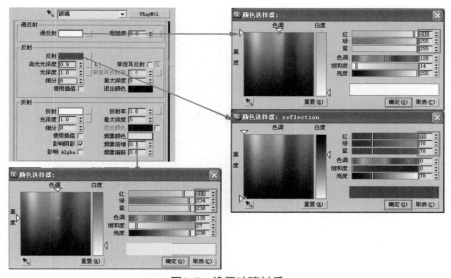

图3-51 设置玻璃材质

技巧提示

烟雾颜色可以改变物体的本色，因此颜色不宜设置太深，否则材质颜色会过于鲜艳。

Step 4 选择花材质示例窗，在【明暗器基本参数】卷展栏里，将自发光设置为50，高光级别设置为62，光泽度设置为40，单击漫反射按钮为漫反射指定【衰减】贴图，这时会自动进入到【衰减参数】卷展栏里，将前侧的两个通道分别设置为黄色和浅黄色，如图3-52所示。

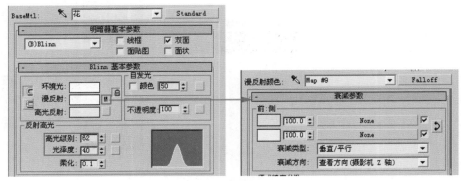

图3-52 设置花材质

小知识

➤漫反射：物体最基本的颜色，决定了物体的整个色调。

➤高光光泽度：影响反射高光的强度。该值越大，高光越亮。高光的强度也与物体表面的光滑程度有关，物体表面越光滑，反射高光强度就越大。

Step 5 将花材质转化为【VR材质包裹器】材质类型，在【VR材质包裹器参数】卷展栏中，将产生全局照明设置为1.0，接收全局照明设置为2.5，如图3-53所示。

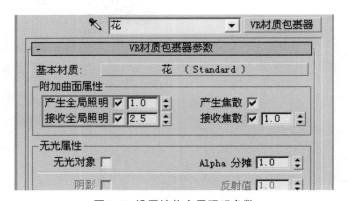

图3-53 设置接收全局照明参数

技巧提示

　　花的颜色是通过衰减的两个颜色来决定的，根据个人喜好可以设置为不同的颜色。

Step 6 选择植物材质示例窗，将反射设置为深灰色，光泽度设置为0.5，在【折射】区域中把折射设置为灰色，光泽度设置为0.4，然后给漫反射指定【混合】贴图，具体参数设置如图3-54所示。

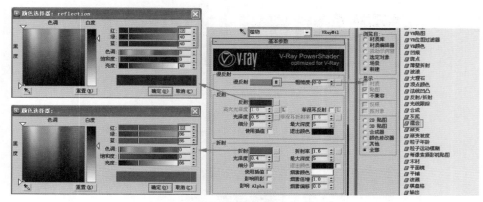

图3-54 设置植物材质

Step 7 展开【混合参数】卷展栏，给颜色#1和颜色#2分别指定树叶贴图，并在混合量通道指定黑白贴图，如图3-55所示。

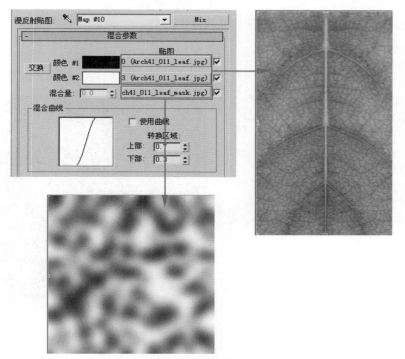

图3-55 设置混合参数卷展栏

技巧提示

在混合通道中也可以使用噪波贴图类型，出来的效果也是一样的。

Step 8 选择花盆材质示例窗，将反射设置为深灰色，光泽度设置为0.7，单击漫反射
按钮为漫反射通道指定【混合】贴图，如图3-56所示。

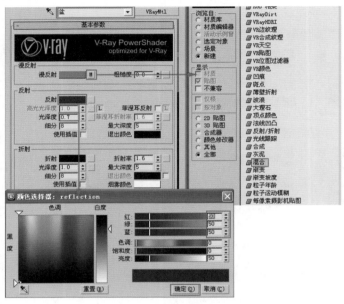

图3-56 设置花盆材质

Step 9 展开【混合参数】卷展栏，单击【交换】按钮，将颜色#1和颜色#2进行交
换，然后给颜色#2和混合量通道分别指定不同的贴图，如图3-57所示。

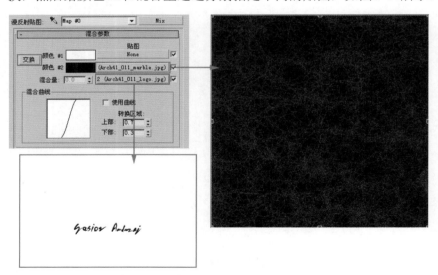

图3-57 设置混合参数卷展栏

混合参数卷展栏中的两个颜色，可以在模型上产生颜色的过渡，从而得到类似羽绒的效果。如果两种颜色所指定的通道贴图都是一样的，那么变化则不太明显；如果在混合量通道上指定贴图，则由贴图的黑白灰来决定颜色#1和颜色#2的百分比。

到此，场景中的材质已基本设置完毕，可以再次渲染看效果有无变化。

Step 10 按F9键进行测试渲染，效果如图3-58、图3-59所示。

图3-58 测试渲染效果（一）

图3-59 测试渲染效果（二）

场景中有三个视角，可以依次渲染或任意渲染其中的两个视角。从渲染效果可以看出场景的曝光得到了控制，而且在颜色上也能充分体现田园风格特有的自然与和谐，只是在转角处及材质的表面有些噪点，其实这些都是渲染参数过低造成的，如果将参数设置得高一些，效果会更加清晰、细腻。

3.6 最终渲染

3.6.1 提高高精度参数

设置高精度参数就是在初始参数设置的基础上，适当提高和改变渲染参数及一些卷展栏的参数类型。

Step 1 进入【V-Ray：：图像采样器】、【V-Ray：：彩色贴图】卷展栏，将图像采样器的类型设置为"自适应确定性蒙特卡洛"，抗锯齿过滤器使用Catmull-Rom的类型，并勾选"开"将变亮倍增器参数设置为1.2，勾选子像素贴图选项，如图3-60所示。

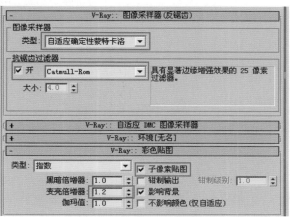
图3-60 设置卷展栏参数

技巧提示

勾选子像素贴图选项可防止有强光的物体出现光斑等现象（如金属、玻璃）。

Step 2 进入【V-Ray：：发光贴图】、【V-Ray：：灯光缓存】卷展栏，在【当前预置】中选择"中"的方式，将半球细分设置为60，插补采样设置为30，【计算参数】区域的细分设置为1000，并勾选【重建参数】区域中的预滤器选项，如图3-61所示。

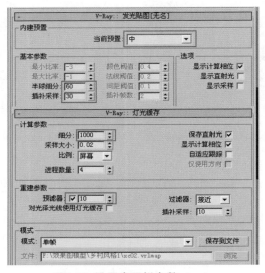

图3-61 设置卷展栏参数（一）

Step 3 进入【V-Ray：DMC采样器】、【V-Ray：：系统】卷展栏，将最小采样器值设置为16，最大树形深度设置为90，如图3-62所示。

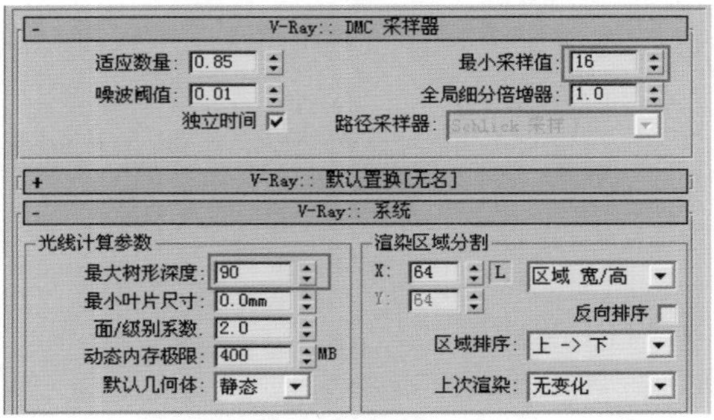

图3-62 设置卷展栏参数（二）

技巧提示

最大树形深度设置为90，目的是在渲染时VRay渲染器可以尽可能利用更大的内存，从而提高渲染速度，并对效果无明显的影响。

Step 4 按F9键进行测试渲染，效果如图3-63所示。

图3-63 测试渲染效果

这是设置比较高的参数渲染而得到的效果，此时的效果比较满意，下一步将保存并调用光子，而无须重新渲染光子。

3.6.2 保存、调用光子

Step 1 进入【V-Ray：：发光贴图】、【V-Ray：：灯光缓存】卷展栏，对刚才渲染出的图像进行保存光子图，具体设置如图3-64所示。

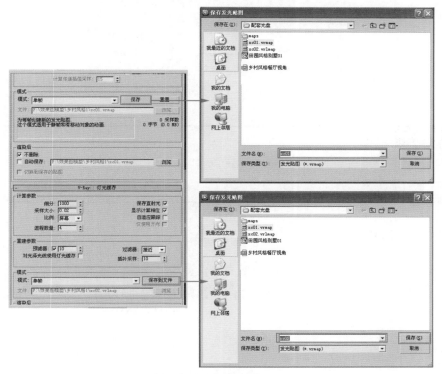

图3-64 保存光子图

Step 2 确定保存光子后，在【V-Ray：：发光贴图】、【V-Ray：：灯光缓存】卷展栏中的【模式】下拉列表中选择从文件，然后单击【浏览】按钮，打开刚才保存的光子图，如图3-65所示。

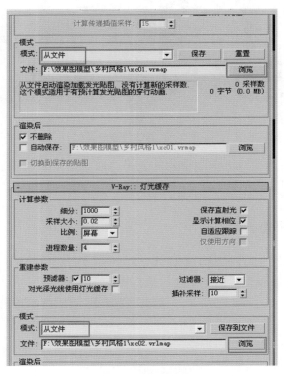

图3-65 打开光子图

技巧提示

　　渲染光子图也可以勾选自动保存和切换到保存的贴图选项，这样渲染光子图后可以马上渲染大图，而不用保存再调用。

3.6.3 最终出图

Step 1 进入【渲染设置】对话框，根据需要设置最终图像的输出大小。

Step 2 单击【渲染设置】对话框中的【渲染】按钮开始进行最终渲染，客厅最终的效果如图3-66所示。

图3-66 客厅的最终效果

　　从最终效果可看出本案例是一套别墅住宅，使用面积比较大。设计师按照业主"清新脱俗"的要求，在整体设计上既体现温馨舒适，又不失刚直简单的现代感，从而形成了单纯而雅致的田园风格。在具体的装饰手法上，设计师运用家具、造型、色彩三种元素来烘托空间的气氛，以取得实用与美观的双重效果。

3.7　读者问答

问：光子图的大小和成品图的大小有何关联？

答：光子图的大小主要由场景的大小设置和最大比率值来决定，如图3-67、图3-68所示。

图3-67 场景大小的设置

图3-68 最大比率值的设置

当最大比例值为0时，光子图与场景的大小设置相同；

当最大比例值为1时，光子图是场景大小设置的1倍；

当最大比例值为2时，光子图是场景大小设置的4倍；

当最大比例值为-1时，光子图是场景大小设置的1/2；

当最大比例值为-2时，光子图是场景大小设置的1/4。

例如，当场景大小设置为400×300，最大比例值是0时，光子图就是400×300；当场景大小设置为400×300，最大比例值是1时，光子图就是800×600；当场景大小设置为400×300，最大比例值是2时，光子图就是1600×1200。可以肯定地说，光子图越大，效果也会越好。当然，渲染的时间也会成倍地增长，这就是速度与质量的阈值。

也许大家又会问，渲染4000×3000像素的成图需要渲染多大像素的光子图？首先不要考虑成图与光子图之间的问题，比如说光子图是400×300，如果渲染2000×1500的成图没有问题，那么渲染6000×4500的成图也没有问题。但要注意的是，它们的纵横比必是相同的，如400×300的纵横比是1.3333，成图是2000×1000就不行，因为2000×1000的纵横比是2。

问：什么样的材质需要控制色溢？

答：这要看材质在场景中是否鲜艳或显眼，鲜艳的材质是要控制色溢的。如果材质并不显得鲜艳，但它在场景中很显眼，那也要控制色溢。如：要表现的是比较洁白的效果，那么场景中有占面积比较大的黑色材质就需要控制。

问：室外天光除了VRay渲染中的【VR灯光】灯光，还能使用别的灯光来模拟吗？

答：模拟天光的方法很多，可以用阵列布灯来模拟，也可以用一点照明来模拟，如图3-69、图3-70所示。

当然现在更多的是VR面灯或VR穹顶灯来模拟。关于VR穹顶灯会在后面的章节中讲解到。每种灯都有各自的优缺点，如果能够熟练掌握，得到的效果都很理想。

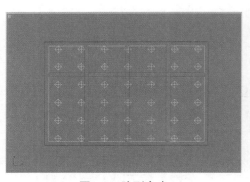

图3-69 阵列布光

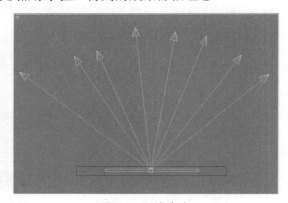

图3-70 一点布光

问：勾选【VRay：：全局开关】卷展栏【材质】区域中的"覆盖材质"选项有什么好处？

答："覆盖材质"可以把场景所指定的材质由一个特定的材质替代（原材质并没有被替换），渲染时原材质的反射、透明度等在渲染的时候没有被显示出来，但是可以很方便地观察灯光在场景中的变化，而且渲染速度很快，便于测光，从而提高工作效率。

3.8 扩展练习

通过对本章案例的学习，相信读者对使用VRay渲染器进行渲染效果已有一定的了解。希望读者结合本章所学习的灯光和材质方法练习一张客厅白天效果的制作，最终效果如图3-71所示。

图3-71 扩展练习客厅的最终效果

资料： 配套光盘含有原模型文件、贴图、光域网。

要求： 读者要善于灵活运用同样的布光原理以及材质设置方法，制作出如图3-71所示的效果。

注意事项：

（1）若客厅为白天效果，布置灯光的时候太阳光要强烈些，太阳光最好洒入室内。

（2）灯光的阴影参数要控制好，从窗户到餐厅的光线过渡要表现到位。

（3）调节材质的时候，墙面乳胶漆颜色要设置好，也可以适当控制墙体的色溢问题。

（4）若客厅是田园风格效果，沙发、椅子和地毯的贴图要选择一些碎花图案或者颜色不宜太深的布纹贴图。

4 灯光璀璨的夜景——巴洛克风格视听间

　　文艺复兴风格经历了16世纪末期的逐渐蜕变后，于17世纪中期演变为巴洛克风格。巴洛克风格继承了文艺复兴时期确立起来的错觉主义再现传统，摒弃了单纯、和谐、稳重的古典风范，追求一种繁复夸饰、富丽堂皇、气势宏大、富于动感的艺术境界。巴洛克风格外形自由，喜好富丽的装饰和强烈的色彩。常用椭圆形空间，造型柔和，运用曲线、曲面，追求动感。视听间最终效果如图4-1所示。

图4-1 视听间最终效果

4.1 设计介绍

　　视听间是主人休闲娱乐的场所，设计师着重考虑的是"随意"，而不是像客厅一样的"正规"，这是一种设计意境、一种感觉。这种空间位置大多都在阁楼上或者是在地下一层，其原因是突出视听的独立性；其次，视听间在家居设计中可算是特殊空间了，因为它比普通的视听间更强调隔声、吸声效果的同时，又要使内部空间环境适合于发挥最佳的音响效果，所以强调的是一种功能性的设计理念。

　　从图4-2视听间平面布置中可以看出，视听间只有简单的几组沙发、茶几和液晶电视，和其他居室相比最普通不过了。要想装修出独具一格的视听间效果，只能从墙面、吊顶做装饰造型；地面只能

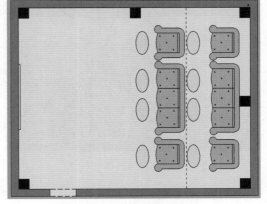

图4-2 视听间平面布置

使用地毯材质（因为视听间强调隔声效果一定要好），而且地毯要选择一些华丽的、接近巴洛克风格的大花纹地毯，这样可使整个视听间达到豪华的巴洛克风格效果。

4.2 软装应用

巴洛克风格的家具经常会出现在面积较大的公寓或别墅的室内设计中，其主要特点是强调力度、变化和动感。它的设计强调流动感、戏剧性、夸张性等，常采用富于动态感的造型要素，如曲线、斜线等。相对其他家具来说，巴洛克风格的家具具有华丽、精致和奢华的特点。

专家提示

巴洛克风格的家具最好搭配欧式风格的居室或装修，特别是和带有古罗马柱头等装饰的居室和谐统一（见图4-3）。再比如带有圆弧手绘图案穹顶的居室配上这样的家具会给人带来宫殿般的感觉。在选购时最好购买一整套的家具，具体还可以请家具设计师帮助进行搭配和设计。

巴洛克风格家具的最大特点是将富于表现力的细部相对集中，简化不必要的部分而着重于整体结构塑造。因而它舍弃了文艺复兴时期将家具表面分割成许多小几何形状框架的方法，以及繁复华丽的装饰，改成主辅区分、强化整体装饰的和谐效果（见图4-4）。

图4-3 巴洛克风格装饰柱子

图4-4 巴洛克风格家居表现

地毯和其他地面材料相比，具有优良的吸声效果，能够吸收室内的回声噪声，减少声音通过地面墙壁的反射和传播，创造一个安静的家居环境。地毯较软，作为铺地材料具有一定的保暖性，对地面采暖的供热形式更具有良好的热传导作用，可以增加温暖和舒适性。地毯的色彩和图案多种多样，色彩鲜艳的地毯可以使房间亮堂起来；色调沉稳的地毯则使室内显得幽静、淡雅。华丽的地毯与精致的雕刻互相配合，把高贵的造型与地面铺饰融为一体，气质雍容（见图4-5）。

设计师根据自己的设计构思，营造出充满色彩的空间，这里自然包括了设计的色彩观念和审美观念。色彩会对人产生潜移默化的影响。色彩的心理效应，发生在不同层次中，有些是通过直接刺激，有些则通过联想，进而涉及人的观念。因此对于设计师来说，无论哪一层次的作用都不可忽视。巴洛克风格装饰如图4-6所示，视听间的色调如图4-7所示。本案例视听间主要以白色、灰色和黄色为主色调，下面分别介绍三种颜色的代表含义。

白色：具有高级、科技的意象，在生活用品、服饰用色上，白色永远是流行的主导色，可以和任何颜色作搭配。

灰色：具有柔和、高雅的意象，而且属于中间色彩，使用灰色时，大多利用不同的层次变化组合或搭配其他色彩，才不会过于单一、沉闷。

黄色：是最能发光的颜色，王室或宫殿常用这种颜色来表现高贵、华丽，从而使人产生辉煌和喜悦之感。深黄色一般不能与深红色及深紫色相配，也不适合与黑色相配，因为它会使人感到晦涩。

图4-5 地毯面料

图4-6 巴洛克风格装饰

图4-7 视听间的色调

4.3 制作流程

要想得到一张优秀的效果图，在模型创建完毕后就要分析整个场景材质和灯光的因果关系，然后再按材质、灯光与渲染等步骤进行操作，视听间的整个制作流程如图4-8所示。

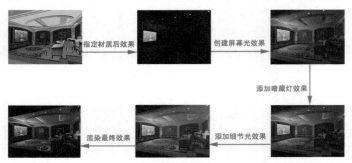

图4-8 视听间的制作流程

4.4 材质表现

本案例材质类型比较少，重点掌握屏幕、金属、玻璃等材质的制作方法和三种地毯的设定方法。

4.4.1 屏幕材质的分析和制作

在现实生活中，电视机所发射出来的光线亮度较强，而且照射范围较大，为了表现真实的电视屏幕，要将屏幕的亮度提高，这样颜色的饱和度也相对高些。

Step 1 按M键打开材质编辑器，选择屏幕材质示例窗。

Step 2 在【Blinn基本参数】卷展栏中，单击漫反射右侧的按钮，弹出【材质/贴图浏览器】对话框，选择并双击【位图】选项，打开配套光盘提供的屏幕材质，然后将高光反射的颜色设置为深灰色，并将【自发光】区域的颜色设置为100，如图4-9所示。

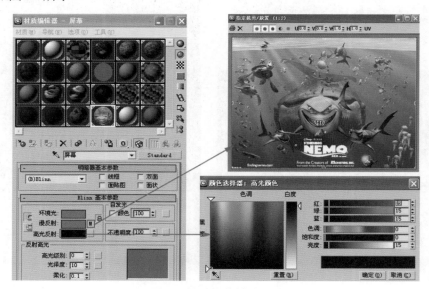

图4-9 设置屏幕材质

技巧提示

电视屏幕在室内夜景的表现中一般处于开机状态，因此将其赋予电视内容，并加自发光，让其感觉像一个光源。在这个场景中，大的基调是暖色，所以在电视屏幕上用的是冷色贴图，使其在场景中增加了局部冷色光源的对比效果。

4.4.2 地毯材质的分析和制作

一般情况下视听间都要有良好的隔声效果，因此地面采用地毯材质。为了使地面更有层次和富丽堂皇的感觉，一共使用4种地毯贴图来表现。

1. 地毯的分析和制作

Step 1 按M键打开材质编辑器，选择地毯材质示例窗。

Step 2 在【基本参数】卷展栏中，将细分设置为15，并给漫反射指定地毯贴图，如图4-10所示。

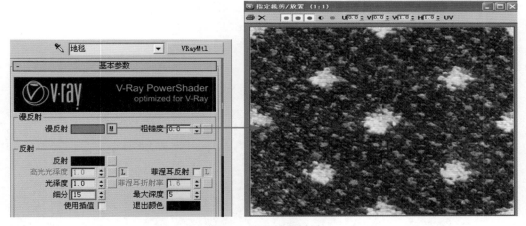

图4-10 设置地毯材质

技巧提示

细分：控制模糊反射的品质。该值越大，模糊反射越细腻、越精确，但同时会花费更多的渲染时间（通常用于最终渲染）；反之容易产生颗粒感，但可以获得较快的渲染速度（通常用于测试）。注意，此参数仅在反射光泽度值小于1时才有效。

Step 3 进入【贴图】卷展栏，将凹凸通道值设置为15，并给凹凸通道指定【噪波】贴图，这时会自动进入到【噪波参数】卷展栏，将大小设置为8，如图4-11所示。

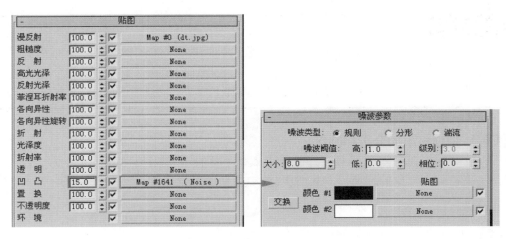

图4-11 指定凹凸通道贴图

2．地毯1的分析和制作

Step ❶ 按M键打开材质编辑器，选择地毯1材质示例窗。

Step ❷ 在【基本参数】卷展栏中，将细分设置为16，并给漫反射指定地毯贴图，如图
4-12所示。

Step ❸ 进入【贴图】卷展栏，将凹凸通道值设置为10，将漫反射通道贴图拖动到凹凸
通道上，并以实例的方式进行复制，如图4-13所示。

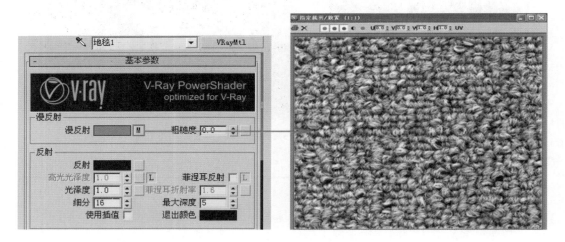

图4-12 指定地毯贴图

在设定地毯材质的时候，一般情况下都使用凹凸通道来表现地毯的凹凸肌理，但是凹凸通道值不宜设置得太高。

图4-13 指定凹凸通道贴图

3. 地毯2的分析和制作

在表现某些特殊地毯材质时，不但要使用凹凸贴图，而且还常会用到衰减贴图，这样可以模拟出真实地毯的细小绒毛和纹理，给人舒适、柔软的感觉。

Step 1 按M键打开材质编辑器，选择地毯2材质示例窗。

Step 2 进入【贴图】卷展栏，给漫反射通道指定【衰减】贴图，这时会自动进入【衰减参数】卷展栏，给前侧的黑色通道指定布纹贴图，并将衰减类型设置为Fresnel，如图4-14所示。

图4-14 指定地毯贴图

4. 地毯3的分析和制作

Step 1 按M键打开材质编辑器，选择地毯3材质示例窗。

Step 2 在【基本参数】卷展栏中，将细分设置为8，并给漫反射指定地毯贴图，如图4-15所示。

图4-15 指定地毯贴图

Step ③ 进入【贴图】卷展栏,将凹凸通道值设置为5,并给凹凸通道指定【凹痕】贴图,这时会自动进入到【凹痕参数】卷展栏,将大小设置为6,如图4-16所示。

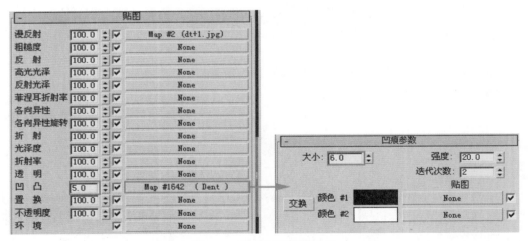

图4-16 设置凹凸通道贴图

小知识

凹痕主要用于凹凸贴图,其默认参数就是对这个用途的优化。用作凹凸贴图时,凹痕在对象表面提供三维的凹痕效果,它可编辑参数控制大小、深度和凹痕效果的复杂程度。

4.4.3 墙纸材质的分析和制作

墙纸是一种表面粗糙，但手感细腻、无反射的材质类型。它不但吸声好，而且可以显出主人的个性和品位，缺点是不耐脏。

1. 墙纸的分析和制作

Step **1** 按M键打开材质编辑器，选择墙纸材质示例窗。

Step **2** 在【基本参数】卷展栏中，将细分设置为16，并给漫反射指定墙纸贴图，如图4-17所示。

图4-17 设置墙纸材质

Step **3** 进入【贴图】卷展栏，将漫反射通道的贴图拖动到凹凸通道上，并且以实例的方式进行复制，如图4-18所示。

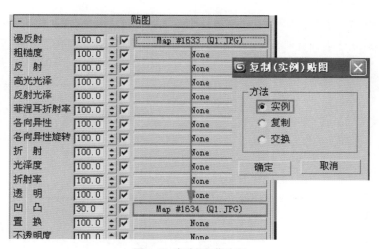

图4-18 复制通道贴图

墙纸和地毯材质制作方法相差不大，只是贴图不一样而已。当然，壁纸的选择相当重要，可直接影响到整个场景的风格和表现的档次。

2．墙布的分析和制作

Step **1** 按M键打开材质编辑器，选择墙布材质示例窗。

Step **2** 在【基本参数】卷展栏中，将细分设置为16，并为漫反射指定墙布贴图，如图4-19所示。

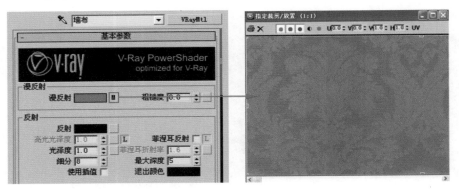

图4-19 设置墙布材质

Step **3** 进入【贴图】卷展栏，将凹凸通道值设置为16，并且给凹凸通道指定【噪波】贴图，这时自动进入【噪波参数】卷展栏，将大小设置为5，如图4-20所示。

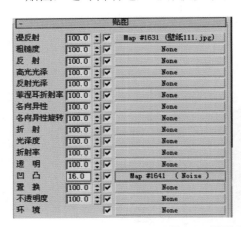
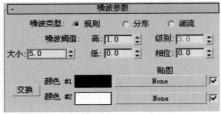

图4-20 设置凹凸通道贴图

> **技巧提示**
>
> 读者可比较：在凹凸通道添加壁纸贴图和噪波贴图有什么区别，两者出来的凹凸效果是否一样。墙纸（壁纸）与墙布（海吉布）是有区别的，壁纸是有各种各样的花纹图案和颜色，而海吉布的纹理和颜色都比较单一。有时在墙面上用海吉布时也可只使用其纹理，而颜色还是墙漆的颜色。

4.4.4 木纹材质的分析和制作

木纹是室内装饰中经常用到的材料，木纹的难点在于如何表现模糊反射效果。

Step 1 按M键打开材质编辑器，选择木纹材质示例窗。

Step 2 进入【贴图】卷展栏，给漫反射通道指定木纹贴图，给反射通道指定衰减贴图，这时会自动进入到【衰减参数】卷展栏，将衰减类型设置为Fresnel，如图4-21所示。

这里使用衰减贴图是为了使木纹产生反射上的变化，以增加真实感。其中第一个颜色即木纹反射颜色，第二个颜色为变化颜色，以模拟受光效果。

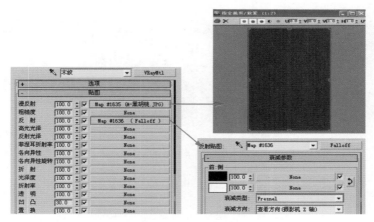

图4-21 给通道指定贴图

Step 3 在【基本参数】卷展栏中，激活【高光光泽度】右侧的按钮，将高光光泽度设置为0.7，光泽度设置为0.8，如图4-22所示。

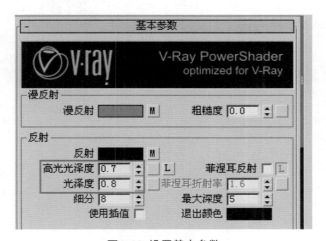

图4-22 设置基本参数

木纹表面比较光滑，有较亮的高光，因此设置高光光泽度的值为0.7，同时设置光泽度为0.8，这样可以得到较好的反射模糊效果。

4.4.5 涂料材质的分析和制作

涂料材质是一种表面比较光滑的材质。通常涂料材质有比较柔和的高光，其反射带有模糊效果，确切地说没有什么反射，只是有些表面光泽。

1．涂料的分析和制作

Step 1 按M键打开材质编辑器，选择涂料材质示例窗。

Step 2 在【基本参数】卷展栏中，将漫反射设置为白色，细分设置为26，如图4-23所示。

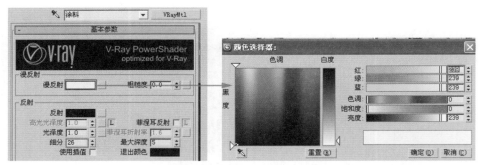

图4-23 涂料材质的设定

Step 3 进入【贴图】卷展栏，给反射通道指定【衰减】贴图，这时会自动进入到【衰减参数】卷展栏，将前侧的两个颜色RGB值设置为如图4-24所示的数值。

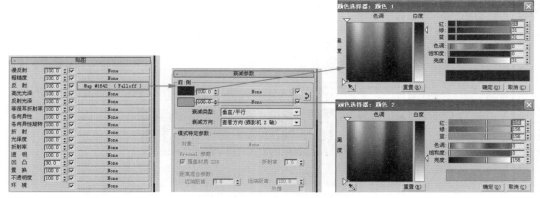

图4-24 给反射指定衰减贴图

涂料表面没有纹理，只需要设置漫反射颜色即可，这里使用衰减贴图来模拟光影反射的变化，因此设置第一个衰减颜色为深灰色，第二个衰减颜色为灰色。

2．涂料1的分析和制作

Step 1 按M键打开材质编辑器，选择涂料1材质示例窗。

Step 2 在【基本参数】卷展栏中，将漫反射设置为白色，细分设置为26，如图4-25所示。

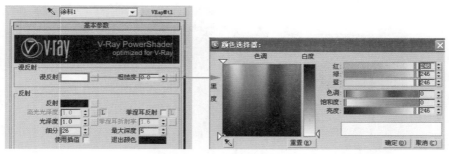

图4-25 涂料材质的设定

技巧提示

在设置白色材质时不要将RGB的值都设置为255。因为过高的RGB值在使用VRay渲染器进行渲染时可能会出现曝光。相反，适当地降低RGB值反而会得到一个比较好的效果。

Step 3 进入【贴图】卷展栏，给反射通道指定【衰减】贴图，这时会自动进入到【衰减参数】卷展栏，将前侧的两个通道颜色设置为如图4-26所示的数值。

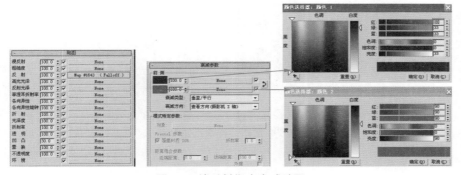

图4-26 给反射指定衰减贴图

设置【衰减参数】中前侧的两个颜色时，最好两个颜色有个过渡，或者两个颜色相差比较大，这样得出的光线质感效果会比较好。

4.4.6 布纹材质的分析和制作

1. 布纹的分析和制作

Step 1 按M键打开材质编辑器，选择沙发布纹材质示例窗。

Step 2 在【基本参数】卷展栏中，给漫反射指定布纹贴图，激活高光光泽度右侧的按钮，将高光光泽度设置为0.62，光泽度设置为0.72，细分设置为25，如图4-27所示。

图4-27 布纹材质的设定

视听间的光线比较集中，而且整个场景光线不是特别好。为了增添视听间的整体气氛和色彩，设置了高光光泽度和光泽度；为了使布纹看起来光感细腻，进行了细分设置。

Step 3 进入【贴图】卷展栏，将凹凸通道值设置为5，并给凹凸通道指定【凹痕】贴图，这时会自动进入到【凹痕参数】卷展栏，将大小设置为5，具体参数如图4-28所示。

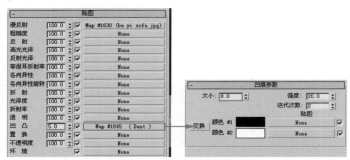

图4-28 给凹凸通道指定贴图

2．布纹1的分析和制作

Step 1 按M键打开材质编辑器，选择沙发布纹1材质示例窗。

Step 2 进入【贴图】卷展栏，给漫反射和凹凸通道分别指定布纹贴图，如图4-29所示。

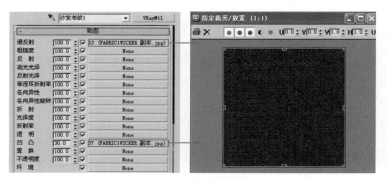

图4-29 指定布纹贴图

4.4.7 金属材质的分析和制作

金属往往是一个空间内引人注目的焦点，其强烈的视觉冲击使之成为建筑及装饰的必要材料之一。对于金属材质的制作，只有体现高光和强反射才能追求金属的真实感。

1．金属的分析和制作

Step 1 按M键打开材质编辑器，选择金属材质示例窗。

Step 2 在【基本参数】卷展栏中，将漫反射和反射都设置为黄色，激活高光光泽度右侧的按钮，将高光光泽度设置为0.8，光泽度设置为0.7，如图4-30所示。

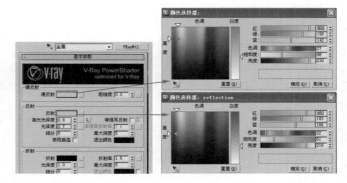

图4-30 金属材质的设定

本场景视听间要表现的是低调奢华的效果，因此，将金属设置为金黄色，可以与场景的奢华形成统一的色调，同时与室内的气氛也相符合。

2．金属1的分析和制作

两种金属的制作方法有很大的区别，主要是这两个金属所对应的模型不一样，比如沙发模型上的金属反射不是很强烈，而茶几腿上的金属反射则很强烈。

Step 1 按M键打开材质编辑器，选择金属1材质示例窗。

Step 2 在【基本参数】卷展栏中，激活高光光泽度右侧的按钮，将高光光泽度设置为0.6，光泽度设置为0.7，细分设置为15，如图4-31所示。

图4-31 金属1材质的设定

Step 3 进入【贴图】卷展栏，给漫反射指定【衰减】贴图，这时会自动进入到【衰减参数】卷展栏，将前侧的两个通道颜色设置为如图4-32所示的参数。

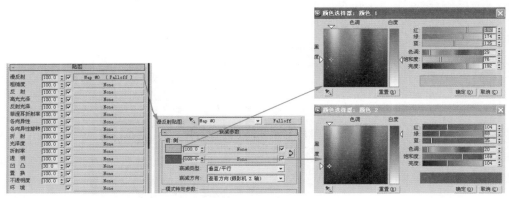

图4-32 指定衰减贴图（一）

Step 4 给反射指定【衰减】贴图，这时会自动进入到【衰减参数】卷展栏，将前侧的两个颜色的RGB值设置为如图4-33所示的参数。

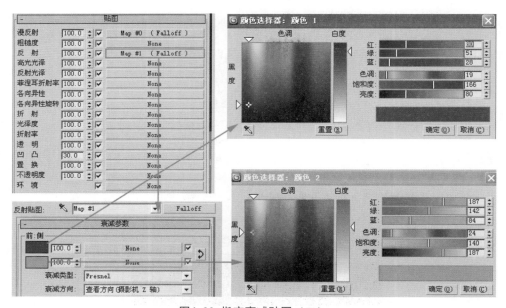

图4-33 指定衰减贴图（二）

漫反射通道表现的是金属颜色，反射通道表现的是金属反射强度，它们都指定【衰减】贴图来表现受光线影响的远近变化。

4.4.8 电视金属材质的分析和制作

电视金属材质是一种铝材质，在灯光的照射下也具有一定的反射和高光特性。

Step 1 按M键打开材质编辑器，选择外壳材质示例窗。

Step 2 在【基本参数】卷展栏中，将漫反射和反射都设置为深灰色，激活高光光泽度右侧的按钮，将高光光泽度设置为0.6，光泽度设置为0.6，细分设置为10，具体设置如图4-34所示。

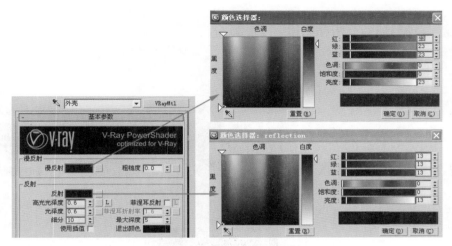

图4-34 设置基本参数卷展栏

技巧提示

在设定材质的时候不要将漫反射设置为全黑，因为黑的材质在光的照射下也不会显得死黑一片，而是有少许的光泽。反射也不能设置为全黑色，因为在VRay中没有反射则不出现光泽。

Step 3 进入【贴图】卷展栏，给凹凸通道指定【噪波】贴图，这时会自动进入到【噪波参数】卷展栏，将大小设置为6，具体设置如图4-35所示。

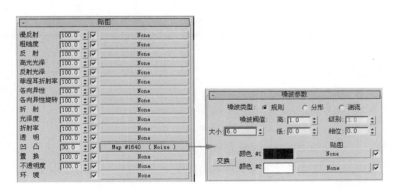

图4-35 指定噪波贴图

4.4.9 玻璃材质的分析和制作

在室内设计中采用玻璃材质，可使空间具有现代感。玻璃的种类很多，有透明的清玻璃、半透明的磨砂玻璃、彩绘玻璃、雕刻玻璃等，它们的制作方法各不相同。

Step 1 按M键打开材质编辑器，选择玻璃材质示例窗。

Step 2 在【基本参数】卷展栏中，将漫反射设置为深灰色，给反射指定【衰减】贴图，将折射设置为灰色，如图4-36所示。

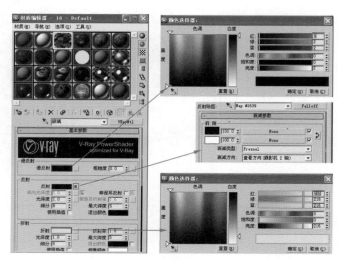

图4-36 设置玻璃材质

4.4.10 画材质的分析和制作

在一个场景中画的选择也是至关重要的，画在整个场景中起到装饰点缀的作用，因此也要与场景的风格相搭配。

Step 1 按M键打开材质编辑器，选择画材质示例窗。

Step 2 在【基本参数】卷展栏中，给漫反射指定画贴图，将细分设置为16，具体设置如图4-37所示。

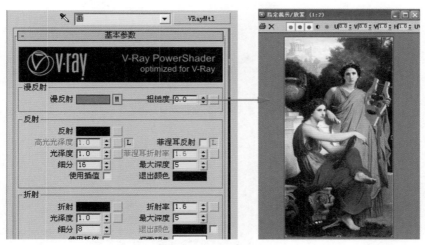

图4-37 设定画材质

视听室的整体感觉是低调奢华，因此可选择一幅具有古典韵味、极具品位的人物画作为装饰画的贴图。

Step 3 进入【贴图】卷展栏，给凹凸通道指定布纹贴图，如图4-38所示。

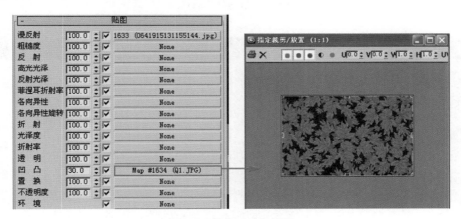

图4-38 指定凹凸的贴图

小知识

使用布纹材质作为凹凸通道的贴图，是想在画的表面产生一种不平滑的感觉，因为是油画，表面看起来虽然比较光滑，但用手触摸还是能感觉到原料的叠加。因此可在凹凸通道上指定贴图来模拟这种质感。

4.4.11 画框材质的分析和制作

为了使整个场景气氛和色调达到统一的效果，画框也采用金属材质，而且颜色也设置为黄色。

Step 1 按M键打开材质编辑器，选择画框材质示例窗。

Step 2 在【基本参数】卷展栏中，给漫反射指定【衰减】贴图，将反射设置为黄色，光泽度设置为0.7，如图4-39所示。

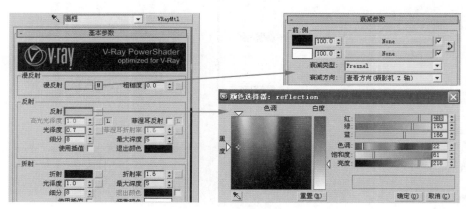

图4-39 画框材质的设定

4.5 灯光艺术

灯光在现代居住环境中扮演着重要的角色，由于它的光、色、形、质等作用，使得居住环境更加丰富多彩。

4.5.1 布光分析

正确地选择光源并恰当地使用它们，既可以改变空间氛围，也可创造出舒适宜人的家居环境。进行灯光设计时，要结合家具、物品陈设来考虑。如果一个房间没有必要突出家具、物品陈设，就可以采用漫射光照明，让柔和的光线遍洒每一个角落；而摆放艺术藏品的区域，为了强调重点，可以使用定点的灯光投射，以突出主题。

本章表现的是视听间夜晚效果，在室内夜晚效果图的表现中，主光源的作用和位置很重要，而辅助光要结合主光源的实际情况添加，两者在灯光亮度调节和颜色上都需要相辅相成。对于灯光的颜色以及阴影的控制是非常重要的。在许多场景中，阴影可以显示出物体的相对空间关系，表现物体与墙、地面之间的距离关系。

从图4-40布光分析中可以看出：整个视听间只有电视机屏幕发出的光线是冷色，其他灯光都是暖色。而主光源恰好就是屏幕光，它不但照亮整个场景，而且还是整个场景的空间色调，那么就需要暗藏灯和射灯来丰富场景色调和空间层次关系。需要注意的是，射灯的位置一定要打在家具上方，只有这样照射出来的光线阴影才不会显得单调，地面才会出现层次感。

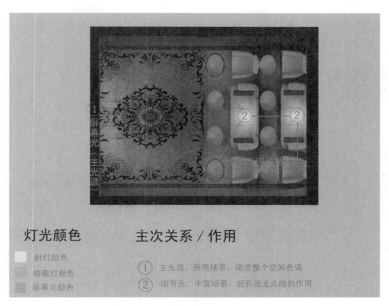

图4-40 布光分析

4.5.2 初始参数的设置

在创建灯光之前都会设置各卷展栏的参数，只是这时设置的参数都不宜过高，目的是为了快速渲染出布置灯光后的效果。

Step ❶ 进入【V-Ray：：全局开关】卷展栏，取消【照明】区域中的"默认灯光"选项，如图4-41所示。

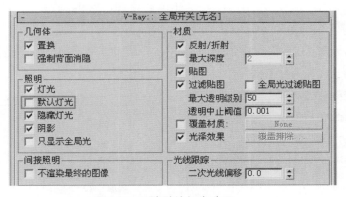

图4-41 取消默认灯光选项

技巧提示

V-Ray的默认灯光明度很大，如果使用它来照明场景则容易产生曝光，大家在渲染之前一定要注意把它的勾选去掉。

Step 2 进入【V-Ray：：图像采样器】卷展栏，将【图像采样器】的类型设置为固定，如图4-42所示。

固定是VRay默认的图像采样器类型，一般在预设测试渲染参数的时候都会采用固定图像采样器类型进行预设。

Step 3 进入【V-Ray：：间接照明】卷展栏，勾选"开"选项，将二次反弹的全局光引擎设置为灯光缓存，如图4-43所示。

图4-42 设置图像采样器的类型

图4-43 设置间接照明卷展栏

技巧提示

【二次反弹】区域的全局光引擎一共提供了3种全局光类型，灯光缓存是笔者根据自己的爱好和经验而设置的。

Step 4 进入【V-Ray：：发光贴图】卷展栏，将【当前预置】选择为非常低的方式，并将半球细分设置为30，插补采样设置为20，勾选 "显示直射光"选项，如图4-44所示。

Step 5 进入【V-Ray：：灯光缓存】卷展栏，将细分设置为100，并勾选"显示计算相位"选项，如图4-45所示。

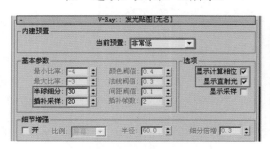

图4-44 发光贴图卷展栏的设置

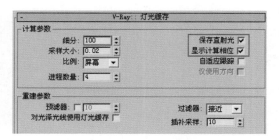

图4-45 设置细分参数

小知识

> 选项：在渲染窗口显示VRay在计算发光贴图时的采样、直接照明等状态。
> 显示计算相位：勾选该项时，VRay在计算发光贴图的时候将显示发光贴图的传递，同时会减慢一点渲染计算，特别是在渲染大尺寸的图像时。
> 显示直射光：只在显示计算相位勾选的时候才能被激活。它将促使VRay在计算发光贴图的时候显示直接照明。

4.5.3 用VRay灯光模拟主光源

视听间主要讲究视觉与听觉上的享受，因此室内的灯光不宜过亮，主光区一般主要集中在大屏幕及其周围，其余的只是作为点缀，目的是为了突出视觉的冲击力。分析了视听间这些基本原理及布光思路，就应该知道要达到什么样的视听室效果。

Step 1 单击【创建】面板 图标下VRay类型中的【VR灯光】按钮，将灯光的类型设置为"平面"，并在左视图中创建一盏VRay灯光。

Step 2 进入【修改】面板，将【VR灯光】的颜色调为蓝色，倍增器设置为4，并勾选【选项】区域中的"不可见"选项，取消"影响镜面"和"影响反射"两个选项，将细分设置为20，如图4-46所示。

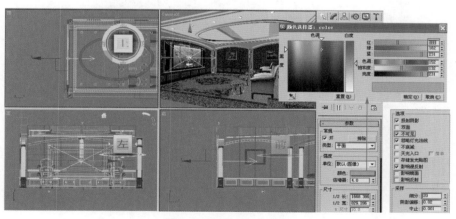

图4-46 设置VR灯光参数

小知识

> 影响镜面：该选项决定VRay灯光是否在物体表面产生镜面反射。
> 影响反射：该选项决定VRay灯光是否在物体表面产生反射效果。
> 细分：该选项决定VRay灯光的采样细分，较大的值可得到光滑的效果，但会花费较多的渲染时间；较低的值会产生较多的噪波，但渲染速度会加快。

Step 3 单击【创建】面板图标下标准类型中的【泛光灯】按钮，在顶视图创建一盏泛光灯。

小知识

> 泛光灯：泛光灯没有方向控制，它均匀地向四周发散光线，照亮所有面向它的对象，但不能控制光束的大小。它的主要作用是作为一个辅光帮助照亮场景，也可以用来模拟一个点光源。泛光灯比较容易建立和控制，但创建得太多将会使场景中的对象显得平淡而无层次。使用泛光灯也可以生成阴影和投影，泛光灯的聚光区、散光区以及近距离和远距离衰减区都是球形的。

Step 4 进入【修改】面板，在【常规参数】卷展栏中，勾选【阴影】区域中的"启用"选项，将阴影类型设置为VRay阴影类型，将倍增器设置为1，灯光颜色设置为蓝色，勾选【远距衰减】区域中的【使用】选项，将开始设置为60，结束设置为3508，如图4-47所示。

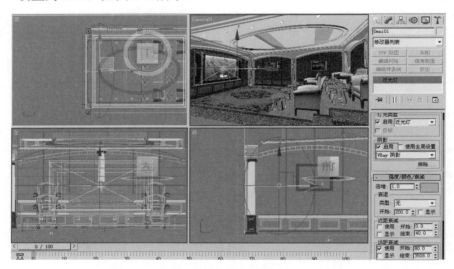

图4-47 设置泛光灯参数

　　泛光灯在这里的作用是增加周围的环境光，屏幕本身所发出的光其实对周围的影响是很大的，只用一盏VRay灯光还不能模拟出真实的效果，可以增加泛光灯来弥补这个缺点。需要注意的是泛光灯的颜色必须与屏幕的颜色一致。

按F9键进行测试渲染，当前的效果如图4-48所示。

图4-48 测试渲染效果

这是模拟屏幕灯光后的效果，场景受屏幕的影响呈现一种蓝色基调，不过还是比较真实的。只是整个空间缺少了光的冷暖对比，从而使场景变得灰冷，所以在往下布光时都要使用暖色的光，也只有这样才能使画面更加生动。

4.5.4 用VRay灯光模拟暗藏灯

暗藏灯即吊顶的暗藏灯带，大多情况下都会使用【VR灯光】进行模拟。

Step 1 选择吊顶模型，按Alt+Q键将吊顶单独显示。

Step 2 单击【创建】面板 图标下VRay类型中的【VR灯光】按钮，将灯光的类型设置为"平面"，在顶视图中创建一盏VRay灯光。

Step 3 进入【修改】面板，在【参数】卷展栏中，将倍增器设置为1.5，灯光颜色设置为暖色，取消【选项】区域中的不可见、影响镜面和影响反射选项，如图4-49所示。

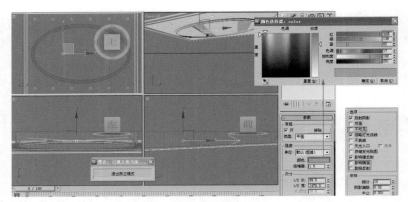

图4-49 设置灯光参数

暗藏灯是室内顶部的主要照明光源，它能将天花的明暗关系进一步深化，颜色用暖色，这样看起来会更舒服一些，同时也是为了将室内的整体气氛调节得偏暖一些。

Step 4 配合Shift键，将VR灯光以实例的方式复制一盏到右边的光槽，如图4-50所示。

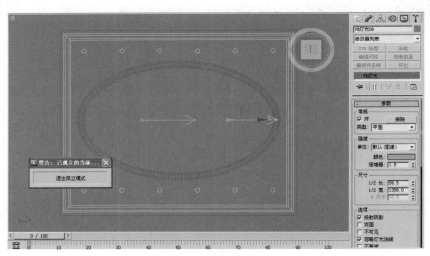

图4-50 复制暗藏灯

技巧提示

在吊顶创建了两盏VRay灯光，而且设置为黄色，主要是烘托吊顶的立体感，为了和屏幕的蓝色光源形成强烈的对比效果。

Step 5 单击【警告：已孤立的当前】对话框，将所有的模型都显示出来。按F9键进行测试渲染，当前的效果如图4-51所示。

图4-51 测试渲染效果

吊顶的暗藏灯创建完毕后，吊顶的立体感增加了不少，只是整个场景的色调还是以蓝色和灰色为主，还需要创建灯光来改变这种现象。

4.5.5 用目标灯光模拟细节光

细节光在整个场景中的作用是不容忽视的，运用得恰当可以使视听室在功能划分和整体气氛上提高一个层次。

Step 1 单击【创建】面板 图标下"光度学"类型中的【目标灯光】按钮，在左视图中创建一盏目标灯光作为细节光。

Step 2 进入【修改】面板，在【常规参数】卷展栏中，勾选【阴影】区域中的"启用"选项，将阴影方式设置为VRay阴影类型，在【灯光分布】类型中选择"光度学（Web）"类型，单击【分布光度学（Web）】卷展栏中的【选择光度学文件】按钮，弹出【打开光域Web文件】对话框，打开配套光盘提供的CHP4/15.IES文件，如图4-52所示。

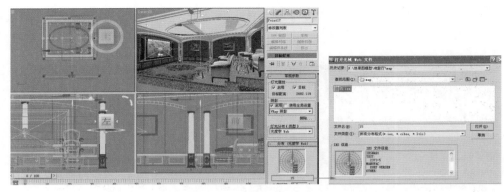

图4-52 设置目标灯光参数

技巧提示

　　光域网是灯光分布的三维表示，它将测角图表延伸至三维，以便同时检查垂直和水平角度上的发光强度的依赖性，光域网的中心表示灯光对象的中心。

　　任何给出方向上的发光强度与 Web 和光度学中心之间的距离成比例，在指定的方向上沿着与中心保持直线进行测量。

Step 3　将目标灯光的颜色设置为暖色，强度设置为30000，如图4-53所示。

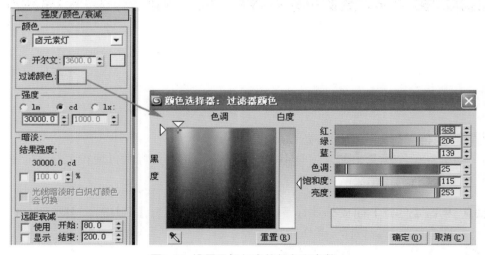

图4-53 设置目标灯光的颜色和参数

　　灯光颜色设置为黄色，这样是为了增加室内气氛，强调屏幕与灯光之间的对比效果。

Step 4　配合Shift键，将目标灯光以实例的方式复制3盏灯到如图4-54所示的位置。

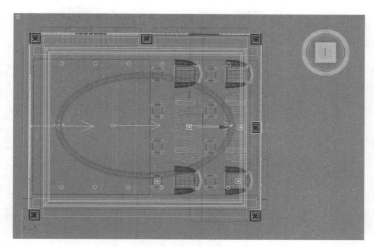

图4-54 复制目标灯光（一）

技巧提示

　　复制目标灯光的时候比较随意，不受拘束，主要的作用还是使视听室的沙发、茶几在受光时有丰富的变化，当然适可而止，不宜过多，否则会显得杂乱。

Step 5 配合Shift键，将目标灯光以复制的方式复制1盏到上边的沙发位置，并将强度值设置为15000 cd，如图4-55所示。

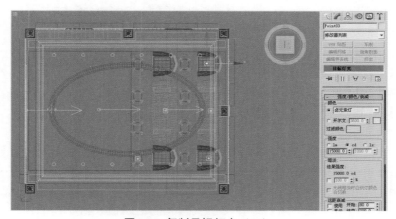

图4-55 复制目标灯光（二）

专家提示

　　不用关联复制说明此灯光需要修改参数，从视图中不难看出此灯光照射的地方离视线比较远，为了达到近实远虚的效果，将目标灯光的强度设置为15000 cd或更小。

Step 6 配合Shift键，将目标灯光以实例的方式复制1盏到如图4-56所示的位置。按F9键进行测试渲染，当前的效果如图4-57所示。

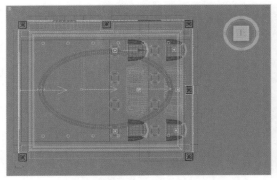

图4-56 复制目标灯光（三）

图4-57 测试渲染效果（一）

可以看到屏幕与灯光之间由于颜色的差别产生了互补的效果，这也是灯光对气氛的把握。只是整个场景的亮度还是太亮，整体上削弱了视听间在视觉上的效果，所以还得将整体亮度稍稍降低。

Step 7 进入【V-Ray：：间接照明】卷展栏，将【二次反弹】区域中的倍增器设置为0.8，如图4-58所示。

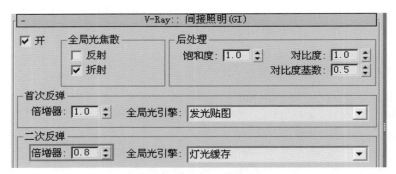

图4-58 设置倍增器参数

> **小知识**

> ➤ 二次反弹倍增器：用于设置二次反弹光的倍增值。值越高二次反弹的光的能量越强。默认值为1，当小于1时，场景亮度会变暗；当等于0时，场景就不会产生二次反弹。

按F9键进行测试渲染，当前的效果如图4-59所示。

场景亮度降低下来后，场景气氛明显地有了很大程度的变化。灯光测试已经完成，基本上得到了比较满意的效果。

图4-59 测试渲染效果（二）

4.6 照片级渲染参数的设置

下面讲述场景的最终渲染，上面的渲染测试基本上达到了视觉要求，但是要想更好地表现物体的细节，还需要对参数进行调整。这里的调整不是一味地提高参数，而是时间与质量的平衡。

4.6.1 渲染参数的设置

最终渲染设置是在测试渲染的基础上对参数进行调整的，所以下面只对改动的参数进行讲述，对设置相同的参数不再赘述。

Step 1　进入【V-Ray：：图像采样器】卷展栏，将【图像采样器】的类型设置为自适应细分，如图4-60所示。

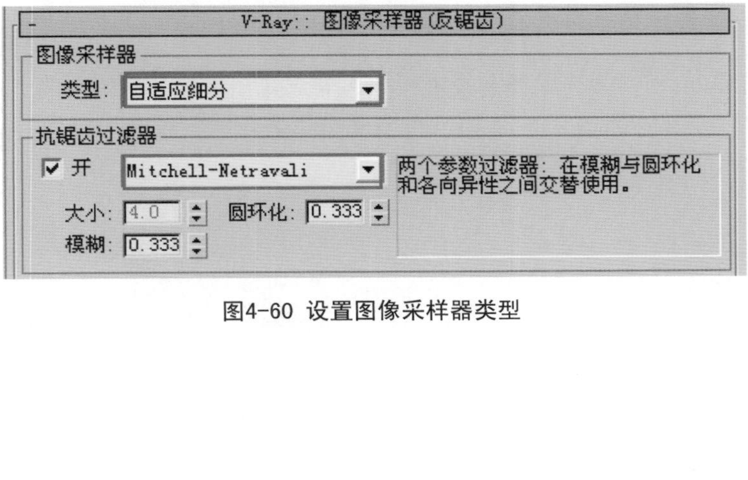

图4-60 设置图像采样器类型

127

图像采样器是用于控制渲染图像的采样和抗锯齿设置，它提供了固定、自适应QMC和自适应细分三种图像采样器类型，每种采样器都有各自的特点，读者可以根据场景的类型和渲染的需要选择相应的采样器类型。

Step 2 进入【V-Ray：：发光贴图】卷展栏，将【当前预置】设置为自定义方式，具体参数设置如图4-61所示。

Step 3 进入【V-Ray：：灯光缓存】卷展栏，将细分设置为1000，如图4-62所示。
在最终渲染成品图的时候，把细分参数设置为1000，可以避免场景产生黑斑和黑点。

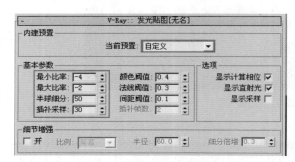

图4-61 设置发光贴图卷展栏

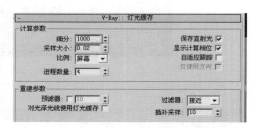

图4-62 设置细分参数

小知识

> 自定义：当选择自定义选项时，所有参数可以手动调节。使用自定义类型参数可以根据场景的优缺点来指定一个比较平衡合理的参数，除了可以把握好时间还可以得到比较好的渲染效果。

4.6.2 渲染光子图

在进行最终渲染之前首先渲染光子图，渲染完光子图后，再拾取光子图渲染大图。这样可以在保证渲染质量的同时又可节省很多渲染时间。

Step 1 在【V-Ray：：发光贴图】卷展栏中，勾选【渲染后】区域中的"自动保存"和"切换到保存的贴图"选项，单击【浏览】按钮将发光贴图保存到指定的文件夹中并为文件命名，如图4-63所示。

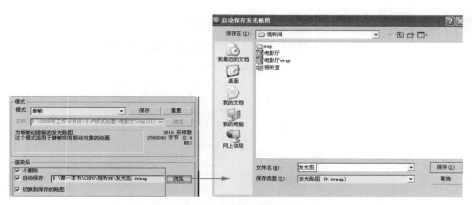

图4-63 保存发光贴图

技巧提示

　　勾选"切换到保存的贴图"选项，当渲染结束之后，当前的发光贴图模式将自动转换为从文件类型，并直接调用之前保存的发光贴图文件。

Step 2 在【V-Ray：：灯光缓存】卷展栏中，勾选【渲染后】区域中的"自动保存"和"切换到保存的贴图"选项，单击【浏览】按钮，将灯光贴图保存到指定的文件夹中，如图4-64所示。

图4-64 保存发光贴图

技巧提示

　　激活灯光贴图面板中的切换到保存的贴图选项，当渲染结束之后，当前的灯光贴图模式将自动转换为从文件类型，并直接调用之前保存的灯光贴图文件，该参数的用法同发光贴图一致。

Step 3 进入到【公用】面板，将图像输出大小设置为320×240，如图4-65所示。

图4-65 设置图像输出大小

技巧提示

　　根据经验，光子图不能设置得过小，如果要渲染比较大的图像，建议光子图也要渲染大些，所以读者要根据自己的需要设置光子图的大小。

Step 4 按F9键进行测试渲染光子图，效果如图4-66所示。

图4-66 光子图效果

　　此时图中顶部颜色非常灰，而且沙发区域也显得比较暗，也无法看清墙上是什么材质贴图等，这些都不重要，主要是输出图像设置太小造成的，等到输出大图时这些情景都会改变。

4.6.3 最终出图

当光子图渲染完毕之后，就可以开始进行最终成品图的渲染。

Step 1 进入到【公用】面板，将图像输出大小设置为2000×1500，如图4-67所示。

Step 2 单击【公用】面板中的【渲染】按钮，渲染完成后的最终效果如图4-68所示。

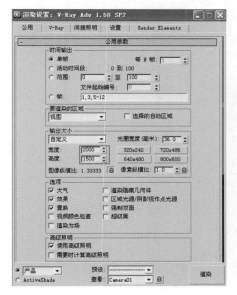

图4-67 设置图像的大小

图4-68 视听室最终的效果

视听间强调线型流动的变化和色彩的华丽。装修材料采用精美的地毯、精致的壁画及多彩的织物，使得整个风格豪华、富丽，具有强烈的动感效果。

4.7 读者问答

问：打开模型的时候，光域网为什么自动回到默认值？

答：大家用3ds Max 2013时可能会有这样的问题，即打包贴图和光域网到另外的电脑上重新指定路径后，光域网的值就会回到初始值。比如光域网的默认值是10000，在A电脑上把光域网的值设置为1500，打包后到B电脑，重新指定路径后，值又回到10000了；还有假如Max的贴图有修改，用Photoshop软件打开后重新保存，光域网也会回到原始值。其实这只是一个数值的设置而已，只要用百分比来设置光域网的大小值，就可以解决了，而且用百分比也可以知道光域网的大小，如图4-69所示。

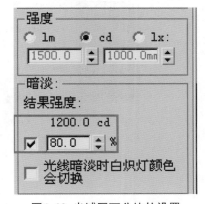

图4-69 光域网百分比的设置

131

问：在视图中为什么鼠标一点就跳到透视图？

答：其实这只是一个操作灵敏性的问题，解决也很简单。执行主菜单【视图｜视口配置】命令，在弹出的【视口配置】对话框中选择SteeringWheels选项，然后取消选择灵敏性的勾选即可，如图4-70所示。

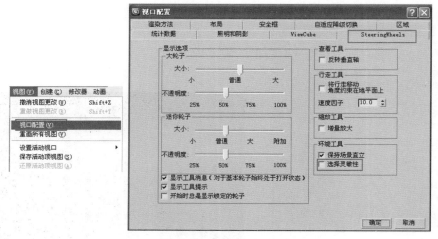

图4-70 设置视口配置

问：VRay材质显示全黑是什么原因造成的？

答：导致VRay材质显示全黑有两种可能，一种是安装VRay渲染器时出错，另一种是材质的顶光和背光颜色黑的原因。

解决的方法有如下两种。一种是如果是第一种问题导致的材质显示全黑，那么只有重装VRay渲染器；另一种是如果是第二种问题导致的材质显示全黑，可以在材质编辑器面板中执行【选项｜选项】命令，在弹出的【材质编辑器选项】对话框中把顶光和背光都设置为白色即可，如图4-71所示。

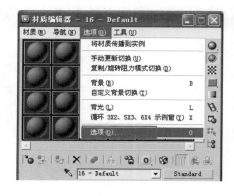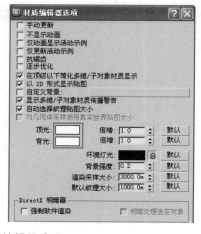

图4-71 设置材质编辑器选项

4.8 扩展练习

　　学习完视听间灯光的创建方法和材质调节方法后，希望读者结合本章所学习的方法来练习一张视听间夜晚效果的制作，最终效果如图4-72所示。

图4-72 扩展练习最终效果

资料：配套光盘含有原模型文件、贴图、光域网。

要求：读者要善于灵活运用同样的布光原理以及材质设置方法，制作出如图4-73所示的效果。

注意事项：

（1）视听间为晚上效果，需要运用人工光进行创建灯光。

（2）灵活使用光域网来表现场景的明暗关系，视听间的气氛要表现出来。

（3）调节材质的时候，沙发和地毯材质的贴图坐标要设置好。

（4）调节材质的时候，乳胶漆的颜色要设置好。

5　低调奢华——欧式古典风格会客室

古典主义崇尚的依然是一如既往的舒适，没有太复杂的隔断。整个空间以大面积的落地玻璃窗为主体，在窗边开辟一个弹钢琴的空间，一块地毯，营造充满人性的亲切氛围；在墙角装点一束鲜花或是一盆绿色植物，将窗户景色引入室内，简单而又不失华丽的贵族气息。

这是一个中午时分的会客室，在充足的阳光照射下，相信不论是书架，还是简单的室内装饰，抑或是一架古色古香的钢琴，甚至在任何一个角落，都能透露出主人宁静的生活态度和阳光般明媚的心情。静静地坐在沙发上，主人可以握卷品茗，沐浴温暖的阳光；也可与三五朋友静听悠悠的琴声，定会心旷神怡，如图5-1所示。

图5-1 会客室效果

5.1 设计介绍

在古典主义的美学中，一切的结构设计都是为了让阳光充满整个家居环境，因此，会客室便成了整个环境中最重要的组成部分。带有异国情调的古典主义风，配以现代的居室风格，宽敞而明亮，从而使整体设计无不透露着优雅的居住美感（见图5-2）。

古典风格最显奢华气派，装修上最容易出效果，因而受到人们的广泛欢迎。

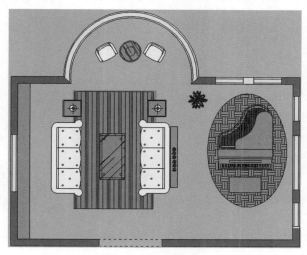

图5-2 会客室平面

5.2 软装应用

  家具的配置与选择首先应考虑居室的使用性质，例如住宅的会客室必然设置沙发，如果说会客室要兼作工作室，则应放置工作台和书架。在确定了房间的性质、用途后，再从家具的尺度、风格、色彩、质地、造型等方面加以考虑，进行选择配置。选择家具时应该着眼于整体环境的需要，把家具当作整体环境的一部分。

  茶几是居室空间，特别是会客室不可或缺的点缀，功能性的茶几让生活轻松而舒心，造型独特的茶几让美丽的家更增几分个性。由于茶几放在沙发之间成套使用，所以它的形式、装饰、几面镶嵌及所用材料和色彩等多随着沙发的风格而定，如图5-3所示。

图5-3 茶几的选择

  吊灯由于其造型美观、典雅、风格多样而在家庭的客厅、餐厅、书房、卧室等处被广泛使用。吊灯从外形上看主要有枝形和珠帘两类，从光照形式上看有直射和反射两种，其中，反射适用于隐秘性空间，如卧室等，直射式适用于客厅等公共活动空间。选择吊灯必须要考虑房间的高度及室内环境，科学的照明效果是灯光距离地面2.3 m左右、灯体底部距离地面2.1 m左右为最佳。所以，如果房屋不是很高，在2.5 m左右，所选吊灯的灯体应在30~45 cm之间；如房间较高，在2.7 m左右，灯具的选择余地相应较大，可以用一般的吸顶灯，也可选择高度在40~50 cm之间的吊灯，如图5-4所示。

图5-4 吊灯的选择

　　椅子往往不像沙发、桌子那样引人注目，但椅子却又是最能够集中表现家具厂家功力的家具。家居中椅子的款式风格要与整个场景相搭配，比如会客室是欧式古典风格，倘若选用一款现代椅子则会与整个场景的基调不相符；但若选用如图5-5右边的椅子，那会客室的整体风格还是不变的。

　　沙发是会客室的灵魂，它是日常家庭生活中必不可少的用品，对于一个奢华的会客室来说，一款亮丽的沙发可以提高接待客人的活力指数。沙发的颜色要与会客室色彩、家具风格、空间的大小相协调。如果会客室装修的颜色较深，不妨选择亮色的沙发，如白色、天蓝色、橙色，以打破整个房间视觉效果的沉闷；如果地板和墙面的颜色较浅，沙发的色彩相对来讲要暗一些，可以选择紫色、胡桃色或黑色带花的沙发。此外，沙发还分布艺、真皮、仿皮、复古木艺等，一般会客室都会选择高档次的真皮沙发。如图5-6所示的沙发也可以替代会客室的沙发。

图5-5 椅子的选择

图5-6 沙发的选择

　　古典风格较为庄重，所以在颜色搭配上也使用了一些重色，如褐色、木色等，但为了不显得压抑，本案例也搭配一些浅色系（如白色、米色等），下面介绍其所代表的含义。

　　米白色：介于米色和白色之间。具有白色的高雅纯洁，不管与哪种颜色搭配都可以引人注意，可以说是最常用色，也可以说是百搭色。

　　褐色：沉稳大方，低调而奢华。其不仅是装饰家居中的常用色，也是时尚界常用色，褐色搭配黄色或米色更能体现奢华大气，是成功人士的青睐之色。

　　木色：木材的特点是材质坚硬、沉重、纹理美观大方，富有光泽，在古典主义风格中是不可缺少的颜色。木材的选择也很重要，因为木材的天然特性，其年轮、纹理往往能够构成一幅美丽的画卷，给人一种回归自然、返璞归真的感觉，无论质感与美感都独树一帜，广受人们喜爱。

5.3 制作流程

要想得到一张优秀的效果图，在模型创建完毕后就要分析整个场景的材质和灯光的因果关系，然后再开始灯光、材质与渲染等操作步骤，会客室的整个制作流程如图5-7所示。

图5-7 会客室的制作流程

5.4 灯光艺术

会客室采用先灯光后材质的方法进行渲染，是因为整个场景灯光都使用自然光就可以得到很好的效果。

5.4.1 布光分析

图5-8是会客室的布光分析图，从图中可以看到透过窗户大量的天光和阳光照射进来，这一点为表现白天效果提供了良好的采光。由于窗户在场景中所占的比例大，通过天光和太阳光的照射就足以照亮整个空间，因此不需要借助人工光来做辅助。本章将讲解如何运用纯自然光来布光及渲染温馨自然的会客室效果。

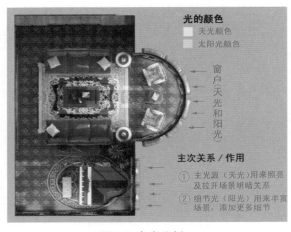

图5-8 布光分析

5.4.2 测试渲染设置

灯光不仅在整个场景中起到主导的作用，而且直接影响到整个场景的氛围效果。在创建灯光之前，首先设置一个比较低的预览渲染参数，这样可以快速地预览当前灯光所产生的效果。

Step 1 进入【V-Ray：：全局开关】卷展栏，取消选中【照明】区域中的"默认灯光"选项，如图5-9所示。

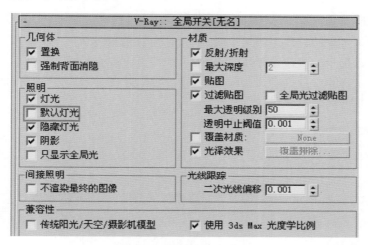

图5-9 取消默认灯光选项

技巧提示

3ds Max在默认时有两盏灯光作为照明，相当于3ds Max自带的泛光灯，其强度非常大，若用V-Ray来进行渲染则容易产生曝光等现象，所以一般情况下都会取消默认灯光的照明，以免出现不必要的错误。

固定：3种采样器中最简单的一种采样方法，它对每个像素采用固定的几个采样。

Step 2 进入【V-Ray：：彩色贴图】卷展栏，将图像采样器的类型设置为指数，如图5-10所示。

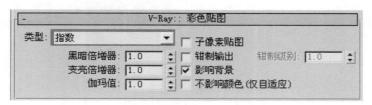

图5-10 设置图像采样器类型

小知识

➤指数：这个模式将基于亮度使画面更饱和，这对预防曝光非常有用，而且会客室表现的是正午时分效果，指数模式将会很好地控制整个场景的曝光现象。

Step 3 进入【V-Ray：：间接照明】和【V-Ray：：发光贴图】卷展栏，勾选"开"选项将全局照明激活，在【二次反弹】的全局光引擎中选择"灯光缓存"方式，其他的参数设置如图5-11所示。

Step 4 在创建灯光的时候，如果不激活【间接照明】卷展栏中的"开"选项，创建的灯光在场景中将起不到任何作用。

进入【V-Ray：：灯光缓存】卷展栏，将细分设置为100，并勾选"显示计算相位"和"保存直射光"选项，如图5-12所示。

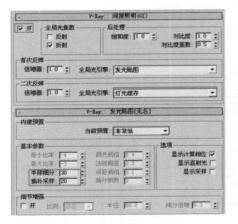

图5-11 设置卷展栏参数

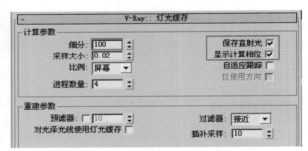

图5-12 设置细分参数

Step 5 进入【V-Ray：：环境】卷展栏，勾选"开"选项激活天光，将天光的颜色设置为蓝色，倍增器设置为1，参数设置如图5-13所示。

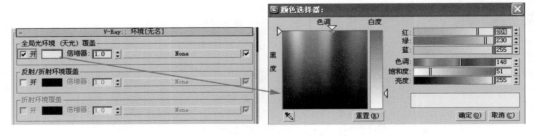

图5-13 设置天光颜色和参数

技巧提示

　　天光是太阳光在大气中散射形成的漫反射光线，在大多情况下，天光没有统一的方向性，也就是说只要是不封闭的空间都有天光的存在。天光强弱因场景而定，在此将参数设置为默认值1就可以，天光的颜色一般都使用蓝色（和天空颜色一致）。

　　按F9键快速渲染，当前的效果如图5-14所示。

　　这是启用天光后的效果，室内并没有什么光线，只是靠窗户处略微亮些。这和场景的大小、天光的强度、使用的曝光控制有关。场景和曝光是不能改动的，只有通过加大天光来照亮。天光也可以通过环境光或VR灯光来模拟，它们各有所长，此场景将用后者。

图5-14 测试渲染效果

5.4.3 创建室外日光

　　在传统灯光照明中，通常采用点光源阵列的方式进行模拟，在全局照明中，则可以使用专门的天光系统自动生成。在VRay中，如果想得到更为精细的天光效果，可以使用【VR灯光】进行模拟，但这会花费比VRay天光系统更多的渲染时间，在这更注重的是最终图像的品质，因此这里在窗口处创建【VR灯光】模拟天光照明。

Step 1　单击【创建】面板 图标下VRay类型中的【VR灯光】按钮，将灯光的类型设置为"平面"，在前视图的窗户位置创建一盏VRay灯光作为天光。

Step 2　进入【修改】面板，在【参数】卷展栏中，将倍增器设置为6，灯光的颜色设置为蓝色，勾选【选项】区域中的"不可见"选项，如图5-15所示。

图5-15 设置日光参数和颜色

Step 3 配合Shift键将天光以实例的方式复制6盏并移动到其他窗户的位置上，如图5-16所示。

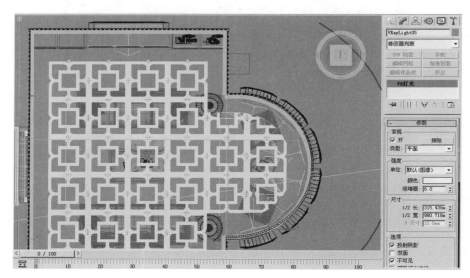

图5-16 复制灯光

技巧提示

　　在复制灯光的时候，窗户的位置是圆形的，需要使用工具栏中的 ○（旋转工具）进行旋转角度。

　　按F9键快速渲染，当前的效果如图5-17所示。

图5-17 测试渲染效果

天光创建后，会客厅的局部有明显的光线照亮场景，但这个亮度还是不够的，整体看起来还是偏暗，特别是有些地方过于阴暗而看不出会客厅的结构，要解决这些问题，只有在其他窗户的位置继续创建灯光，也只有这样才能得到更加精细的效果。

Step 4 单击【创建】面板 图标下VRay类型中的【VR灯光】按钮，将灯光的类型设置为"平面"，在前视图的窗户位置创建一盏VRay灯光，参数设置如图5-18所示。

这里模拟的是天光，设置灯光颜色为蓝色。为了使会客厅有一个好的光线过渡效果，右侧窗户比左侧窗户的室外灯光参数应更大些。

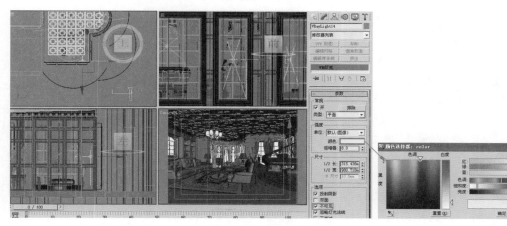

图5-18 创建灯光

小知识

　　说明：为什么天光是蓝色的？因为可见光是由一种叫光子的微小粒子组成的，这些粒子根据颜色不同而有不同的波长。太阳光是由红、橙、黄、绿、蓝、青、紫7种组成，以红光波长最长，紫光波长最短。波长比较长的红光等色光透射性最大，能够直接透过大气中的微粒射向地面。而波长较短的蓝、青、紫等色光，很容易被大气中的微粒散射。在短波波段中蓝光能量最大，散射出来的光波最多，因此我们看到的天空呈现出蓝色，所以天光也是蓝色的。从太阳发出的白光是由不同颜色的连续光谱组成的，彩虹就是这些颜色的分解，白光就是这7种光混合的结果。

Step 5 配合Shift键将天光以实例的方式复制5盏到其他窗户的位置，如图5-19所示。按F9键快速渲染，当前的效果如图5-20所示。

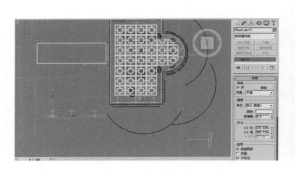

图5-19 复制灯光

图5-20 测试渲染效果

　　右侧窗户创建灯光后，整个场景光线效果有很大的改变。为了能使日光照射在地面上有明显的投影效果，下面通过创建日光来表现。

5.4.4 创建日光

　　将室外的天光设置完毕之后，接下来设置日光照明，观察日光对整个场景的影响。

Step 1 单击【创建】面板 图标下标准类型中的【目标平行光】按钮，在前视图中创建一盏目标平行光作为日光。

Step 2 进入【修改】面板，在【常规参数】卷展栏中，勾选【阴影】区域中的"启用"选项，将阴影方式设置为VRay阴影类型，倍增器设置为2，颜色设置为黄色，并设置阴影卷展栏的各项参数，参数设置如图5-21所示。

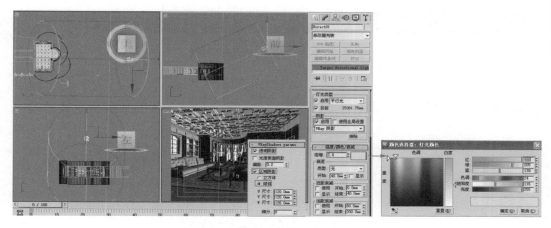

图5-21 设置目标平行光的参数

日光设置为暖色，主要是为了和前面创建的室外天光形成冷暖对比，使整个场景空间色调更丰富和饱满。

按F9键快速渲染，当前的效果如图5-22所示。

图5-22 测试渲染效果

这是在天光照射的基础之上添加了日光的效果，可以看到整个场景比只有天光照射的时候更亮了，这是因为灯光有一个叠加的作用。而日光本身由于窗户的遮挡产生了很好的阴影，画面的对比度也更加明显。

5.5 材质的设定

　　与前面几个案例不同的是，本案例使用了很多不同类型的材质，如何很好地表现出这些材质的效果，是本节学习的重点内容。

5.5.1 墙材质的分析和制作

　　会客室的墙体使用了大面积的木纹材质，为了使墙体的颜色不产生溢色，将采用【VR材质包裹器】对材质进行设定。

Step 1 按M键打开材质编辑器，选择墙材质示例窗。

Step 2 将墙转化为【VR材质包裹器】材质，在【VR材质包裹器参数】卷展栏中，将产生全局照明设置为0.8，接收全局照明采用默认值，如图5-23所示。

图5-23 设置VR材质包裹器参数

Step 3 单击【基本材质】右侧按钮进入墙的基本材质面板，将墙转化为 VRayMtl 材质。

Step 4 在【基本参数】卷展栏中，给漫反射指定木纹材质，将反射设置为深灰色，光泽度设置为0.75，参数设置如图5-24所示。

图5-24 设置墙材质

实木在日光的照射下会有强烈的高光光泽效果，但在VRay中没有反射就没有光泽，所以把光泽度设置为0.75。光泽度的大小决定着材质的反射模糊程度及高光的大小，虽然材质的特性是一样的，但在表现效果图时，不同的场景其材质参数设置也是不一样的。

5.5.2 木漆材质的分析和制作

Step 1 按M键打开材质编辑器，选择高光木漆材质示例窗。

Step 2 在【基本参数】卷展栏中，将光泽度设置为0.8，细分设置为15，如图5-25所示。

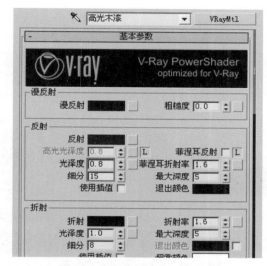

图5-25 设置光泽度和细分参数

Step 3 进入【贴图】卷展栏，给漫反射指定木纹贴图，给反射指定【衰减】贴图，这时会自动进入到【衰减参数】卷展栏，前侧的两个颜色的RGB值设置如图5-26所示。

图5-26 指定贴图

技巧提示

衰减贴图是基于几何体曲面上法线的角度衰减来生成从白到黑的值，用于指定角度衰减的方向会随着所选的方向而改变。在反射通道中指定衰减贴图，反射会跟随着衰减的方向从浅到深发生渐变。浅的地方反射大些，反之则小些。

5.5.3　木纹材质的分析和制作

在前面的墙体和木漆中都详细讲述了木纹材质的制作方法，这里只介绍操作步骤，不作具体的讲解。

Step 1　按M键打开材质编辑器，选择木纹材质示例窗。

Step 2　在【基本参数】卷展栏中，给漫反射指定【衰减】贴图，这时会自动进入到【衰减参数】卷展栏，为前侧的第一通道指定木纹贴图，反射设置为深灰色，光泽度设置为0.8，细分设置为15，参数设置如图5-27所示。

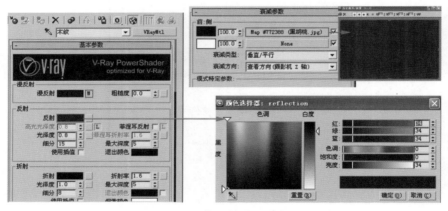

图5-27　木纹材质的设定

每个材质所设置的光泽度参数会有差异，原因在于材质在场景中所接受光线的程度不一样。光线强的地方反射可以设置高些（否则看不出材质的高光光泽度）；相反，暗的地方反射可以设置偏低一些（否则会只看到反射的倒影而看不到材质的特性）。

5.5.4　地板材质的分析和制作

会客室的地面设置了木地板材质。由于木地板接受和反弹的光线数量一般会不同，所以需要使用【VR材质包裹器】材质进行设定。

Step 1　按M键打开材质编辑器，选择地面材质示例窗。

Step 2　将地面转化为【VR材质包裹器】材质，在【VR材质包裹器参数】卷展栏中，将产生全局照明设置为0.8，接收全局照明采用默认值，如图5-28所示。

图5-28 设置VR材质包裹器参数

技巧提示

在设置产生全局照明的参数时，不宜将此参数设置得过低，如果设置得过低，材质本身所产生的漫反射就越低，得到的效果也就不真实。一般设置在0.7~0.9左右就可以很好地控制溢色现象了，当然色彩过于鲜艳的材质可以设置更低些。

Step 3 单击【基本材质】右侧按钮进入地面的基本材质面板，将地面转化为 ●VRayMtl 材质。

Step 4 在【基本参数】卷展栏中，给漫反射指定地板材质，将反射设置为深灰色，光泽度设置为0.75，细分设置为15，参数设置如图5-29所示。

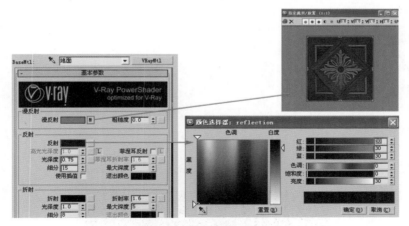

图5-29 地面材质的设定

VR材质包裹器材质类似于包裹材质，它可以嵌套在VRay支持的所有材质之上，以此来控制物体接受和反弹光线的强度。该材质可以有效地控制VRay渲染溢色问题。

5.5.5　天花板的设定

Step 1 按M键打开材质编辑器，选择吊顶材质示例窗。

Step 2 在【基本参数】卷展栏中，将漫反射设置为白色，如图5-30所示。

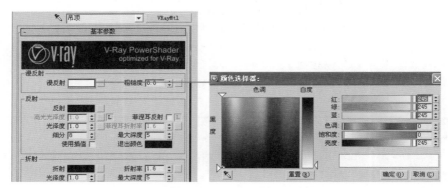

图5-30　吊顶材质的设定

技巧提示

　　地面采用木地板材质，墙体也采用木纹材质，为了不使整个场景显得压抑，所以将吊顶设置为白色。

5.5.6　皮革材质的分析和制作

　　皮革表面光滑，具有较亮的高光，并带有一定的反射效果。VRay在表现皮革材质时效果要比其他软件快而且好。

1. 皮革的分析和制作

Step 1 按M键打开材质编辑器，选择皮革材质示例窗。

Step 2 在【基本参数】卷展栏中，将光泽度设置为0.75，细分设置为15，如图5-31所示。

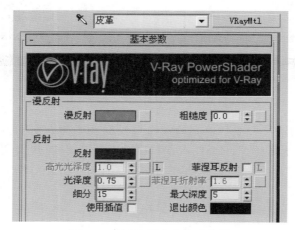

图5-31　设置光泽度和细分参数

技巧提示

若要真实地表现皮革材质，必须在设定材质时下一定的功夫，比如一些皮革的高光是通过光泽度来实现的，并且细分的设置对皮革的精细程度、材质的表现也有很大的帮助。

Step 3 进入【贴图】卷展栏，给漫反射和凹凸通道指定皮革贴图，给反射指定【衰减】贴图，这时会自动进入到【衰减参数】面板，保持默认参数即可，如图5-32所示。

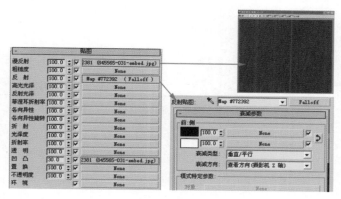

图5-32 指定贴图

技巧提示

在选择皮革贴图的时候，尽量选择一些精细的纹理贴图，这样在表现近景效果的时候可以得到更为真实的效果。

2. 皮革1的分析和制作

Step 1 按M键打开材质编辑器，选择皮革1材质示例窗。

Step 2 在【基本参数】卷展栏中，将漫反射设置为黄色，反射设置为灰色，光泽度设置为0.8，参数设置如图5-33所示。

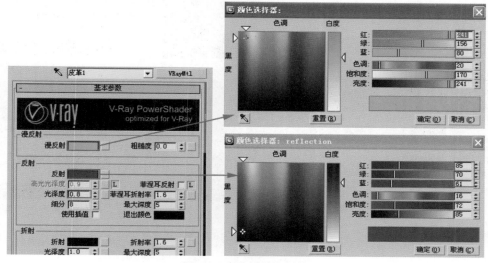

图5-33 皮革材质的制作

　　漫反射颜色表现的是皮革本身材质，反射表现的是皮革反射效果，光泽度则是表现皮革的高光效果。

5.5.7 钢琴材质的分析和制作

Step 1 按M键打开材质编辑器，选择钢琴材质示例窗。

Step 2 将钢琴转化为【VR材质包裹器】材质，在【VR材质包裹器参数】卷展栏中，将产生全局照明设置为0.85，接收全局照明采用默认值，如图5-34所示。

图5-34 设置VR材质包裹器参数

Step 3 单击【基本材质】右侧按钮进入钢琴的基本材质面板，将钢琴转化为材质。

Step 4 在【基本参数】卷展栏中，将漫反射设置为深灰色，反射设置为深灰色，单击高光光泽度右侧的按钮，激活高光光泽度并设置为0.8，光泽度设置为0.9，细分设置为12，参数设置如图5-35所示。

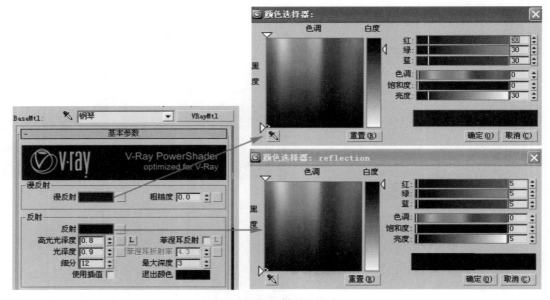

图5-35 钢琴材质的设定

5.5.8 灯帽材质的分析和制作

灯具模型虽然在场景中比较小，但是很好地把握细节的材质设置应是一个好的作品应该注意的问题。

Step 1 按M键打开材质编辑器，选择灯帽材质示例窗。

Step 2 在【基本参数】卷展栏中，给漫反射指定灯帽贴图，将反射设置为深灰色，参数设置如图5-36所示。

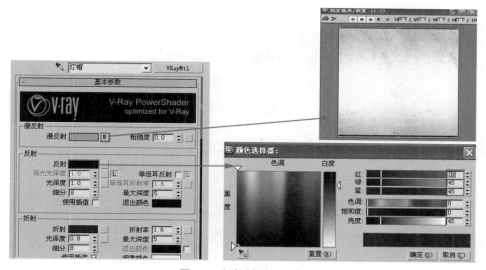

图5-36 灯帽材质的设定

5.5.9 布纹材质的分析和制作

Step 1 按M键打开材质编辑器，选择布纹材质示例窗。

Step 2 在【基本参数】卷展栏中，将光泽度设置为0.6，细分设置为15，如图5-37所示。

Step 3 进入【贴图】卷展栏，给漫反射和凹凸通道分别指定布纹贴图，并将凹凸通道值设置为12，如图5-38所示。

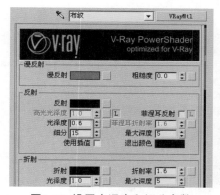

图5-37 设置光泽度和细分参数

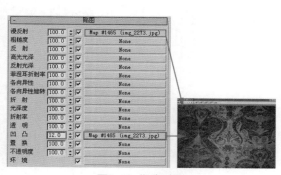

图5-38 指定贴图

会客室是一个接待朋友、休闲的场所，所以在选择沙发布料贴图的时候，一般选择纹理比较大的布料纹理，在类型上属于一种平纹的布料纹理。

5.5.10 窗帘材质的分析和制作

Step 1 按M键打开材质编辑器，选择窗帘材质示例窗。

Step 2 在【基本参数】卷展栏中，将光泽度设置为0.45，细分设置为12，如图5-39所示。

图5-39 设置光泽度和细分参数

Step 3 进入【贴图】卷展栏，给漫反射指定【衰减】贴图，这时会自动进入到【衰减参数】卷展栏，将前侧的第一通道指定布纹贴图，并将衰减类型设置为Fresnel，再将凹凸通道值设置为15，给凹凸通道指定【混合】贴图，在【混合参数】卷展栏里，将颜色#1指定布纹贴图，颜色#2设置为灰色，如图5-40所示。

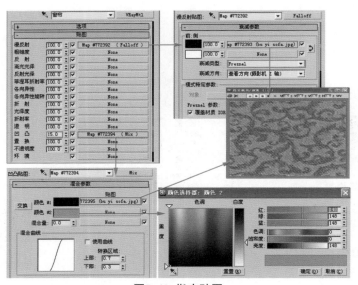

图5-40 指定贴图

小知识

> 交换：交换两种颜色或贴图。
> 颜色#1 颜色#2 ：显示颜色选择器来选中需要混合的两种颜色。
> 混合量：确定混合的比例。其值为0时意味着只有颜色#1在曲面上可见，其值为1时意味着只有颜色#2为可见。也可以使用贴图而不是混合值。两种颜色会根据贴图的强度以大一些或小一些的程度混合。
> 使用曲线：确定混合曲线是否对混合产生影响。
> 转换区域：调整上限和下限的级别。如果两个值相等，两个材质会在一个明确的边上相接。加宽的范围提供更渐变的混合。

5.5.11 玻璃材质的分析和制作

玻璃是在日常生活中经常能接触到的材质，它是在高温下溶解硅沙、碳酸苏打、碳酸石灰等混合物之后在冷却的过程中产生的透明度很高的物质。一般来说，玻璃的种类大体分为三类，即透明玻璃、不透明玻璃和折射玻璃。

1. 玻璃的分析和制作

Step **1** 按M键打开材质编辑器，选择玻璃材质示例窗。

Step **2** 在【基本参数】卷展栏中，将漫反射设置为蓝色，折射设置为灰色，单击高光光泽度右侧的按钮，激活高光光泽度并设置为0.85，参数设置如图5-41所示。

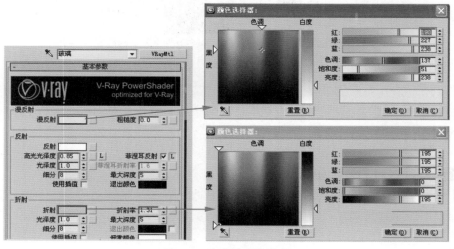

图5-41 玻璃材质的设定

在设定玻璃材质的时候，只要反射和折射的颜色设置得恰当就可以得到很好的玻璃效果。

2．玻璃1的分析和制作

玻璃质感的表现，主要是如何表现玻璃的通透感、反射、折射效果等。使用VRay材质能够表现出非常真实的玻璃材质。

Step 1 按M键打开材质编辑器，选择玻璃1材质示例窗。

Step 2 在【基本参数】卷展栏中，将漫反射设置为茶色，反射设置为灰色，折射设置为灰色，单击高光光泽度右侧的按钮，激活高光光泽度并设置为0.85，参数设置如图5-42所示。

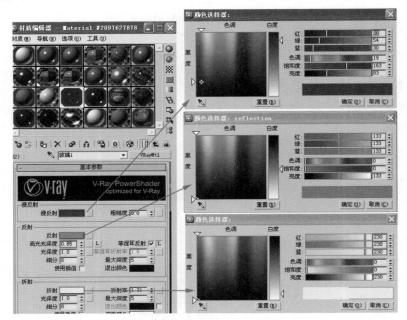

图5-42 玻璃1材质的设定

此玻璃是茶几面上的玻璃，为了使它能与茶几融合在一起，可把玻璃的颜色设置为茶色（茶色玻璃）。茶色玻璃的基本特性与透明玻璃的特性是相同的，只是在颜色上有区别。

5.5.12 灯杆材质的分析和制作

灯杆模型虽然在场景中比较小，但是很好地把握每一个细节应是一个好作品的灵性。细节不但能起到画龙点睛的作用，还能看出一个设计师的设计水准及品位。

Step 1 按M键打开材质编辑器，选择灯杆材质示例窗。

Step 2 在【基本参数】卷展栏中，将漫反射设置为浅灰色，反射设置为灰色，将光泽度设置为0.85，参数设置如图5-43所示。

图5-43 灯杆材质的设定

5.5.13 陶瓷材质的分析和制作

陶瓷在室内装饰、装修中使用得非常频繁，几乎处处可见，如装饰花瓶、餐具、洁具等。陶瓷具有明亮的光泽，表面光洁均匀、晶莹滋润。

Step 1 按M键打开材质编辑器，选择陶瓷材质示例窗。

Step 2 在【基本参数】卷展栏中，将漫反射设置为白色，反射设置为深灰色，单击高光光泽度右侧的按钮，激活高光光泽度并设置为0.8， 将光泽度设置为0.78，参数设置如图5-44所示。

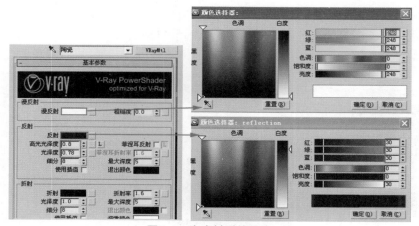

图5-44 陶瓷材质的设定

5.5.14 植物材质的分析和制作

Step 1 按M键打开材质编辑器，选择植物材质示例窗。

Step 2 在【基本参数】卷展栏中，给漫反射指定植物贴图，将光泽度设置为0.9，如图5-45所示。

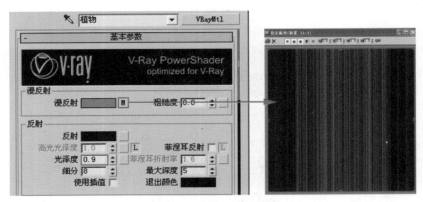

图5-45 植物材质的设定

植物材质设置得相对比较简单，主要植物的类型和要表达的气氛相吻合即可，一般会客室场景会选择一些较大的盆栽植物。

5.5.15 地毯材质的分析和制作

地毯材质的创建方法与布料有很多相似的地方。通常在表现地毯时，需要给地毯设置一定的凹凸效果，或者可以为其创建毛发物体来模拟地毯毛茸茸的效果。

1. 地毯的设定

Step 1 按M键打开材质编辑器，选择地毯材质示例窗。

Step 2 在【基本参数】卷展栏中，为漫反射指定地毯贴图，将细分设置为15，如图5-46所示。

Step 3 进入【贴图】卷展栏，将漫反射通道拖动复制到凹凸通道上，并将凹凸通道值设置为10，如图5-47所示。

图5-46 指定地毯贴图

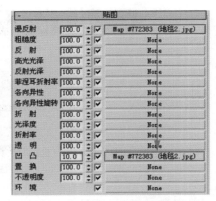

图5-47 设置凹凸通道贴图和通道

2. 地毯1的分析和制作

Step 1 按M键打开材质编辑器，选择地毯材质示例窗。

Step 2 在【基本参数】卷展栏中，为漫反射指定地毯贴图，将细分设置为20，如图5-48所示。

图5-48 指定地毯贴图

Step 3 进入【贴图】卷展栏，将凹凸通道值设置为15，为凹凸通道指定【噪波】贴图，这时会自动进入到【噪波参数】卷展栏，将大小设置为10，如图5-49所示。

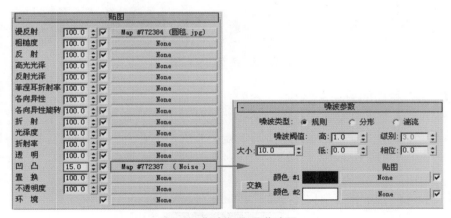

图5-49 指定凹凸通道贴图

5.5.16 金属材质的分析和制作

不锈钢按颜色可分为有色不锈钢和本色不锈钢，逼真的不锈钢材质是室内设计表现中的亮点。

Step 1 按M键打开材质编辑器，选择金属材质示例窗。

Step 2 在【基本参数】卷展栏中，将漫反射设置为黄色，单击高光光泽度右侧的按钮，激活高光光泽度并设置为0.75，光泽度设置为0.8，参数设置如图5-50所示。

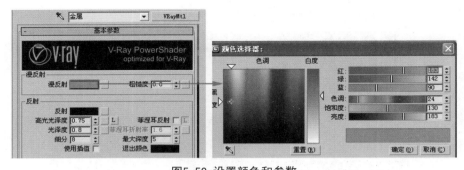

图5-50 设置颜色和参数

Step 3 进入【贴图】卷展栏，为反射指定【衰减】贴图，这时会自动进入到【衰减参数】卷展栏，将前侧的两个颜色的RGB值设置如图5-51所示。

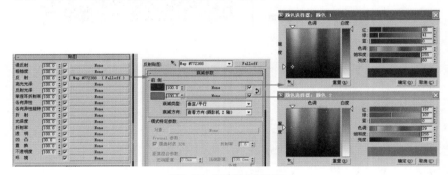

图5-51 指定衰减贴图

5.5.17 吊珠材质的分析和制作

吊珠即为吊灯底下吊珠部分，透明和高光的反射是吊珠的基本特性，如何表现这些晶莹剔透珍珠般的效果，在VRay中有一定的难度，笔者认为使用Max自带的材质来模拟会比使用VRay材质更容易达到效果。

Step 1 按M键打开材质编辑器，选择吊珠材质示例窗。

Step 2 在【明暗器基本参数】卷展栏中，将漫反射设置为蓝色，高光反射设置为灰白色，颜色设置为10，不透明度设置为50，高光级别设置为45，光泽度设置为60，具体参数设置如图5-52所示。

图5-52 设置基本卷展栏参数

技巧提示

不透明度贴图的参数确定不透明度的量。可以选择位图文件或程序贴图来生成部分透明的现象。贴图的浅色（较高的值）区域渲染为不透明，深色区域渲染为透明；中间值渲染为半透明。

Step 3 进入【贴图】卷展栏，勾选"反射通道"，将通道值设置为20，并为反射通道指定【VR贴图】，这时会自动进入到【参数】卷展栏，保持默认的参数即可，如图5-53所示。

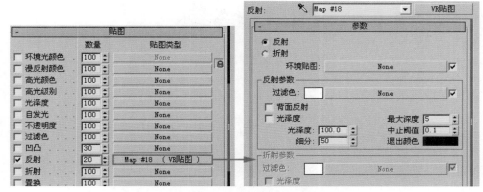

图5-53 设置反射通道参数

如果想要得到更精细的模糊反射效果，可以在【参数】卷展栏中勾选"光泽度"选项，然后分别设置光泽度和细分参数。

5.5.18 花盆材质的分析和制作

花盆的材质种类很多，这里采用白色的陶瓷进行表现。

Step 1 按M键打开材质编辑器，选择花盆材质示例窗。
Step 2 在【基本参数】卷展栏中，为漫反射添加【衰减】贴图，并将前侧的两个颜色分别调节为灰色和白色，将反射设置为白色，光泽度设置为0.8，具体参数设置如图5-54所示。

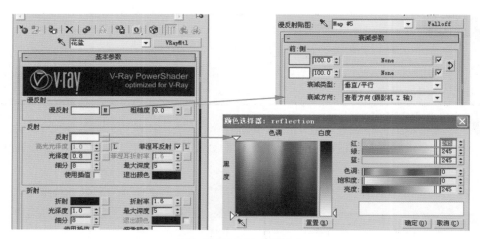

图5-54 花盆材质的设定

　　漫反射指定的【衰减】贴图前侧的两个颜色决定花盆的最终颜色，而且灰色和白色之间还有一个过渡的光线表现。

　　到此，材质已经设定完毕，一些细小材质的设定方法读者可以结合配套光盘的相应模型场景中的参数设置即可。

　　按F9键快速进行测试渲染，效果如图5-55所示。

图5-55 测试渲染效果

材质调节完毕渲染结束后发现会客厅整体显得有点暗，而且一些角落出现死黑。材质和灯光是相互衬托的，一张好的效果图需要灯光和材质的相互配合。不过只要光感比较理想，场景的亮度有很多调节方法，通常就是在【彩色贴图】卷展栏中进行设置。至于其他的方法会在其他场景中进行说明。

Step 3 进入【V-Ray：：彩色贴图】卷展栏，将黑暗倍增器和变亮倍增器的值都设置为1.5，如图5-56所示。

图5-56 设置彩色贴图卷展栏参数

> **技巧提示**
>
> 如果场景太亮或者太暗，通过调节黑暗倍增器和变亮倍增器参数可以得到比较理想的效果，这样可以减少创建灯光和渲染时间。

按F9键快速进行测试渲染，效果如图5-57所示。

图5-57 测试渲染效果

整个场景亮度提高以后，场景在光感、材质等方面都达到了理想的效果，但是不足之处在于有些材质的背光面还不够亮，究其原因是之前设置的渲染参数比较低，从而使光线在漫反射中还没有达到最佳效果，这也与初级渲染时出现的杂点、黑斑等现象有关，要解决这些问题最好、最快的方法就是把渲染参数设置得高些。

5.6 网络渲染

当一个场景比较大时，渲染的时间就会较多。如果要得到比较精细的效果，渲染的参数就得设置得更高，但是一般的机器是做不到的，于是很多人会选择性能更好的机器，可是伴随机器的不断更新，社会的要求也越来越高，人们只能在渲染中寻求质量与速度的平衡。部分网络水平较高的人对网络渲染的可行性和实用性进行了探讨，这样可以节省很多的渲染时间。

5.6.1 最终渲染的设置

通过测试渲染得到理想的效果和参数之后，接下来就可以开始设置最终渲染级别并进行网络渲染了。

Step 1 进入【V-Ray：：图像采样器】和【V-Ray：：自适应DMC图像采样器】卷展栏，将图像采样器的类型设置为自适应确定性蒙特卡洛，并将最小细分设置为1，最大细分设置为4，如图5-58所示。

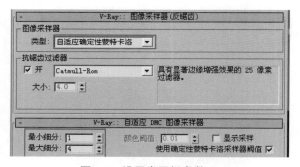

图5-58 设置卷展栏参数

小知识

▷ 最小细分：定义每个像素使用的样本的最小数量。一般情况下，很少需要设置这个参数超过1，除非有一些细小的线条无法正确表现。

▷ 最大细分：定义每个像素全长的样本数量的最大数量。

Step 2 进入【V-Ray：：发光贴图】卷展栏，将当前预置设置为自定义，最小比率设置为-3，最大比率设置为-2，半球细分设置为50，插补采样设置为20，如图5-59所示。

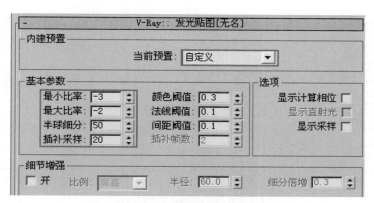

图5-59 设置发光贴图卷展栏参数

　　由于是采用网络进行渲染，为了得到更好和精细的效果，因此参数值设置比以前的案例参数都提高很多。

Step 3 进入【V-Ray：：灯光缓存】卷展栏，将细分设置为1200，如图5-60所示。

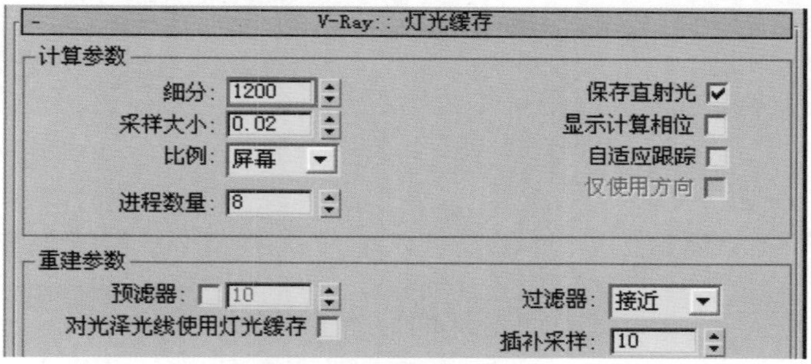

图5-60 设置细分参数

Step 4 进入【V-Ray：：DMC采样器】卷展栏，将噪波阈值设置为0.002，最小采样值设置为16，如图5-61所示。

图5-61 设置DMC采样器卷展栏参数

小知识

> 噪波阈值：在对图像进行优化处理过程中，VRay会检查当前效果是否已达到了用户预定的效果，如果达到最小采样值，即会终止进行采样，此时VRay会对其他点进行一些处理，如果一些点与其相邻并与已计算的采样点亮度差小于该值，那么该点就会采用其相邻的GI值，否则将转换为杂点。

> 最小采样：此参数用于控制优化处理后的最少样点数量。值越大，图像品质越好，但是渲染时间较长，反之图像品质越差，渲染时间越少。

Step 5 进入【V-Ray：：系统】卷展栏，将最大树形深度设置为60，面/级别系数设置为2，动态内存极限设置为400，如图5-62所示。

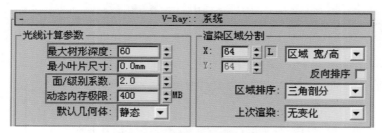

图5-62 设置系统卷展栏参数

小知识

> 最大树形深度：二元空间划分树的最大深度。
> 最小叶片尺寸：叶片绑定框的最小尺寸，小于该值将不会进行进一步细分。
> 面/级别系数：控制一个叶片中三角面最大的数量。

5.6.2 网络渲染

要进行网络渲染，必须先测试一下每台要参与的电脑是否可执行网络渲染。以下就开始检测：首先打开3ds Max 2013的安装目录，在3ds Max 2013的根目录下找到█这个可执行文件，双击打开它，如图5-63所示。

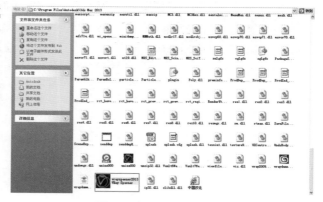

图5-63 打开可执行文件

我们会看到显示器右下角的任务栏出现了VRaydummy2013的启动图标，但这并不代表此台电脑就可以进行网络渲染了。

Step 1 必须要看到任务栏有个带3ds Max图标的VRaydummy2013.max...文件停靠在任务栏上，如图5-64所示，这才能证明此电脑可以执行网络渲染。根据电脑配置的关系，有些时候VRaydummy2013.max...的启动会慢一些。如果打开好几分钟还没有看到VRaydummy2013.max...文件停靠在任务栏上，则说明此电脑不可执行网络渲染。不过我们还是有解决问题的方法，下面就对这个问题进行讲解。

图5-64 任务栏

Step 2 从开始菜单打开Max的服务器，弹出【服务器常规属性】对话框，单击【确定】按钮。此时会出现【服务器】窗口。等到服务器窗口运行到"WRN 无法找到管理器时将会继续尝试 ..." 时，关闭窗口，单击【确定】按钮，如图5-65所示。 然后再来测试一下3ds Max 2013的根目录下VRaydummy2013这个可执行文件，打开之后就会看到VRaydummy2013.max...文件停靠在任务栏上。

图5-65 设置服务器常规属性对话框

Step 3 进行网络渲染需要用到2台或2台以上的电脑，并确保每一台电脑都能通过局域网互相访问，能查看到其他电脑上的共享文件，这样才能共享CPU资源，才能使用其他电脑的CPU资源来进行网络渲染。此外，每台电脑最好能在同一个工作组当中。至于网络IP号的问题并不是很重要。为了证明这一点，可以把要进行网络渲染的电脑都设置为自动获取IP地址或使用IP地址，如图5-66所示。结果显示这两种方式都可以网络渲染。

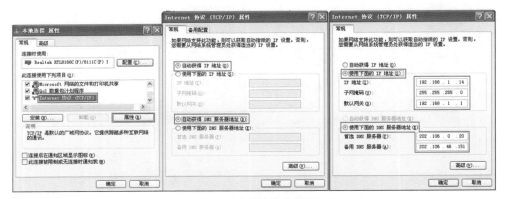

图5-66 网络渲染的设置

接下来还有一个准备工作要做，那就是进行网络渲染的文件必须是在一个共享的文件夹里，同时把要渲染的Max文件和所有的贴图文件都拷贝到共享文件里面，以确保其他参与网络渲染的电脑都可以查看到此共享文件夹（如果场景中运用到光域网文件或已有渲染好的光子图，也要拷贝到里面），如图5-67所示。

图5-67 设置共享文件

按F9键快速进行渲染场景，如图5-68所示。

图5-68 渲染场景的效果

我们发现场景中并没有进行网络渲染，而是跟平时一样只有本身的电脑在渲染。此现象原因就在于还没有设置VRay的分布式渲染，所以VRay的网络渲染还没有起作用。

> **技巧提示**
>
> 注意：网络渲染不需每台电脑都打开3ds Max，而是只有主渲染机打开3ds Max软件而其他参与渲染的电脑只要开启3ds Max根目录下的■这个可执行文件就可以了。

Step 4 打开渲染面板的【VRay：系统】卷展栏，勾选"分布式渲染"选项，单击【设置】按钮，弹出【分布式渲染设置】对话框，单击【添加服务器】按钮后弹出【添加渲染服务器】对话框，输入要参与网络渲染的电脑名称，然后单击【解析服务器】查看参与渲染的电脑属性（此项只是起到确认的作用），如图5-69所示。

图5-69 设置网络渲染

Step 5 按F9键快速进行渲染场景，如图5-70所示。

图5-70 测试渲染场景

现在可以看到4个带有电脑名称的格子在渲染，名称相同的说明是一台电脑上的两个CPU，显示信息栏还可以看到有两条咖啡色的文字显示了连接电脑的IP号和渲染状态。如果不是咖啡色而是绿色则说明没有连接上要参与网络渲染的电脑（当然按步骤来做是没有问题的）。

但是还发现一个问题就是，参与渲染的电脑渲染过的地方都会有光斑出现，而且也没有显示场景所给的贴图和纹理。这说明其他的电脑没有在场景中检测到贴图的所在位置。因为贴图路径是主渲染电脑共享文件里的，其他电脑的路径则不一样，所以会出现找不到贴图、光域网和光子图的现象。因此，还要把场景中所用到的贴图、光域网和光子图的路径重新设置。

Step 6 按M键打开材质编辑器，进入【贴图】卷展栏，单击漫反射右侧的按钮，从网上邻居\工作组计算机\网络渲染（共享文件）中找到所用的贴图（光域网和光子图路径也是一样），如图5-71所示。

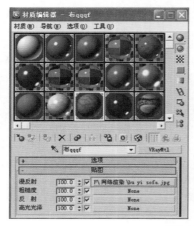

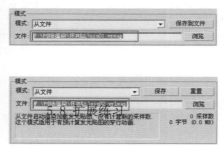

图5-71 设置路径

当连接上贴图、光域网和光子图后进行渲染，渲染后的最终效果如图5-72所示。

图5-72 会客厅的最终效果

这次并没有出错，而且渲染时间也缩短了近一半。所以在做大型的场景时，灵活地运用网络渲染来取代单机渲染可以节省大量的时间。因为网络渲染速度快，它可以同时使用很多台电脑来进行渲染，所以在最终渲染时各项参数可以设置得更高。最后得到的效果也会更加真实、细腻。

5.7 读者问答

问：用VRay自带的【VR太阳】能代替【目标平行光】得出场景灯光效果吗？
答：只要运用得当效果都能达到，区别在于VR太阳阴影比较硬朗，而目标平行光的阴影可任意设置，如图5-73所示。

图5-73 两种阴影的区别

问：许多材质都使用【VR材质包裹器】进行制作，它和 VRayMtl 材质有什么区别？

答：VR材质包裹器可以使材质本身接收或漫反射周围环境光的数量，它对周围的物体起到明暗及饱和度的作用。

问：为什么在整个场景材质调节完成后，会客室整体效果变暗？

答：一般情况下只有反射较大的材质会对场景的亮度起到作用，这是因为物体在反射周围事物时其本身接收光能传递会有所降低，所以导致整体变暗。如果使用菲涅尔反射可以改变这种现象，便说明菲涅尔反射不强。

问：使用网络渲染有什么好处，在什么情况下可以使用网络渲染？

答：使用网络渲染可以提高工作效率，对于现在的表现图来说，其质量要求越来越高，如果场景面数过多或单机渲染过慢时都可以使用网络渲染。不过值得注意的是材质需要重新指定。

5.8 扩展练习

学习完会客室灯光的创建方法和材质调节方法后，希望读者结合本章所学习的方法来练习另一张会客室白天效果的制作。

资料：配套光盘含有原模型文件、贴图、光域网。
要求：读者要善于灵活运用同样的布光原理以及材质设置的方法，制作出如图5-74所示的效果。

注意事项：

（1）会客室为白天效果，给人以明亮而舒适之感，所以不宜过多布置室内光。

（2）使用面光源来表现场景的明暗关系，参数不宜过大，否则场景素描关系不明显。

（3）调节材质的时候，应该注意毛毯材质的密度、长度和粗细。

图5-74 会客室的最终效果

6 庄重沉稳——新中式风格客厅表现

中式风格是以明清宫廷古典建筑为基础的室内装饰设计艺术风格，它的构成主要体现在明清传统家具、民族特色装饰品及以黑、红为主的装饰色彩上。中式风格格调高雅、造型简朴、优美，具有较高的审美情趣，以线造型，讲究对称，在细节装饰方面，中式风格往往能营造出移步换景的装饰效果。

新中式是中国传统文化在现代背景下的演绎，在室内布局、家具造型以及色调等方面，吸取传统装饰的"形"与"神"，以传统文化内涵为设计元素，糅合现代家居的舒适与简洁，以现代人的审美需求来打造富有传统韵味的空间，体现中国数千年传统艺术，营造出一种淡雅的文化氛围（见图6-1和图6-2）。

图6-1 新中式风格客厅的最终效果（一）

图6-2 新中式风格客厅的最终效果（二）

6.1 设计介绍

本案例是一套两层的别墅住宅，使用面积较大，平面布置图如图6-3所示。设计师按照业主"简约中式"的要求，在整体设计上既体现温馨舒适，也不失单纯而雅致的中式风格。在具体的装修手法上，设计师运用家具、造型和色彩三种元素来烘托空间的气氛，以取得实用与美观的双重效果。

设计师在整体装饰中，全部使用了浅色的乳胶漆和墙纸来装饰墙壁，充分展示了大空间的视觉魅力。在格局的处理上，设计师只用了简单的屏风和隔断等造型，使各个空间形成和谐的统一体，给人以干净利落的视觉享受。为了避免在大空间中过分地使用直线而带给人生硬的感觉，在空间设计中还有意穿插了一些中式象征图像画，从而使方正的空间充满变化，并体

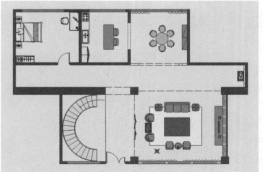

图6-3 平面布置图

现出艺术品位。柱子使用了大量米黄石材，这使空间一柱擎天的感觉油然而生，此种手法既简单又充满气势，颇富行云流水般的韵味。

6.2 软装应用

在新中式装饰风格的住宅中，空间装饰多采用简洁、硬朗的直线条。直线装饰在空间中的使用，更能体现出内敛、质朴的设计风格，同时又使中式风格更加实用、更富现代感。

新中式风格通常只是局部采用中式风格的处理，大体的设计还是趋向简洁。中式客厅考虑到舒适性，也常常用到沙发，但颜色以及造型仍然体现着中式的古朴，新中式风格的表现使整个空间传统中透着现代，现代中糅着古典（见图6-4）。

图6-4 沙发颜色的表现

中国传统室内陈设包括字画、匾幅、挂屏、盆景、瓷器、古玩、屏风、博古架等，追求一种修身养性的生活境界。中国传统室内装饰艺术的特点是总体布局对称均衡，端正稳健，而在装饰细节上崇尚自然情趣，花鸟、鱼虫等精雕细琢，富于变化，充分体现出中国传统美学精神。室内装饰品的摆设见图6-5和图6-6。

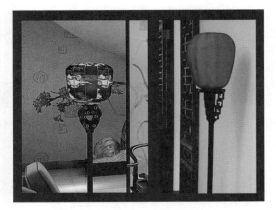

图6-5 室内装饰品的摆设（一）　　　　　　图6-6 室内装饰品的摆设（二）

　　东方美学讲究对称，先把融入了中式元素具有对称感的图案作装饰，再把相同的家具、饰品以对称的方式摆放，就能营造出纯正的东方情调，更能为空间带来历史价值感和充满墨香的文化气质（见图6-7）。

图6-7 对称的设计手法

　　在新中式风格中，中国字画、瓷器、中国结、京剧脸谱、宫灯等都是中式古典元素的代表（见图6-8）。

图6-8 中式元素的代表

中国传统饰物不仅追求饰物的造型和装饰，还追求舒适的作用。在打造中式风格的室内空间时，中式传统饰物往往可以起到画龙点睛的作用（见图6-9和图6-10）。

图6-9 中式风格的饰品（一）

图6-10 中式风格的饰品（二）

中式古典居家风格饰品色彩可采用有代表性的中国红和中国蓝，居室内不宜用较多色彩装饰，以免打破优雅的居家生活情调。色彩不宜明快，应以沉稳的灰色调为主，本案例选用比较稳重的三种颜色进行搭配（见图6-11），它们分别代表的意义如下。

黄色：中国自古以黄色为尊，它是一种身份的象征。淡黄能与多种颜色搭配出令人满意的效果，明快的杏黄色又会创造出青春的奔放意境。

木色：中式风格木纹家具的代表色。它和下面的褐色代表的意义是一样的。

褐色：通常用来表现原始材料的质感，如麻、木材、竹片、软木等；用来传达某些饮品原料的色泽及味感，如咖啡、茶、麦类等；用来强调格调古典优雅的居室风格。

图6-11 客厅的主色调

6.3 制作流程

客厅整个案例场景比较大，家具模型也非常多，并且场景设置了三个摄像机角度。所以本章效果较之前案例有很大的难度，材质增加的同时灯光也相对增加了很多，这就要求读者在学习本章的时候一定要耐心细致，灯光位置一定要掌握好。客厅渲染图的整个制作流程如图6-12所示。

图6-12 客厅渲染图的制作流程

6.4 材质表现

本案例表现的是中式风格客厅效果，材质在很大程度上决定了中式风格的清雅与厚重，客厅所涉及的材质比较多，下面开始一一讲述。

6.4.1 地毯材质的分析和制作

为了表现出地毯柔软、舒适的绒毛，本章实例中使用了【VR毛发】来表现真实的地毯。

Step 1 设置地毯材质。按M键打开材质编辑器，选择地毯材质示例窗。

Step 2 进入【贴图】卷展栏，为漫反射和凹凸通道指定地毯贴图，并将凹凸通道值设置为10，如图6-13所示。

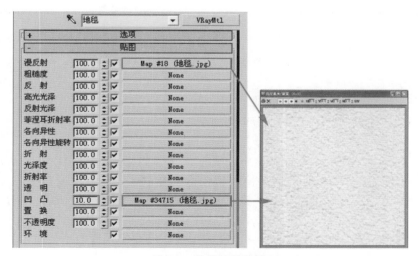

图6-13 设置地毯材质

Step 3 创建VR毛发。在视图中选择地毯模型，按Alt＋Q键将地毯单独显示，然后进入【创建】面板，单击◎图标VRay物体类型中的【VR毛发】按钮创建VR毛发。

技巧提示

在VRay新版本中，3ds Max的创建命令面板增加了【VR毛发】物体，进入【VR毛发】的参数面板，可对毛发的长度、粗细厚度、数量以及受到的重力情况等状态进行设定，这些参数能够表现出较为满意的效果，如织物表面的绒毛、动物毛发、草地等。

Step 4 进入【修改】面板，调整【VR毛发】的各项参数，具体参数设置如图6-14所示。读者可根据不同的表现需求来设置【VR毛发】的长度、粗细、分布状况等。

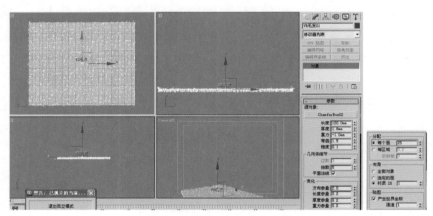

图6-14 设置【VR毛发】参数

小知识

> 源对象：需要增加毛发的源物体。

> 长度：毛发的长度。

> 厚度：毛发的厚度，即粗细。

> 重力：控制毛发往Z方向拉下的力度。

> 弯曲：控制毛发的弯曲度。

> 边数：目前此参数不可调节，毛发通常作为面对跟踪光线的多边形来渲染，正常是使用插值来创建一个平滑的表现。

> 结数：毛发是作为几个连接起来的直段来渲染的，该参数控制直段的数量。

> 平面法线：当勾选该项时，毛发的法线在毛发的宽度上不会发生变化，虽然不是非常准确，这与其他毛发解决方案非常相似，同时亦对毛发混淆有帮助，

使得图像的取样工作变得简单一点；当取消勾选该项时，表面法线在宽度上会变得多样，创建一个有圆柱外形的毛发。

> 方向参量：这个参数对源物体上生出的毛发在方向上增加一些变化，任何数值都是有效的，这个参数同样依赖于场景的比例。

> 长度/厚度/重力参量：在相应数值上增加变化。

> 分配：决定毛发覆盖源物体的密度。

> 每个面：指定源物体每个面的毛发数量，每个面将产生指定数量的毛发。

> 每区域：所给面的毛发数量基于该面的大小，较小的面有较少的毛发，较大的面有较多的毛发，每个面至少有一条毛发。

> 折射帧：可明确源物体获取到计算面大小的帧，获取的数据将贯穿整个动画过程，确保所给面的毛发数量在动画中保持不变。

> 布局：决定源物体的哪一个面发生毛发。

> 全部对象：全部面产生毛发。

> 选定的面：仅被选择的面产生毛发。

> 材质ID：仅指定材质ID的面产生毛发。

> 产生世界坐标：大体上，所有贴图坐标是从基础物体获取的，但是W坐标可以通过修改来表现沿着毛发的偏移，U和V坐标依然从基础物体获取。

6.4.2　米黄石材材质的分析和制作

Step 1　按M键打开材质编辑器，选择米黄石材质示例窗。

Step 2　在【基本参数】卷展栏中，给漫反射指定石材贴图，反射设置为深灰色，如图6-15所示。

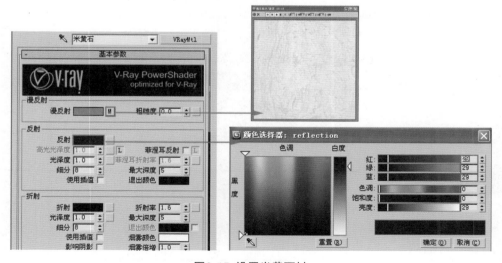

图6-15 设置米黄石材

6.4.3 地砖材质的分析和制作

地砖和米黄石材的制作方法是相同的，只是贴图不一样，反射程度也不一样。

Step 1 按M键打开材质编辑器，选择地面材质示例窗。

Step 2 在【基本参数】卷展栏中，为漫反射指定地砖贴图，反射设置为灰色，具体参数如图6-16所示。

图6-16 设置地砖材质

反射颜色决定了地砖的反射强弱，颜色灰度设置为60即可。

6.4.4 木纹材质的分析和制作

木纹在整个案例场景中所占的模型数量比较多，木纹材质的制作方法很重要，因此贴图的选择一定要符合中式风格的韵味。

Step 1 按M键打开材质编辑器，选择黑色木材质示例窗。

Step 2 将黑色木转换为【VR材质包裹器】材质，在【VR材质包裹器参数】卷展栏中，将接收全局照明设置为0.9，如图6-17所示。

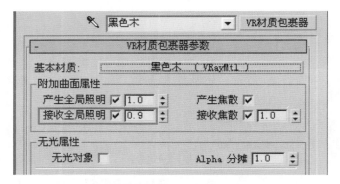

图6-17 设置接收全局照明参数

技巧提示

本案例场景不需要颜色鲜艳的木纹材质，要控制木纹的亮暗，调节接收全局照明参数是最好的选择。这也是为什么使用【VR材质包裹器】材质制作木纹的缘故。

Step 3 进入到黑色木的【基本参数】卷展栏中，为漫反射指定木纹贴图，将反射设置为白色，激活【反射】区域中高光光泽度右侧的按钮，将高光光泽度设置为0.7，光泽度设置为0.85，细分设置为20，并且勾选菲涅耳反射选项，如图6-18所示。

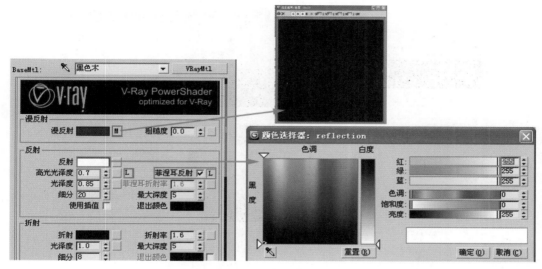

图6-18 设置黑色木材质

两种木纹的制作方法是一样的，只是高光光泽度和光泽度参数设置不同而已。原因是所接收木纹材质模型的受光面不一样，反射强弱也不一样。

6.4.5 屏风材质的分析和制作

Step 1 按M键打开材质编辑器，选择屏风材质示例窗。

Step 2 在【基本参数】卷展栏中，给漫反射指定屏风贴图，【反射】区域的细分设置为10，折射设置为灰色，勾选影响阴影选项，如图6-19所示。

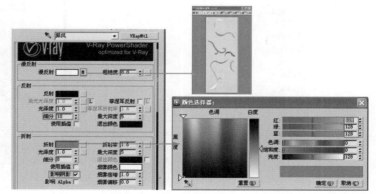

图6-19 设置屏风材质

屏风贴图的选择很重要，最好选择一些纹理是灰色，而且夹带曲线花纹的图案。

6.4.6 金属材质的分析和制作

Step 1 按M键打开材质编辑器，选择金属材质示例窗。

Step 2 在【基本参数】卷展栏，将漫反射设置为浅黄色，折射设置为深黄色，光泽度设置为1.0，细分设置为8，具体参数如图6-20所示。

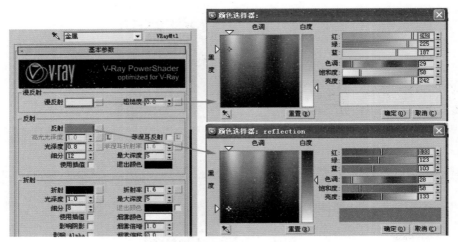

图6-20 设置金属材质

Step 3 进入到【贴图】卷展栏，给凹凸通道指定金铂贴图，并将凹凸设置为30，如图6-21所示。

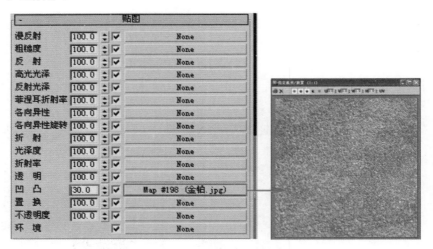

图6-21 设置凹凸通道贴图

给凹凸通道指定金铂贴图，主要是想表现凹凸、模糊的效果，让它类似于金铂材质，产生比较细腻的纹理。

Step 4 进入到【坐标】卷展栏，将平铺下的U、V值都设置为3，如图6-22所示。

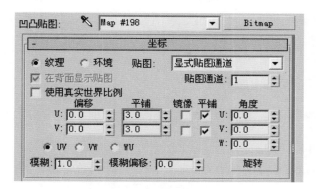

图6-22 设置U、V值

6.4.7 布纹材质的分析和制作

Step 1 按M键打开材质编辑器，选择布纹材质示例窗。

Step 2 在【基本参数】卷展栏中，给漫反射指定【衰减】贴图，这时会自动进入到【衰减参数】卷展栏，将前侧的两个通道的颜色分别设置为紫色，具体参数如图6-23所示。

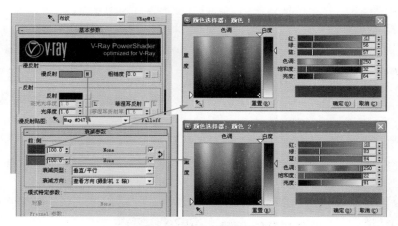

图6-23 设置布纹材质

Step 3 选择布纹1材质示例窗。进入到【基本参数】卷展栏，给漫反射指定带花纹的布纹贴图，如图6-24所示。

图6-24 设置布纹1贴图

这种带花纹图案的贴图，不宜在场景中占用太多的模型，比较适合运用在坐垫或者枕头等模型上。

6.4.8 窗帘材质的分析和制作

本场景窗户数量较多，窗帘材质也比较丰富，下面开始讲述制作方法。

Step 1 按M键打开材质编辑器，选择窗帘材质示例窗。

Step 2 在【基本参数】卷展栏中，将反射设置为深灰色，单击【反射】区域中高光光泽度右侧的按钮，将高光光泽度激活并设置为0.42，光泽度设置为0.63。为漫反射指定【衰减】贴图，这时会自动进入到【衰减参数】卷展栏，将前侧的两个通道的颜色分别设置为褐色，具体参数如图6-25所示。

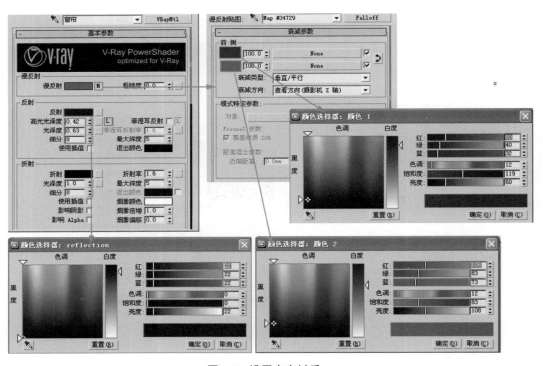

图6-25 设置窗帘材质

Step 3 选择窗帘边材质示例窗，进入到【基本参数】卷展栏中，将漫反射设置为深红色，反射设置为深灰色，单击【反射】区域中高光光泽度右侧的按钮，激活高光光泽度并设置为0.55，光泽度设置为0.69，具体参数如图6-26所示。

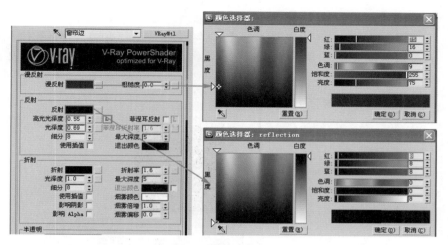

图6-26 设置窗帘边材质

Step **4** 选择纱帘材质示例窗，进入到【基本参数】卷展栏中，将漫反射色块设置为白色，将【折射】区域的光泽度设置为0.9，勾选"影响阴影"选项，为折射指定【衰减】贴图，这时会自动进入到【衰减参数】卷展栏，将前侧的第一个通道设置为灰色，衰减类型设置为Fresnel，具体参数如图6-27所示。

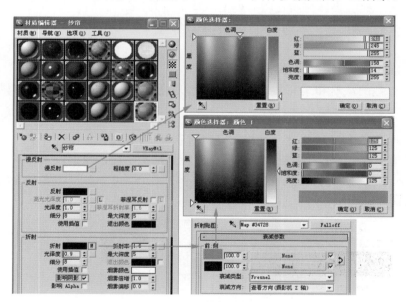

图6-27 设置纱帘材质

技巧提示

折射和反射区域的"光泽度"作用是一样的，都是控制模糊程度。只是反射区域的光泽度控制的是反射模糊效果，折射区域的光泽度控制的是透明的模糊效果。

Step 5 进入到【贴图】卷展栏，将不透明度通道值设置为50，为不透明度通道指定【凹痕】贴图，这时自动进入到【凹痕参数】卷展栏，将大小、强度和迭代次数分别设置为0，给颜色#1指定花纹贴图，并设置为灰色，参数设置如图6-28所示。

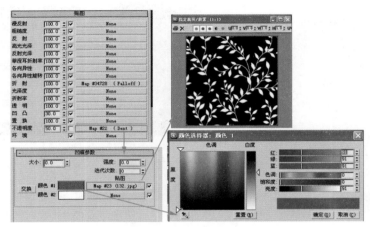

图6-28 设置不透明度通道

不透明度：控制物体材质透明的程度。默认值为100，材质完全不透明；当数值为0时，材质全部透明；当数值为50时，材质半透明。

6.4.9 陶瓷材质的分析和制作

本案例台灯的灯座和桌面装饰品使用的都是陶瓷材质，但是所赋予的材质贴图是不同的。

Step 1 按M键打开材质编辑器，选择陶瓷材质示例窗。

Step 2 在【基本参数】卷展栏中，为漫反射指定陶瓷贴图，反射设置为灰色，单击高光光泽度右侧的按钮，激活高光光泽度并设置为0.9，勾选菲涅耳反射选项，如图6-29所示。

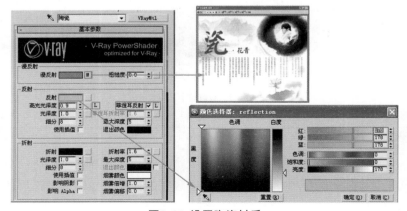

图6-29 设置陶瓷材质

Step 3 进入到【位图参数】卷展栏，勾选【裁剪/放置】区域中的应用选项，将V值设置为0.485，H值设置为0.515，如图6-30所示。

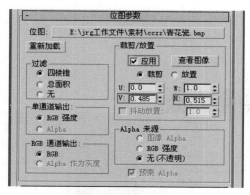

图6-30 设置位图参数

小知识

> 位图：用来设定一个位图，选择的文件名称将出现在按钮上。

> 重新加载：单击此按钮将重新载入所选的位图文件。

> 裁剪/放置：裁剪/放置只对贴图有效，并不会影响图像本身。

> 应用：启用/禁用裁剪/放置设置。

> 查看图像：单击此按钮，将打开一个虚拟缓冲器，用来显示和编辑要裁剪/放置的图像。

U、V、W、H：表示要裁剪的位置和大小。

Step 4 选择陶瓷1材质示例窗。进入到【基本参数】卷展栏中，将漫反射设置为灰蓝色，反射设置为灰色，单击高光光泽度右侧的按钮，激活高光光泽度并设置为0.7，光泽度设置为0.8，具体参数如图6-31所示。

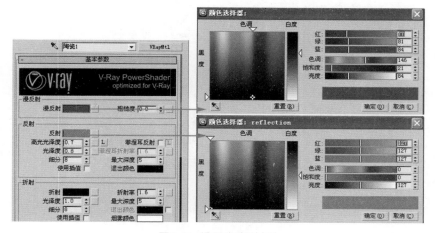

图6-31 设置陶瓷1材质

6.4.10 乳胶漆材质的分析和制作

Step 1 按M键打开材质编辑器，选择乳胶漆材质示例窗。

Step 2 在【基本参数】卷展栏中，将漫反射设置为白色，细分设置为20，如图6-32所示。

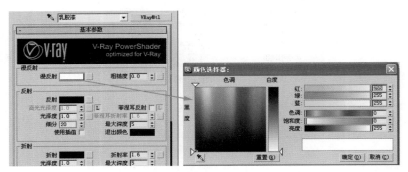

图6-32 设置乳胶漆材质

6.4.11 透光云石材质的分析和制作

透光云石是一种高档材料，该材料晶莹通透，配上艳丽悦目多元化的色彩，将单调枯燥的居室巧妙地幻化为立体的视觉艺术空间，各种花纹如行云流水，优美典雅、光洁清丽、美轮美奂、恒久不变，具有透明透光的质感。该材料既具有天然大理石花纹的典雅豪华又具有现代艺术风格的品位。

Step 1 按M键打开材质编辑器，选择透光云石材质示例窗。

Step 2 在【明暗器基本参数】卷展栏，为漫反射指定透光云石贴图，颜色设置为100，如图6-33所示。

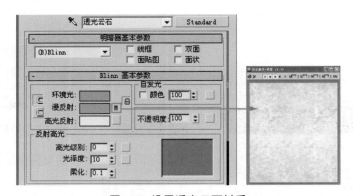

图6-33 设置透光云石材质

技巧提示

　　自发光：控制物体的自发光的效果，在这里的自发光只是影响物体材质自身的效果，并不是真正意义上的光源，无法照亮环境。

Step 3　选择透光云石1材质示例窗。将透光云石1转化为【VR灯光材质】类型，在【参数】卷展栏中，给通道指定透光云石贴图，如图6-34所示。

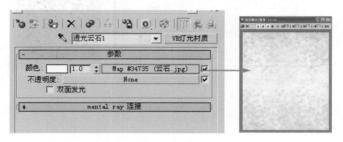

图6-34 设置透光云石1材质

6.4.12　落地灯材质的分析和制作

Step 1　按M键打开材质编辑器，选择灯杆材质示例窗。

Step 2　在【基本参数】卷展栏中，将漫反射和反射都设置为深灰色，单击高光光泽度右侧的按钮，激活高光光泽度并设置为0.7，光泽度设置为0.86，具体参数如图6-35所示。

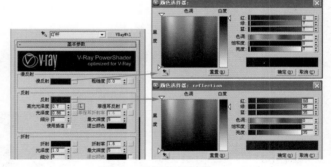

图6-35 设置灯杆材质

Step 3　选择灯帽材质示例窗，进入到【基本参数】卷展栏，给漫反射指定灯的贴图，如图6-36所示。

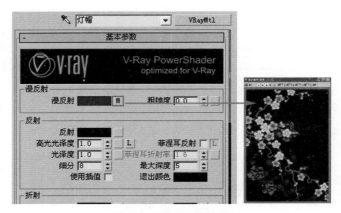

图6-36 设置灯帽材质

灯帽的贴图包含了高光和暗部，所以不需要过多的调节。有时候好的贴图是决定一个材质好坏的关键。

6.4.13 中式红材质的分析和制作

Step 1 按M键打开材质编辑器，选择中式红材质示例窗。

Step 2 在【明暗器基本参数】卷展栏中，选择 Oren-Nayar-Blinn方式，将漫反射设置为红色，高光级别设置为17，光泽度设置为41，具体参数如图6-37所示。

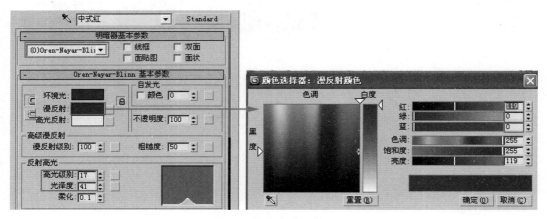

图6-37 设置中式红材质

小知识

> 明暗器基本参数卷展栏：材质中一个非常基本和重要的属性，它直接决定了物体以何种方式来进行反射光的计算。

> Oren-Nayar-Blinn：适用于制作无光表面，如纤维或赤土等，它可为对象提供多孔而非塑料的外观，适用于像皮肤一样的表面。

> 线框：以线框模式渲染材质，可以在扩展参数卷展栏中设置线框的大小。

> 双面：选择双面方式，可以使材质显示在对象的两面。

> 面贴图：将材质应用到几何体的各面，如果材质是含有贴图的材质，在没有指定贴图坐标的情况下，贴图会自动应用到对象的每一面。

> 面状：将对象的每个表面以平面化进行渲染。

Step 3 进入到【贴图】卷展栏，单击凹凸通道贴图类型按钮指定【噪波】贴图，这时会自动进入到【噪波参数】卷展栏，将大小设置为1，如图6-38所示。

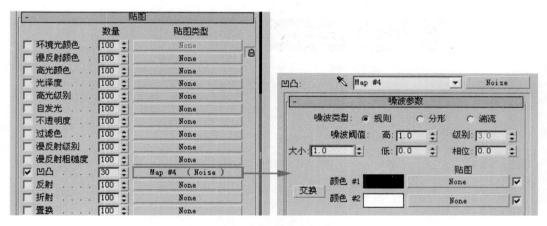

图6-38 设置凹凸通道

6.4.14 画材质的分析和制作

画材质的制作方法非常简单，只要选择好合适的贴图就可以了。最好选择一些中式古典风格或者使整个场景能产生立体感的贴图。

Step 1 按M键打开材质编辑器，选择画材质示例窗。

Step 2 在【基本参数】卷展栏中，给漫反射指定中式画贴图，如图6-39所示。

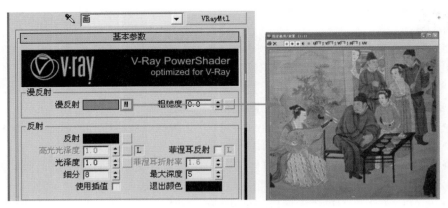

图6-39 设置画材质

Step 3 选择画02材质示例窗，进入到【基本参数】卷展栏，给漫反射指定画贴图，如图6-40所示。

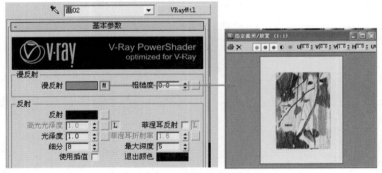

图6-40 设置画02材质

读者可以发现：两幅画的贴图都是选择带有抽象感、立体感，并且富含中式韵味的图像。

6.4.15 电视机材质的分析和制作

Step 1 按M键打开材质编辑器，选择屏幕材质示例窗。

Step 2 在【基本参数】卷展栏中，将漫反射设置为深蓝色，反射设置为灰色，具体参数如图6-41所示。

漫反射设置为蓝色即屏幕的颜色。反射参数不宜设置过高。

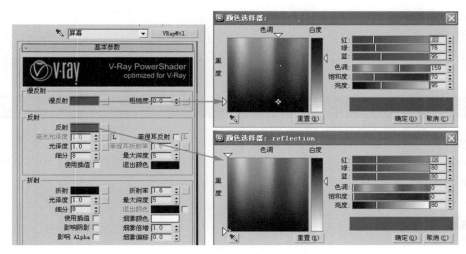

图6-41 设置屏幕材质

Step **3** 选择电视机壳材质示例窗。在【明暗器基本参数】卷展栏中，将漫反射设置为深灰色，高光光泽度设置为127，光泽度设置为32，具体参数如图6-42所示。

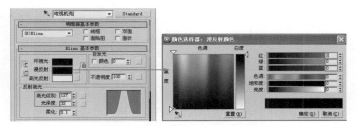

图6-42 设置电视机壳材质

6.4.16 背景材质的分析和制作

Step **1** 按M键打开材质编辑器，选择背景材质示例窗。

Step **2** 将背景转化为【VR灯光材质】类型，在【参数】卷展栏中，为通道指定背景贴图，如图6-43所示。

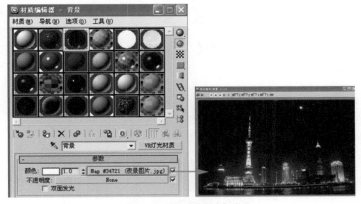

图6-43 设置背景材质

到此，材质就设置完毕，还有一些细小的或者对场景效果影响不大的材质，读者只需要参考本章配套光盘提供的中式客厅最终模型.Max文件就可以了。在制作效果图时，大多情况下会重点调节一些色相、饱和度或者对场景影响较大的材质。

6.5 灯光艺术

当今的灯光艺术已经成为了一门走在时代前沿的时尚艺术。合理巧妙地运用灯光，可以创造出神奇的画面效果。效果图也不例外，它能使用虚拟的灯光绘制出超现实的表现图。

6.5.1 布光分析

灯光的设置过程简称为"布光"。在开始布光之前需要作布光分析，好的布光分析可以起到事半功倍的作用。一般情况下布光都会参照"三点照明"的原则创建灯光。三点照明，又称为区域照明，一般用于较小范围的场景照明。如果场景很大，可以把它拆分成若干个较小的区域进行布光。一般有三种灯即可，即分别为主体光、辅助光与背景光。

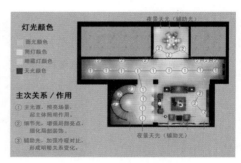

图6-44 布光分析图

从图6-44的布光分析图中可以看出室内灯光都是暖色的，只有室外天光为冷色，这样可以起到对比和加强色彩的作用。因为空间太大，场景中灯光非常多，使用了很多主光源照射不同的区域；细节光也在很大程度上作为局部灯光加强照亮场景。

6.5.2 预设参数的设置

预设参数调节好以后，可以在创建灯光过程中很快地观察灯光测试渲染效果。

Step 1 按F10键打开【渲染设置】对话框，进入【V-Ray：：全局开关】【V-Ray：：图像采样器】卷展栏，取消选中【照明】区域中的"默认灯光"选项，将图像采样器类型设置为固定，取消【抗锯齿过滤器】区域的"开"选项，如图6-45所示。

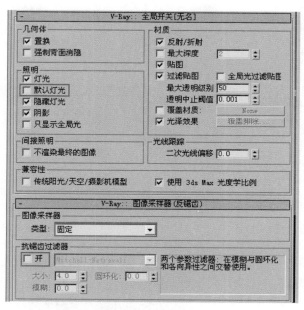

图6-45 设置卷展栏

在初始测试渲染效果的时候，都会取消【抗锯齿过滤器】功能，这样可以加快渲染速度。

Step 2 进入【V-Ray：：彩色贴图】卷展栏，将彩色贴图类型设置为指数，如图6-46所示。

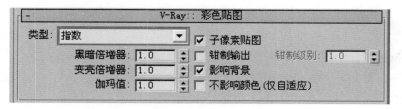

图6-46 设置彩色贴图类型

Step 3 进入【V-Ray：：间接照明】、【V-Ray：：发光贴图】卷展栏，勾选开选项激活全局光，在【二次反弹】中选择"灯光缓存"选项，【当前预置】设置为"非常低"的方式，并将半球细分设置为20，插补采样设置为25，如图6-47所示。

Step 4 进入【V-Ray：：灯光缓存】卷展栏，将【计算参数】区域中的细分设置为100，并勾选"显示计算相位"选项，如图6-48所示。

初始参数的设置和前面案例的设置方法是一样的，在此不再赘述。

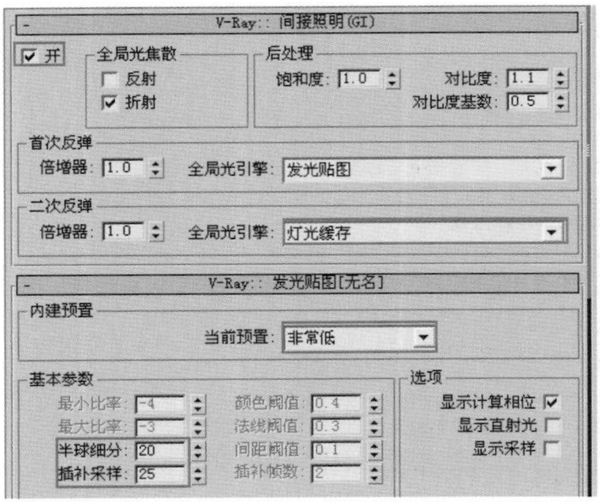

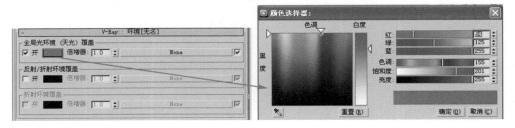

图6-47 设置卷展栏参数 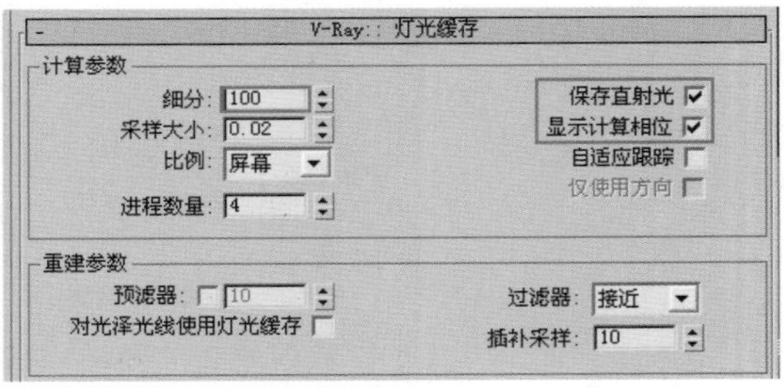　　　　　　　　　　图6-48 设置细分参数

Step 5 进入【V-Ray：：环境】卷展栏，勾选"开"选项将环境光激活，将环境光颜色设置为蓝色，具体参数如图6-49所示。

图6-49 设置环境光颜色

技巧提示

　　环境光设置为蓝色，主要是模拟晚上夜景天光颜色效果。本案例表现的是晚上效果，那么室外光都设置为蓝色，室内灯则设置成暖色，这样可以起到对比和互补的作用。

Step 6 按F9键进行测试渲染，效果如图6-50所示。

　　启用环境光后，场景还是没有明显地亮起来，不过吊灯和台灯材质还是影响着场景效果，原因在于饱和度过高的材质对场景光线是有影响的。

图6-50 启动环境光后的效果

6.5.3 使用VRay灯光模拟天光

本场景的天光是辅助光，它的作用是填充阴影区域以及被主体光遗漏的场景区域、调节明暗区域之间的反差，同时能形成景深与层次。

Step 1 单击【创建】面板 图标下"VRay"类型中的【VR灯光】按钮，将灯光类型设置为平面，在左视图的窗户位置拖动鼠标创建一盏VR灯光来模拟天光。

Step 2 进入【修改】面板，将天光设置为蓝色，倍增器设置为8，勾选【选项】区域中的不可见选项，取消影响反射选项，并将【采样】区域中的细分设置为10，具体参数如图6-51所示。

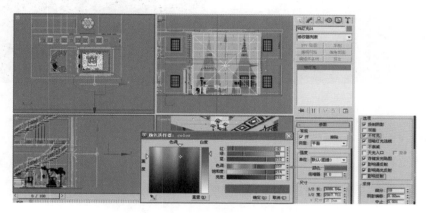

图6-51 设置天光颜色和参数

技巧提示

天光作为辅助光，设置为蓝色相当于为场景打一层底色，定义了场景的基调。由于要达到柔和的照明效果，通常辅助光的亮度只有主体光的50%～80%的亮度。

Step 3 按F9键进行测试渲染，效果如图6-52所示。

创建天光后，光线透过窗户照射进来，可见天光的颜色对整个场景的影响还是很大的。

图6-52 创建天光后的效果

Step 4 按住Shift键，移动天光以"复制"的方式复制两盏到窗户位置，并将倍增器设置为3，如图6-53所示。

Step 5 按F9键进行测试渲染，效果如图6-54所示。

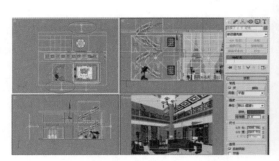 

图6-53 复制天光　　　　　　　　　　　图6-54 复制天光后的渲染效果

　　本案例场景的客厅、楼梯和餐厅都有一个大窗户，每个窗户都创建了一盏VR灯光，那么天光将从这三处地方照射进来，促使整个场景色调都是蓝色的，这种蓝色基调正是想要的效果，在后面创建的室内灯都是暖色的，冷暖结合会起到很好的光线对比效果。

6.5.4 创建主光源

　　通常用主光源来照亮场景中的主要对象与其周围区域，并且担任着给主体对象投射阴影的功能。

Step 1 单击【创建】面板图标下"VRay"类型中的【VR灯光】按钮，将灯光类型设置为平面，在顶视图的吊顶位置拖动鼠标创建一盏VR灯光。

Step 2 进入【修改】面板，将VR灯光设置为暖色，倍增器设置为2.5，勾选【选项】区域中的不可见选项，取消影响反射选项，并将【采样】区域中的细分设置为12，具体参数如图6-55所示。

图6-55 设置VR灯光参数

技巧提示

　　主光源作为场景的主体灯光，它的强度大小、位置和颜色的设置都很重要，但是它照亮场景的同时还会使家具产生折射投影，所以细分参数的设置很重要，好的细分参数可以让家具呈现出真实的投影。

Step 3　按F9键进行测试渲染，效果如图6-56所示。

　　由于客厅场景非常大，刚才创建的VR灯光只是照射客厅一层部分，其他地方光线变化不大，但是颜色还是有所改变的。

图6-56 测试渲染效果

Step 4　由于场景非常大，而且又是复式的客厅，灯光较之以前案例要多，所以将VR灯光以实例的方式往客厅吊顶复制一盏，如图6-57所示。

Step 5　按F9键进行测试渲染，效果如图6-58所示。

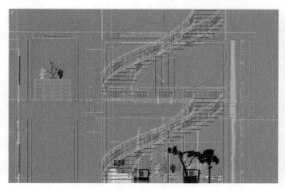

图6-57 复制VR灯光

图6-58 测试渲染效果

吊顶创建灯光后，光线变化还是比较明显的，由暗转变为亮、冷色转化为暖色，下面将遵循上下创建灯光的方法进行布置灯光。客厅区域功能划分比较多，只能针对不同的区域创建不同的灯光，下面开始一一创建。

Step 6 在客厅入口处的通道创建一盏VR灯光，将颜色设置为暖色，倍增器设置为3，具体参数如图6-59所示。

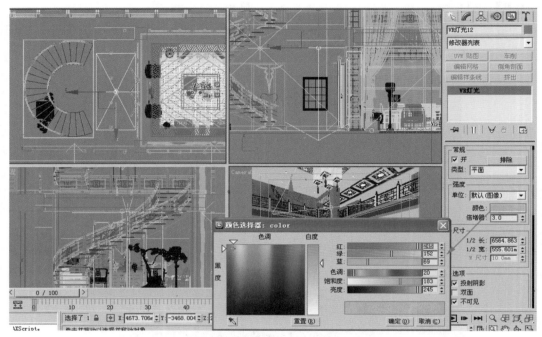

图6-59 设置通道灯光参数

技巧提示

灯光要体现场景的明暗分布，要有层次性，切不可把所有灯光一概处理，应根据需要设置不同灯光的参数和颜色。如果想要达到更真实的效果，一定要在灯光衰减方面下一番功夫。可以利用暂时关闭某些灯光的方法或使用灯光排除照明进行更好的设置。

Step 7 用同样的方法将通道灯光以实例的方式往吊顶复制一盏，按F9键进行测试渲染，效果如图6-60所示。

图6-60 测试渲染效果

走道区域灯光创建后，整个区域光线效果非常好，只是二楼楼梯比较暗，这只能在后面创建细节光来改变。

Step 8 在客厅通道创建一盏VR灯光，将颜色设置为暖色，倍增器设置为3，具体参数如图6-61所示。

Step 9 以同样的方式将通道灯光以实例的方式在吊顶中复制一盏，按F9键进行测试渲染，效果如图6-62所示。

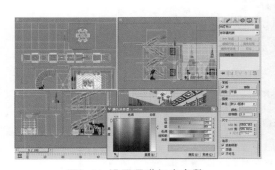

图6-61 设置通道灯光参数

图6-62 测试通道灯光渲染效果

Step 10 在餐厅创建一盏VR灯光，将颜色设置为暖黄色，倍增器设置为6，如图6-63所示。

Step 11 用同样的方法将餐厅灯光，以实例的方式在吊顶中复制一盏，按F9键进行测试渲染，效果如图6-64所示。

图6-63 设置餐厅灯光参数　　　　　　　　图6-64 测试餐厅灯光渲染效果

所有区域灯光创建完毕后，整个场景发生了很大的变化，中式风格的庄重优雅效果慢慢体现出来。但是此时整个场景还是有点呆板，需要射灯来改变这种现象。

Step 12 单击【创建】面板 图标下"光度学"类型中的【目标灯光】按钮，在前视图创建一盏目标灯光模拟筒灯。

Step 13 进入【修改】面板，勾选【阴影】区域中的启用选项，将阴影方式设置为VRay阴影类型，将【灯光分布（类型）】设置为光度学（Web），如图6-65所示。

VRay阴影能使场景产生非常真实的阴影效果，在选择阴影类型的时候都会选择VRay阴影方式。

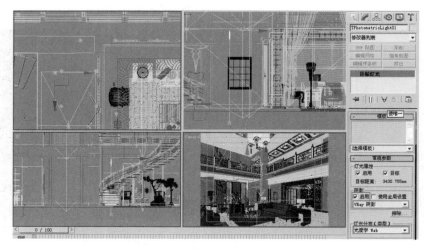

图6-65 设置目标灯光参数

Step ⑭ 展开【分布（光度学）】卷展栏，单击【选择光度学文件】按钮，弹出【打开光域网Web文件】对话框，打开配套光盘提供的CHP6/15.IES文件，将结果强度设置为50%，颜色设置为暖色，具体参数如图6-66所示。

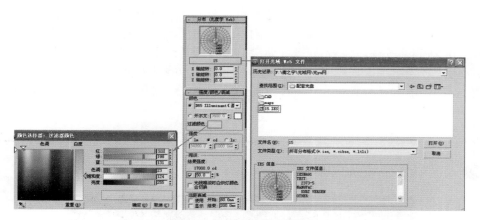

图6-66 设置目标灯光参数

技巧提示

　　这种嵌于天花板内部的隐置性筒灯，所有光线都向下投射，它可用不同的反射器、镜片、百叶窗、灯泡来取得不同的光线效果。筒灯不占据空间，并且可以增加空间的柔和气氛，试着装多盏筒灯，可营造温馨的感觉。

Step ⑮ 按住 Shift键移动目标灯光，以复制的方式复制一盏灯到吊顶位置，如图6-67所示。

　　将目标灯光往吊顶复制，这是因为场景大的缘故。

Step ⑯ 按住Shift键移动目标灯光01与目标灯光02，以复制的方式复制16盏灯，位置如图6-68所示。

图6-67 复制目标灯光

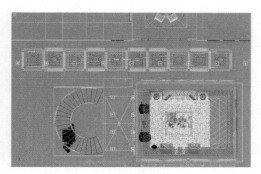

图6-68 复制目标灯光

技巧提示

灯光可以让人感知到室内各区域空间的界线，运用不同的灯光强度和色彩可对不同的功能空间进行划分。同时灯光还可以强调空间之间的主次关系，通过照度的强弱和色彩的变化，以及局部的重点照明，让空间的层次感更加丰富。在居室中，客厅应选用柔和的光线，这是因为怡人的灯光可以创造浪漫的气氛；餐厅应选用较强的区域灯光，以使餐厅笼罩在温馨的氛围中；如果需要在卧室划分学习空间，灯光选用区域照明，不宜过亮，以防止影响家人休息；休息区域宜用柔和的光线，给人以朦胧感。居室顶部的高差处理，也可用丰富的灯光艺术效果，增强空间的层次感。灯光对居室的界定功能，使人产生错落有致的主体感和区域层次感。

Step **17** 按F9键进行测试渲染，效果如图6-69所示。

图6-69 测试渲染效果

从渲染效果可以看出整个居室空间感改变了很多，地面层次比较丰富。下面再通过创建细节光来加强效果。

6.5.5 创建细节光

细节光主要起到照亮局部，丰富场景空间的作用，但是要根据场景需要而添加细节光。

Step **1** 将吊顶模型单独显示，沿着餐厅的吊顶位置绘制一个圆，展开【渲染】卷展栏，将厚度设置为30mm，边设置为12，如图6-70所示。

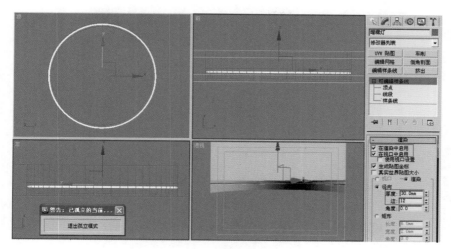

图6-70 绘制圆模型

Step 2 按M键打开材质编辑器，选择一个空白的材质示例窗并命名为暗藏灯，将暗藏灯转化为【VR灯光材质】类型。在参数卷展栏中，将颜色设置为黄色，倍增器设置为6，具体参数如图6-71所示。然后单击材质面板中的 ![按钮] 按钮，将暗藏灯材质赋予第一步骤绘制的圆模型物体。

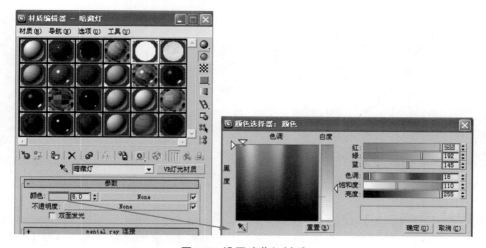

图6-71 设置暗藏灯材质

> **技巧提示**
>
> 　　【VR灯光材质】是一种自发光材质，将这个材质指定给物体，可以把物体当光源使用，产生真实的照明效果，通常用来制作灯带、电视屏幕、灯罩等物体的发光。

Step 3 按F9键进行测试渲染，效果如图6-72所示。

图6-72 测试渲染效果

Step 4 在左视图的装饰墙位置绘制一条直线，展开【渲染】卷展栏，将厚度设置为50，边设置为12，如图6-73所示。

Step 5 按住Shift键，将刚才创建的直线模型以实例的方式复制3个，位置如图6-74所示，4个直线模型都赋予暗藏灯材质。

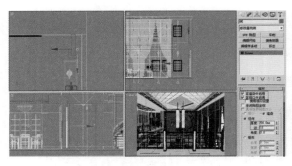

图6-73 绘制直线

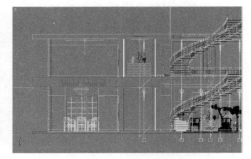

图6-74 复制直线模型

Step 6 单击【创建】面板 图标下"VRay"类型中的【VR灯光】按钮，将灯光类型设置为球体，在前视图的台灯位置创建一盏VR灯光来模拟台灯效果。

Step 7 进入【修改】面板，将台灯设置为暖色，倍增器设置为10，取消【选项】区域中的不可见选项，如图6-75所示。

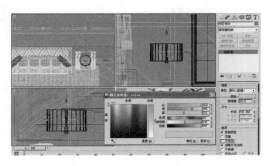

图6-75 设置台灯参数

台灯倍增器参数设置不宜过大，在此处起到丰富场景空间色彩变化的作用即可。

Step 8 按住Shift键，将灯光以实例的方式复制两盏到别的台灯位置，如图6-76所示。

Step 9 按F9键进行测试渲染，效果如图6-77所示。

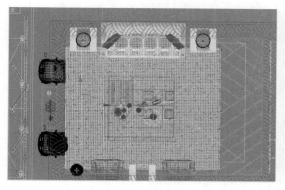

图6-76 复制灯光

图6-77 测试台灯效果

Step 10 按住Shift键，将前面创建的"目标灯光"以实例的方式复制13盏，位置如图6-78所示。

Step 11 按F9键进行测试渲染，效果如图6-79所示。

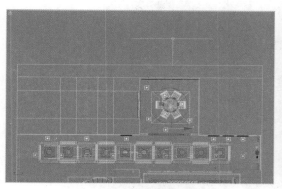

图6-78 复制目标灯光

图6-79 添加细节光后的效果

　　走道和餐厅添加细节光后，画面丰富了很多，由原来的呆板变得比较活泼。下面继续创建楼梯和客厅的细节灯。

Step 12 按住Shift键，将前面创建的"目标灯光"以实例的方式复制5盏，位置如图6-80所示。

技巧提示

　　复制的这5盏灯光一定要往吊顶处再复制一份，否则二楼的楼梯位置还是黑的。光域网照射范围虽然不是很大，但其局部照射作用还是很大的。如果想要更精细、清晰的效果，可以创建1盏灯光测试渲染，然后再根据需要添加灯光。

Step 13 配合Shift键，将前面创建的"目标灯光"以实例的方式复制11盏到如图6-81所示的位置。

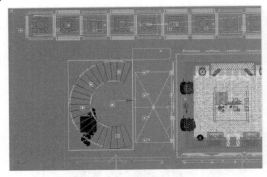

图6-80 复制目标灯光（一）

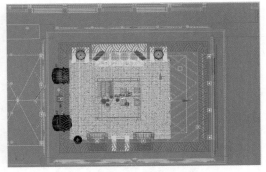

图6-81 复制目标灯光（二）

复制的这11盏目标灯光也需要往吊顶处再复制一份，否则整体空间关系还是表现不到位。

Step 14 按F9键进行测试渲染，效果如图6-82所示。

图6-82 测试渲染效果（一）

从渲染效果上来看，整体空间感、色彩方面还是比较好的，只是整体还是有点暗。

Step 15 进入【V-Ray::彩色贴图】卷展栏，将黑暗倍增器和变亮倍增器参数都设置为1.45，如图6-83所示。
只有在整体效果大致符合要求后，才能通过改变黑暗倍增器和变亮倍增器参数来改变场景效果。

图6-83 设置倍增器参数

Step 16 按F9键进行测试渲染，效果如图6-84所示。

图6-84 测试渲染效果（二）

目前整体效果还是比较满意的，只是有些材质颜色需要控制一下。

Step 17 进入【V-Ray：：间接照明】卷展栏，将【后处理】区域的对比度设置为1.1，
【二次反弹】区域的倍增器设置为0.9，如图6-85所示。

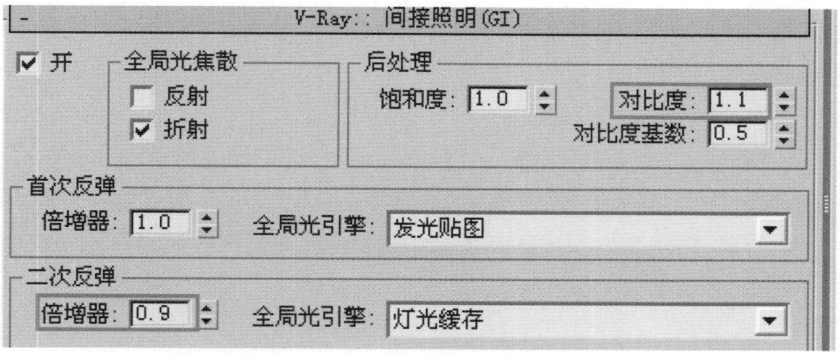

图6-85 设置间接照明参数

Step 18　按F9键进行测试渲染，效果如图6-86所示。

图6-86 测试渲染效果（三）

居室装修格调高雅、造型简朴、优美，具有较高的审美情趣等，这些都一一表现出来了。

6.6　渲染技巧

6.6.1　最终渲染参数的设置

最终渲染参数的设置可以改变场景的清晰度、杂点、黑斑等现象，以下参数的设置是笔者根据场景需要而设置的。

Step 1　进入【V-Ray：：全局开关】、【V-Ray：：图像采样器】卷展栏，勾选【间接照明】区域中的"不渲染最终的图像"选项，设置图像采样器的类型为"自适应确定性蒙特卡洛"，并设置抗锯齿过滤器的方式，如图6-87所示。

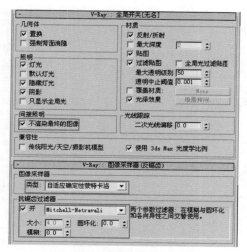

图6-87 设置卷展栏参数

Step 2 进入【V-Ray：：DMC采样器】卷展栏，将最小采样值设置为12，如图6-88所示。

图6-88 设置最小采样值参数

> **小知识**

> ➤ V-Ray：：DMC采样器：它是VRay渲染器的核心部分，可以控制场景模型的采样品质。
> ➤ 最小采样值：确定在早期终止算法被使用之前必须获得的最少的样本数量。较高的参数值将会减慢渲染速度，但效果也会更细腻。

Step 3 进入【V-Ray：：系统】卷展栏，将最大树形深度设置为90，如图6-89所示。

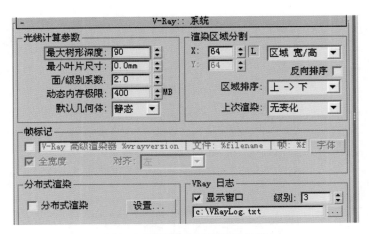

图6-89 设置最大树形深度参数

小知识

> 最大树形深度：定义BSP树的最大深度，较大的值将占用很多的内存，但是渲染速度会很快，直到超过临界点（每个场景不一样）以后开始减慢；较小的参数值将使BSP树少占系统内存，但是整个渲染速度会变慢。

6.6.2 设置保存光子

光子有助于在最终渲染图像时节省很多渲染时间，因此在最终出图的时候使用保存光子的方法一直得到广泛使用。

Step 1 进入【V-Ray：：发光贴图】卷展栏，在【当前预置】中选择"中"的方式，将半球细分设置为50，插补采样设置为25，勾选【渲染后】区域中的自动保存和切换到保存的贴图选项，单击【浏览】按钮将发光贴图保存到指定的文件，如图6-90所示。

图6-90 设置保存发光贴图

Step 2 进入【V-Ray：灯光缓存】卷展栏，将细分的参数设置为1000，勾选【渲染后】区域中的自动保存和切换到保存的贴图选项，单击【浏览】按钮将灯光贴图保存到指定的文件，如图6-91所示。

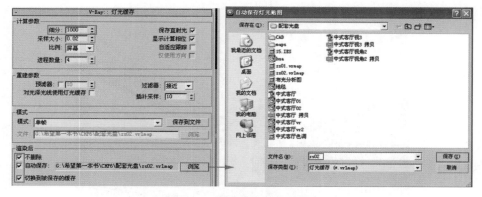

图6-91 设置保存灯光贴图

Step 3 回到【公用】卷展栏，将输出大小设置为400×300，如图6-92所示。

Step 4 按F9键对Camera01视图进行发光贴图和灯光贴图的计算，计算完成后的渲染效果如图6-93所示。

图6-92 设置光子图输出大小

图6-93 光子图的渲染效果

6.6.3 最终输出图像

Step 1 当发光贴图和灯光贴图及其渲染完成后，在【渲染设置】对话框的【公用】卷展栏里根据需要设置输出大小。

Step 2 单击【渲染】按钮开始进行最终渲染，客厅的最终效果如图6-94所示。

　　本案例所表现出的中式风格的雅致与简约是多数人梦寐以求的居家风格。简约就是线条简练、造型简洁，同时也是浪漫的怀旧气息与前卫风格的完美结合。设计师将实用而又时尚的简约风格与自我个性融合在一起，让洋溢着温馨的生动和流淌着美丽的质感借着装饰材料的衬托演绎着各自的风韵。

图6-94 客厅的最终效果

6.7 读者问答

问：中式风格居室的装饰品或者家具是不是最好选择一些古典风格的，如果选择一些现代的装饰品会出现什么样的效果？

答：如果是比较古典的风格（如明清风格）最好还是不要选择现代的装饰品，如果是现代的中式或是简约的中式是可以用的，有时还能起到点缀的作用，如图6-95所示。

图6-95 新中式风格装饰品的表现

问：创建灯光的时候，是不是添加一盏灯光最好进行测试看看其效果？

答：如果是初学者或新手，最好是添加一盏灯光进行测试看看，这样就会知道是哪些灯所起到的作用，出现效果不好时也可以及时地更改或删除；如果经验比较丰富，则可以多布置一些灯光再渲染看效果。但是后者的弊端在于灯光布置完成而效果并不理想时，修改灯光会比较麻烦。

问：本案例场景灯光非常多，布置灯光的时候要注意哪些事项？

答：第一，先把整体的气氛表现出来，例如，是温馨的氛围还是硬朗效果。

　　第二，在灯光设置时，要把冷光和暖光结合来运用，从而达到丰富的光线变化效果。

　　第三，对于一些暗的地方，尽可能使用材质弥补，从而提高渲染速度。

问　：渲染最终成品图像的时候，采用联机渲染（网络渲染）和单机渲染有什么区别？最终渲染参数的设置方法也是一样吗？

答：在使用同一显示器时，联机渲染和单机渲染并不影响效果，只是渲染时间的快慢而已。假如是用别的显示器来联机渲染，那么得到的最终效果会有所偏差。因为个人的习惯，电脑的显示器在色彩和亮度上会有偏差。

6.8 扩展练习

　　希望读者结合本章所学习的方法，练习一张与本章客厅光线效果相似的场景，最终效果如图6-96所示。

资料：配套光盘含有原模型文件、贴图、光域网。

要求：本案例的灯光布置方法对此客厅布置灯光有很好的帮助，读者可参照布光分析图进行研究，材质也可以参考本章材质的设置方法进行调节，制作出如图6-96所示的效果。

图6-96 扩展练习客厅效果

注意事项：

（1）此客厅为白天效果，但是布光时室内光应更强烈。

（2）天光一定要设置为蓝色，如果灯光是白色或者黄色，那么整个客厅将出现层次感不强、光线过渡不明显的现象。

（3）在调节材质时，地砖和木纹的模糊反射特性一定要表现到位，并且颜色要控制准确。

（4）在调节材质时，吊顶和墙面都是乳漆材质，要注意二者的颜色设置。

7 清爽怡人——后现代风格卫生间表现

自20世纪90年代中期开始，家居设计的思想得到了很大的解放。人们开始追求各种各样的设计方式，其中后现代主义在室内设计中逐步形成。

后现代主义室内设计理念抛弃了现代主义的严肃和简朴，往往具有一种历史隐喻性，充满大量的装饰细节，强调与空间的联系，同时装饰意识和手法有了新的拓展，光影和建筑构件构成了通透空间，从而使大装饰成为重要手段。后现代风格主张新旧融合、兼容并蓄，对历史风格采用混合、拼接、分离、简化、变形、解构、综合等方法，运用新材料、新的施工方式和结构构造方法来创造，从而形成一种独特的设计理念，如图7-1和图7-2所示。

图7-1 卫生间最终效果角度（一）

图7-2 卫生间最终效果角度（二）

7.1 设计介绍

本案例为后现代表现风格，后现代的核心是造型超前，有很浓的人情味。卫生间的使用面积不到10 m²，但却要有淋浴区、浴缸、马桶、洗手盆等洁具，所以在颜色上要搭配好，否则卫生间显得十分单调，可能会产生沉闷和乏味之感。

设计师在这里大胆采用了金属壁纸、马赛克、瓷砖和玻璃等材质，这些材质之间不仅有联系，而且都具有温暖而超前的调子。加上光线从窗外泻入，一切显得那么生动，亲切而自然。卫生间平面布置图如图7-3所示。

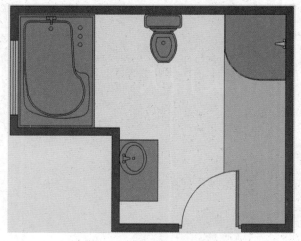

图7-3 卫生间平面布置图

7.2 软装应用

后现代风格强调居室美化装饰多样化，追求室内氛围的人情味，大胆运用各种装饰手段是有其积极、合理内涵的。它使室内装饰的空间组合趋向繁多和复杂，突破了完整的立方体、长方体的围合且多层界限不清的状况，使得空间充满层次感和不规则性，由此形成空间层次的不尽感和深远感。

坐便器可分为分体坐便器和连体坐便器两种，在选择分体坐便器还是连体坐便器时，主要看卫生间空间的大小。一般地，分体坐便器所占空间大些，连体坐便器所占空间要小些（见图7-4）。另外，分体坐便器外形要显得传统些，价格也相对便宜，连体坐便器要显得新颖高档些，价格相对较高。

图7-4 连体坐便器

洗手盆可根据卫生间的面积和个人喜好进行选择（见图7-5和图7-6）。最常见的一般有以下几种：台上盆，安装方便，可在（大理石）台面放置物品；台下盆，清洁容易，档次较高，可在（大理石）台面放置物品（台下盆对安装要求比较高，台面预留位置尺寸大小一定要与盆的大小相吻合，否则安装后会影响美观）；立柱盆，具有盆与柱颜色一致、不占空间、安装简便、容易清洗、通风性能好等特点；挂盆，风格简约，其特点与立柱盆相似，适用于入墙式排水系统；碗盆，更具艺术感及个性化，其特点与台上盆相似；柜盆，档次高，橱柜式设计可放物品，使用方便。

图7-5 洗手盆的选择（一）

图7-6 洗手盆的选择（二）

目前市场上的水龙头可分为浴缸龙头、面盆龙头、厨房龙头三类（见图7-7）。而每个类别中，又可以根据功能、风格、材质和色彩等分成很多小类别。

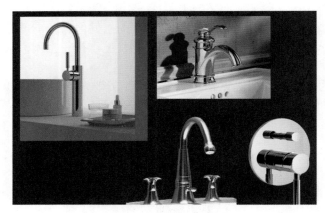

图7-7 水龙头的种类

淋浴房的选择和浴缸的选择分别如图7-8和图7-9所示。

图7-8 淋浴房的选择

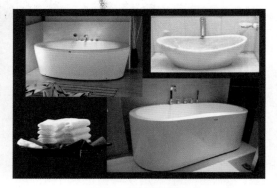

图7-9 浴缸的选择

卫生间的色彩应充分体现明快的风格。除豪华型卫浴外，一般卫浴的色彩应选择浅色调和中色调，以增加空间的明亮度。卫生间的色彩是由诸如墙面、地面材料、灯光照明等融合而成的，并且还要受到洗面台、洁具、橱柜等物品色调的影响，这一切都要综合来考虑是否与整体色调相协调（见图7-10）。本案例卫生间一共使用了三种颜色作为主色调，下面分别介绍其代表的意义。

灰色：灰色有柔和，文雅的意象，而且属于旁边性情，所以灰色也是永久流行的重要色彩。

蓝色：一种不包含黄色和红色痕迹的色彩，是冷静之色，容易使人想到深沉、远大、悠久、理想，也容易激起冷淡、消极之感。

青色：是在可见光谱中介于绿色和蓝色之间的颜色，波长大约为470nm，类似于天空的颜色，是三原色之一。青色是一种底色，清脆而不张扬，伶俐而不圆滑。

图7-10 卫生间色调

7.3 制作流程

卫生间场景案例不是很复杂，灯光和材质方面也相对简单，它的制作流程如图7-11所示。

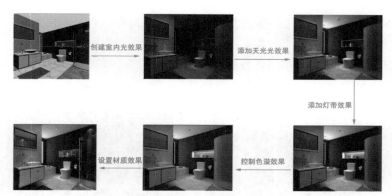

图7-11 卫生间的制作流程

7.4 灯光艺术

7.4.1 布光分析

出色的照明设计应当把居住者所有的不同需求，以及他们的生活方式考虑在内。光的亮度和色彩是决定气氛的主要因素。适度愉悦的光能激发和鼓舞人心，而柔弱的光令人轻松而心旷神怡。室内的气氛由于光的颜色的不同而变化；空间的不同效果，可以通过光的作用充分表现出来。此外，也可以利用光的作用，来强化重点区域。光既可以是无形的，也可以是有形的。光源可隐藏，灯具却可暴露，有形、无形都是艺术。不管哪种方式，整体造型必须协调统一，要和整个室内一致、统一。

从图7-12可看出，卫生间的主要光线来源是光域网，而且都比较集中照射在洗手台、坐便器、淋浴和浴缸等洁具位置上，然后再通过天光和细节光添补光线的不足，特别需要注意的是细节光的照射位置。

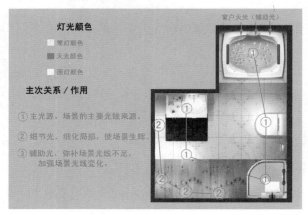

图7-12 布光分析图

7.4.2 模型的导入

卫生间场景案例已经创建完毕，直接打开就可以了。

Step 1 执行主菜单中的【文件｜打开】命令，打开配套光盘提供的CHP7/卫生间初始模型.Max文件。

Step 2 如图7-13、图7-14所示，这是一个已经创建完成的卫生间模型，而且赋予了基本的材质。为了便于视图观察和渲染，场景中已创建了两个摄影机。

图7-13 卫生间角度（一）

图7-14 卫生间角度（二）

7.4.3 初始参数的设置

初始参数的设置只是需要能测试渲染创建的灯光效果就可以了，没有必要设置过高的渲染参数。

Step 1 按F10键打开【渲染设置】对话框，进入【V-Ray：：全局开关】、
【V-Ray：：图像采样器】卷展栏，取消【照明】区域中的"默认灯光"选
项，将图像采样器类型设置为固定，取消【抗锯齿过滤器】区域的"开"选
项，如图7-15所示。

Step 2 进入【V-Ray：：间接照明】、【V-Ray：：发光贴图】卷展栏，勾选"开"选
项启动全局开关，将【二次反弹】的全局光引擎设置为灯光缓存的方式，当前
预置设置为低类型，半球细分设置为30，插补采样设置为25，如图7-16所示。

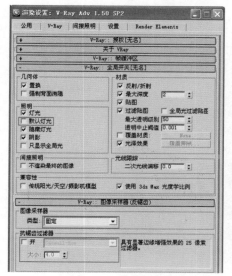

图7-15 设置全局开关和图像采样器卷展栏　　图7-16 设置间接照明和发光贴图卷展栏

Step 3 进入【V-Ray：：灯光缓存】卷展栏，将细分设置为100，并勾选显示计算相
位选项，如图7-17所示。

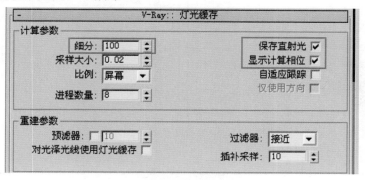

图7-17 设置细分参数

7.4.4 使用目标灯光模拟主光源

卫生间的光线效果不需要太强烈，所以主要使用【目标灯光】来模拟主光源，原
因是【目标灯光】可以指定光域网文件，适合表现场景的气氛。

Step 1 单击【创建】面板 图标下"光度学"类型中的【目标灯光】按钮，在前视图中创建一盏目标灯光作为主光源。

Step 2 进入【修改】面板，在【常规参数】卷展栏中，勾选【阴影】区域中的"启用"选项，将阴影方式设置为VRay阴影类型，在【灯光分布】类型中选择"光度学（Web）"类型，单击【分布光度学（Web）】卷展栏中的【选择光度学文件】按钮，弹出【打开光域Web文件】对话框，打开配套光盘提供的CHP7/15.IES文件，然后把强度设置为4000，颜色设置为暖色，如图7-18、图7-19所示。

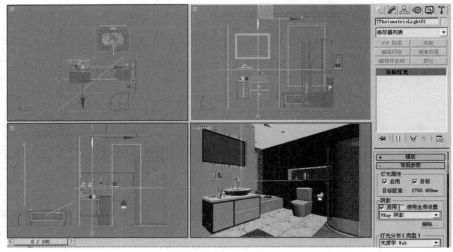

图7-18 设置光域网参数（一）

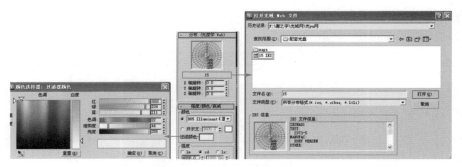

图7-19 设置光域网参数（二）

技巧提示

光域网是根据现实场景发光的分布形状而做的一种特殊文件，这种文件是由厂家制作提供使用的，可以算是一种外部效果文件。创建光度学灯光后可以将灯光类型切换到Web类型，即是指光域网类型了。

Step 3 按住Shift键，将目标灯光以实例的方式复制4盏到如图7-20所示的位置。

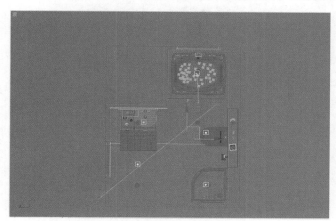

图7-20 复制目标灯光

复制的4盏光域网主要照射在卫生间洁具位置上，主要是想用光线突出洁具效果。

Step 4 按F9键进行测试渲染，效果如图7-21所示。

图7-21 创建光域网后的效果

创建光域网后，整个卫生间明暗关系非常明显，只是光域网照射范围很小，还需要继续创建别的灯光才行。

Step 5 单击【创建】面板 图标下"VRay"类型中的【VR灯光】按钮，将灯光类型设置为平面，在顶视图位置拖动鼠标创建一盏VR灯光作为主光源。

Step 6 进入【修改】面板，将VR灯光的倍增器设置为2，勾选【选项】区域中的不可见选项，取消"影响反射"选项，并将【采样】区域中的细分设置为12，如图7-22所示。

227

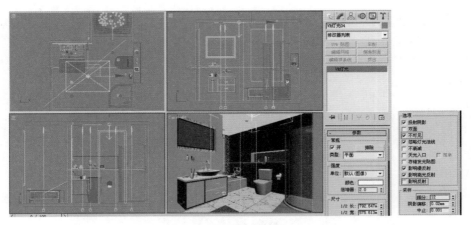

图7-22 设置VR灯光参数

技巧提示

　　VR灯光虽然是主光源，但是倍增器参数不宜设置过高，原因是VR面光照射范围很大，后面还要添加室外天光作为辅助光。这样光影层次的变化才更加丰富。

Step **7**　按F9键进行测试渲染，效果如图7-23所示。

图7-23 测试渲染效果

　　此时卫生间亮度明显比前面有所好转，只是靠近窗户的位置还是很暗，下面可通过创建辅助光来改变这种现象。

7.4.5　创建辅助光

Step **1**　进入【V-Ray∷环境】卷展栏，勾选"开"选项启动环境光，采用倍增器的默认参数，并将环境光设置为深蓝色，如图7-24所示。

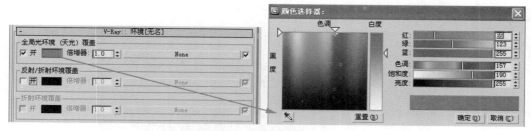

图7-24 设置环境光参数

Step 2 按F9键进行测试渲染，效果如图7-25所示。

图7-25 启动环境光后的效果

　　启动环境光后，从窗户有明显的冷光照射进室内，但是影响范围不是很大，还需要创建VR灯光来模拟室外天光才行。

Step 3 在前视图的窗户位置创建一盏【VR灯光】作为辅助光，颜色设置为深蓝色，倍增器设置为8，勾选【选项】区域中的"不可见"选项，取消"影响反射"选项，并将【采样】区域中的细分设置为10，如图7-26所示。

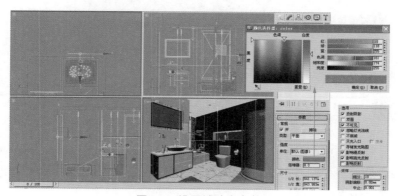

图7-26 设置辅助光参数

Step **4** 按F9键进行测试渲染，效果如图7-27所示。

图7-27 创建天光后的效果

　　创建辅助光后，靠近窗户位置的光线明显地亮了很多，只是颜色偏冷，不是想要的效果。

Step **5** 按住Shift键，将辅助光以复制的方式往窗户外面复制一盏，将颜色设置为暖色，倍增器设置为5，如图7-28所示。

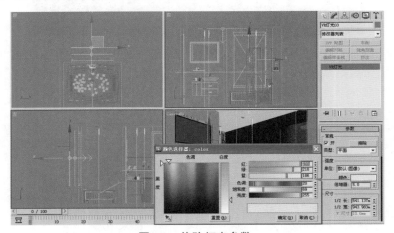

图7-28 修改灯光参数

技巧提示

　　将VR灯光设置为暖色，主要是因为现在整个场景色调都是冷色的，冷暖颜色相结合可以增加场景气氛。在窗户创建两盏灯光主要是因为这样可以起到叠加作用，从而能加强卫生间亮度，而且两颜色还可以起到互补的作用。注意暖色灯光一定要离窗户位置比较远。

Step 6 按F9键进行测试渲染，效果如图7-29所示。

图7-29 添加灯光后的效果

此时的光线效果比较令人满意，只是离视线近的地方还是有点暗。下一步还得创建细节光来弥补场景亮度的不足。

7.4.6 创建细节光

Step 1 单击【创建】面板 图标下VRay类型中的【VR灯光】按钮，将灯光类型设置为平面，在顶视图位置拖动鼠标创建一盏VR灯光模拟暗藏灯。

Step 2 进入【修改】面板，将暗藏灯颜色设置为黄色，倍增器设置为10，如图7-30所示。

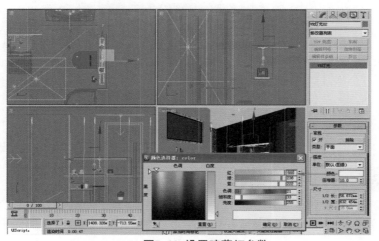

图7-30 设置暗藏灯参数

Step 3 按F9键进行测试渲染，效果如图7-31所示。

图7-31　创建暗藏灯后的效果

暗藏灯创建完毕后，整个场景的立体感加强了很多，整面墙也不显得那么单调。同时可以看出卫生间在光感和景深方面还是比较理想的，只是整体还是暗了一些，还需要补光。

Step 4　选择前面创建的目标灯光，配合Shift键将目标灯光以实例的方式复制6盏灯到如图7-32所示的位置。

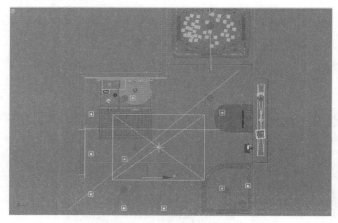

图7-32　复制目标灯光

技巧提示

复制的6盏目标灯光是根据场景需要而添加的，灯光不仅只是为了照亮场景，还可以点缀空间、丰富空间关系变化。笔者在复制灯光的时候更偏向于随机，就是不限于有筒灯的位置才布灯，只要能够得到好的视觉效果，作图时布置灯可以不那么严谨，当然灯的颜色是要讲究的，切忌灯光颜色混乱。

Step 5 按F9键进行测试渲染，效果如图7-33所示。

图7-33 添加细节光后的效果

　　细节光创建后整个场景的光线比较令人满意，而且想要突出洗手台和坐便器的立体感也都表现出来了，只是离窗户位置比较近的天花板有点曝光，原因在于对比太强烈，可以把彩色贴图的类型换成另一种，从而达到光线的柔和。

Step 6 按F10键打开【渲染设置】对话框，进入【V-Ray：：彩色贴图】卷展栏，将彩色贴图类型设置为莱因哈德方式，并将倍增器设置为1.5，加深值设置为0.5，如图7-34所示。

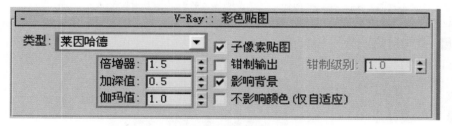

图7-34 设置倍增器和加深值参数

小知识

　　➤ 莱因哈德：它是基于线性和指数之间的一种曝光控制类型，当加深值为0时，它和指数类型是一样的；当加深值为1时，它和线性类型是一样的；当加深值为0.5时，它是介于线性和指数之间。

Step **7** 按F9键进行测试渲染，效果如图7-35所示。

从灯光方面来看整体光线效果还是不错的，只是整个场景还是有点灰，原因是每个材质本身的特性没有表现出来，下面开始讲解材质的调节。

图7-35 设置彩色贴图类型后的效果

7.5 材质表现

卫生间的色彩以有清洁感的冷色调为佳，洁具、地面和墙壁的材料多采用冷色调，使之具有清洁感。所以在调节卫生间材质时要从多方面考虑，特别是小器具和小饰物的颜色，灯光和材质配合到位才会增加生活情趣和室内气氛。

7.5.1 瓷砖材质的分析和制作

设置砖材质时，要注意砖颜色、花纹与整个空间的协调，因为通常情况下卫生间中都会使用大面积的砖，它是整个场景空间的基调。

Step **1** 按M键打开材质编辑器，选择地面材质示例窗。

Step **2** 进入【贴图】卷展栏，给漫反射和凹凸通道指定地砖贴图，并将凹凸通道值设置为10，给反射指定【衰减】贴图，这时会自动进入到【衰减参数】卷展栏，将前侧的两个通道分别设置为深灰色和灰色，衰减类型设置为Fresnel类型，如图7-36所示。

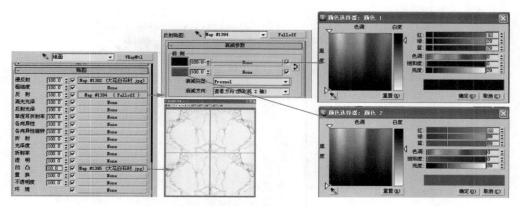

图7-36 设置地砖材质（一）

　　瓷砖的特点是表面非常坚硬，所以高光形成的范围很小。同时，它又表面光滑，具有一定的反射，所以反射通道的设置也很重要。

Step ③　进入【坐标】卷展栏，将模糊参数设置为0.1，如图7-37所示。

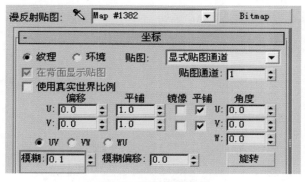

图7-37 设置模糊参数

技巧提示

　　将模糊参数设置为0.1，是想让地砖的材质纹理更加清晰，因为参数越小越清晰，越大越模糊。

Step ④　选择黑色石材材质示例窗，在【基本参数】卷展栏中，给漫反射指定砖贴图，反射设置为灰色，光泽度设置为0.95，细分设置为12，如图7-38所示。

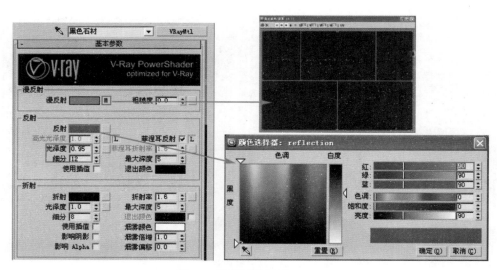

图7-38 设置墙砖材质（二）

7.5.2 马赛克材质的分析和制作

Step 1 选择马赛克材质示例窗，将马赛克转化为【VR材质包裹器】材质类型，然后将接收全局照明设置为1.3，如图7-39所示。

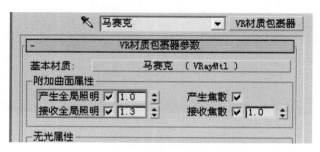

图7-39 设置接收全局照明参数

为了使马赛克表现出晶莹剔透的感觉，将接收全局照明参数设置为1.3，目的是使马赛克接收更多的全局光，以此达到明亮、晶莹的效果。

Step 2 在【基本参数】卷展栏中，给漫反射指定马赛克贴图，反射指定【衰减】贴图，这时会自动进入到【衰减参数】卷展栏，将前侧的两个通道分别设置为深灰色和白色，衰减类型设置为Fresnel类型。这时再回到【基本参数】卷展栏，激活高光光泽度右侧的按钮，将高光光泽度设置为0.9，光泽度设置为0.93，细分设置为15，参数设置如图7-40所示。

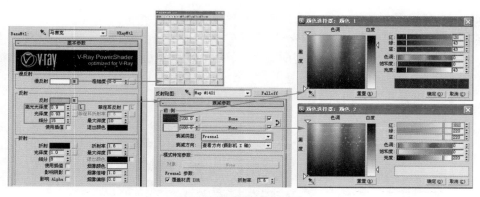

图7-40 设置马赛克材质

Step 3 进入【贴图】卷展栏，给高光光泽度和凹凸通道分别指定马赛克贴图，并将凹凸通道值设置为10，如图7-41所示。

图7-41 设置通道贴图

技巧提示

给高光光泽度通道指定贴图，这样得出的效果比较真实。贴图白的地方高光相对较强，暗的地方高光相对较弱。注意：在表现砖类材质时凹凸通道值不宜设置过高。

7.5.3 金属墙纸材质的分析和制作

金属墙纸是一种在基层上涂上金属膜制成的墙纸，这种墙纸构成的线条异常壮观，给人一种金碧辉煌、庄重大方的感觉，而且耐抗性好，适用于气氛热烈的场所，如宾馆、饭店。如果在卫生间中使用就必须用有防水性能的防水墙纸。

Step **1** 按M键打开材质编辑器，选择墙纸材质示例窗。

Step **2** 在【基本参数】卷展栏中，为漫反射指定【混合】贴图，这时会自动进入到【混合参数】卷展栏，将颜色#2设置为浅咖啡色，混合量通道指定墙纸贴图。返回到【基本参数】卷展栏，给反射指定墙纸贴图，光泽度设置为0.7，细分设置为20，如图7-42所示。

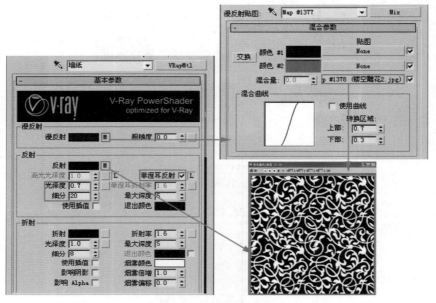

图7-42 设置金属壁纸材质

技巧提示

为漫反射指定【混合】贴图，原因是混合贴图可以混合两个通道的贴图，而且还可以通过给混合量指定贴图来控制混合度。

7.5.4 木纹材质的分析和制作

木纹是一种表面比较光滑的材质，其反射高光比较柔和，反射图像带有一定的模糊效果。

Step **1** 按M键打开材质编辑器，选择木纹材质示例窗。

Step **2** 在【基本参数】卷展栏中，为漫反射指定木纹贴图，反射设置为深灰色，光泽度设置为0.9，细分设置为20，如图7-43所示。

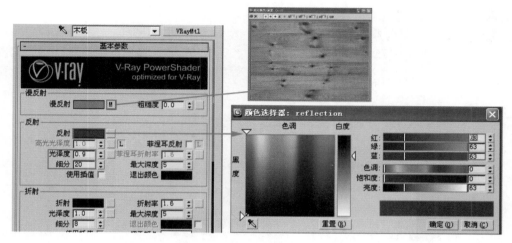

图7-43 设置木纹材质

Step 3 选择黑色木纹材质示例窗。在【基本参数】卷展栏中，给漫反射指定木纹贴图，光泽度设置为0.85，给反射指定【衰减】贴图，这时会自动进入到【衰减参数】卷展栏，将前侧的两个通道分别设置为深灰色和白色，衰减类型设置为Fresnel类型，如图7-44所示。

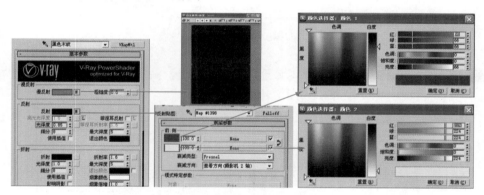

图7-44 设置黑色木纹材质

技巧提示

　　两个木纹的制作方法是一样的，只是设置反射特性的时候，前者木纹通过反射颜色表现反射特点，后者木纹通过给反射【衰减】贴图来表现反射特点。

7.5.5 陶瓷材质的分析和制作

　　现实世界中陶瓷物品的表面是非常光滑的，它们具有非常强烈的反射和高光效果，但在使用VRay表现这些物体时，适当地降低材质的高光光泽度和反射光泽度参数可以渲染出更为真实的质感。

Step 1　按M键打开材质编辑器，选择陶瓷材质示例窗。

Step 2　在【基本参数】卷展栏中，将漫反射设置为白色，激活高光光泽度右侧的按钮，将高光光泽度设置为0.85，光泽度设置为0.95，细分设置为20，然后给反射指定【衰减】贴图，这时会自动进入【衰减参数】卷展栏，把衰减类型设置为Fresnel类型，如图7-45所示。

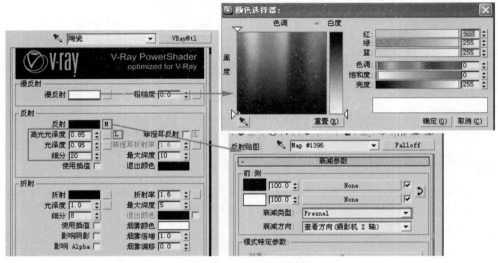

图7-45　设置陶瓷材质

Step 3　进入【贴图】卷展栏，给环境通道指定【输出】贴图，在【输出参数】卷展栏中，将输出量设置为3，如图7-46所示。

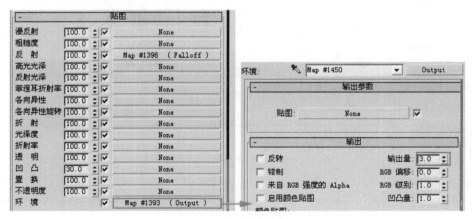

图7-46　设置环境通道贴图

技巧提示

在陶瓷材质的环境通道上设置输出贴图并设置输出量3，这样可以使材质获得更为强烈的环境反射效果。将输出贴图指定在环境通道上，它加大了当前场景中的环境颜色、贴图等参数对陶瓷的影响。

7.5.6 混油材质的分析和制作

Step 1 选择混油材质示例窗，将混油转化为【VR材质包裹器】材质类型，然后将接收全局照明设置为1.2，如图7-47所示。

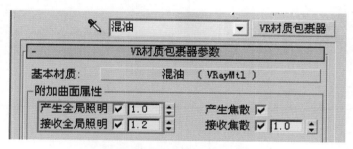

图7-47 设置接收全局照明参数

Step 2 在【基本参数】卷展栏中，将漫反射设置为白色，反射设置为灰色，光泽度设置为0.9，细分设置为15，然后勾选"菲涅耳反射"选项，参数设置如图7-48所示。

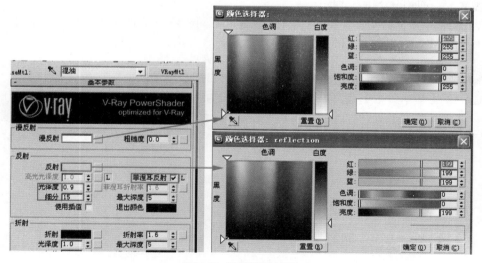

图7-48 设置混油材质

Step 3 进入【贴图】卷展栏，给环境通道指定【输出】贴图，在【输出】卷展栏，将输出量设置为3，如图7-49所示。

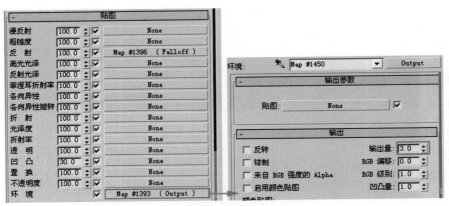

图7-49 设置环境通道贴图

小知识

> 输出卷展栏：在指定了贴图并且设置了贴图参数后，通过调整输出卷展栏中的参数可以决定贴图最后的外观。

> 输出量：当贴图是合成材质的一部分时，控制贴图被混合的量，这会影响贴图的色调和Alpha通道值。

7.5.7 水材质的分析和制作

自然界中水的表现多种多样，不同环境，不同光线下的水所表现的效果也不尽相同，制作时要根据制作水的类型来使用合适的制作方法。

Step 1 按M键打开材质编辑器，选择水材质示例窗。

Step 2 在【基本参数】卷展栏中，将漫反射设置为深蓝色，激活高光光泽度右侧的按钮，将高光光泽度设置为0.8，光泽度设置为0.95，细分设置为5，在【折射】区域将折射设置为白色，细分设置为20，并勾选"影响阴影"选项，如图7-50所示。

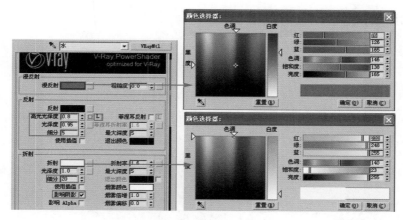

图7-50 设置水材质

Step 3 进入【贴图】卷展栏，给反射指定【衰减】贴图，这时会自动进入【衰减参数】卷展栏，把前侧的两个通道分别设置为深灰色和灰色，衰减类型设置为 Fresnel类型，然后再返回到【贴图】卷展栏，把凹凸通道值设置为10，并指定【噪波】贴图，噪波的大小设置为50，如图7-51所示。

图7-51 设置反射和凹凸通道

技巧提示

　　噪波贴图是在3D贴图中比较常用的贴图之一，它可以表现相当好的噪波效果，一般都会运用在凹凸通道中。

7.5.8 不锈钢材质的分析和制作

在卫浴空间中，不锈钢金属构件的加入，使其极具时尚韵味。不锈钢金属的浴室喷淋、毛巾杆、卷纸器等这些细节的小小变化，能让卫浴间变得时尚而有个性。

Step 1　按M键打开材质编辑器，选择不锈钢材质示例窗。

Step 2　在【基本参数】卷展栏中，将漫反射设置为白色，反射设置为灰色，光泽度设置为0.7，细分设置为10，如图7-52所示。

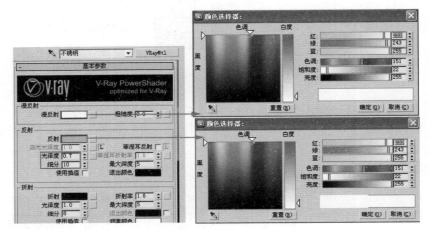

图7-52 设置金属材质（一）

技巧提示

在设定金属材质时，尽量不要用纯白或者纯黑的颜色来表示。这是因为金属大多数情况下反射的都是整个场景的物体模型，如果颜色太白则容易曝光。

Step 3　选择不锈钢2材质示例窗。在【基本参数】卷展栏中，将漫反射设置为蓝灰色，反射设置为灰色，光泽度设置为0.7，细分设置为10，如图7-53所示。

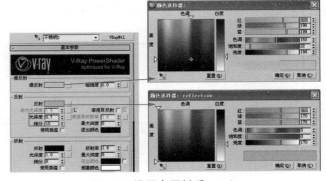

图7-53 设置金属材质（二）

7.5.9 玻璃材质的分析和制作

Step 1 按M键打开材质编辑器，选择玻璃材质示例窗。

Step 2 在【基本参数】卷展栏中，将漫反射设置为蓝色，反射设置为深灰色，并勾选【折射】区域中的"影响阴影"选项，如图7-54所示。

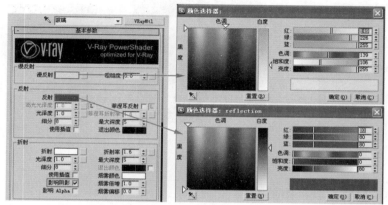

图7-54 设置玻璃材质（一）

Step 3 选择玻璃2材质示例窗。在【基本参数】卷展栏中，将漫反射设置为深蓝色，【反射】区域的光泽度设置为0.98，细分设置为3，并勾选【折射】区域中的"影响阴影"和"影响Alpha"两个选项，细分设置为50，烟雾颜色设置为红色，如图7-55所示。

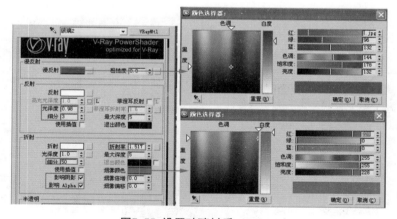

图7-55 设置玻璃材质（二）

两种玻璃的制作方法不一样，原因是两者所赋予的物体模型不一样。卫生间案例主要有两种玻璃，一种是清色的玻璃，另一种是有色红玻璃。

Step 4 展开【贴图】卷展栏，给反射通道指定【衰减】贴图，这时会自动进入到【衰减参数】卷展栏，把前侧的两个通道分别设置为深灰色和灰色，衰减类型设置为Fresnel，如图7-56所示。

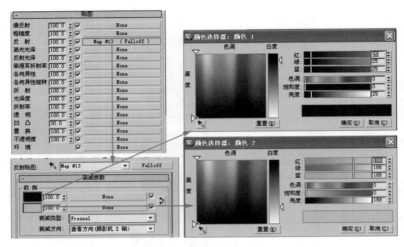

图7-56 设置反射通道贴图

7.5.10 镜子材质的分析和制作

镜子在卫生间中是必不可少的。镜子材质和金属材质的设置相似，只是它具有更强的反射效果。

Step 1 按M键打开材质编辑器，选择镜子材质示例窗。

Step 2 在【基本参数】卷展栏中，将漫反射设置为深灰色，反射设置为白色，参数设置如图7-57所示。

图7-57 设置镜子材质

镜子和金属材质的设定方法大致差不多，只是镜子的高光被其强烈的反射所掩盖而看不出，所以读者在设定材质的时候要善于总结经验，许多材质的设定方法都是大同小异的。

7.5.11 其他材质的分析和制作

其他材质就是卫生间里面的装饰瓶子、摆设品、香皂和牙具等物体模型，下面一一讲解其制作方法。

Step 1 选择瓶子材质示例窗。在【基本参数】卷展栏中，将漫反射设置为白色，反射设置为深灰色，光泽度设置为0.7，如图7-58所示。

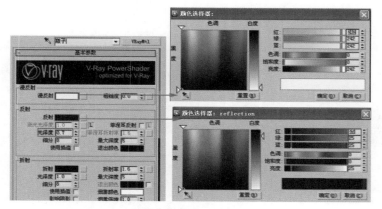

图7-58 设置瓶子材质

Step 2 选择摆设品材质示例窗。在【基本参数】卷展栏中，给漫反射指定【衰减】贴图，这时会自动进入到【衰减参数】卷展栏，将前侧的两个通道分别设置深浅黄色。返回到【基本参数】卷展栏，将反射设置深灰色，激活高光光泽度右侧的按钮，将高光光泽度设置为0.6，光泽度设置为0.8，把【折射】区域中的光泽度设置为0.4，细分设置为3，如图7-59所示。

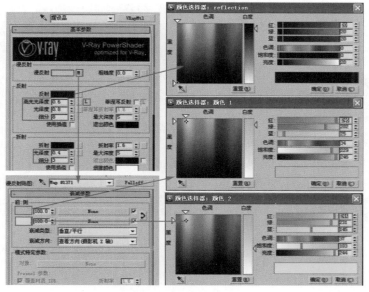

图7-59 设置摆设品材质

技巧提示

　　摆设品模型在卫生间场景中所占面积很小，细分参数不宜设置过高，但是高光、反射的特性一定要表现出来。模型的颜色设置得比较艳，是因为后现代风格在颜色上比较超前，偶尔的一点艳可以得到意想不到的效果。

Step 3　选择香皂材质示例窗。在【基本参数】卷展栏中，将漫反射设置为粉色，反射设置为深灰色，光泽度设置为0.78，细分设置为4，如图7-60所示。

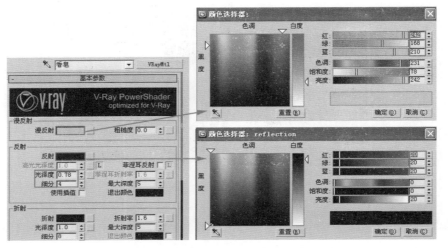

图7-60 设置香皂材质

Step 4　选择牙具材质示例窗。在【基本参数】卷展栏中，将漫反射设置为红色，反射设置为深灰色，光泽度设置为0.85，如图7-61所示。

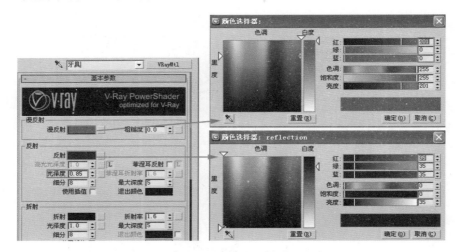

图7-61 设置牙具材质

Step 5　按F9键进行测试渲染，效果如图7-62所示。

调节材质后整个场景清晰了很多，气氛效果也很好；镜子、金属和玻璃的反射使整个卫生间变得更加清爽。接下来可以进行最终渲染的设置。

图7-62 设置材质后的效果

7.6 照片级渲染参数设置

灯光和材质设置好后，就可以设置最终渲染参数了。

7.6.1 最终渲染参数的设置

Step 1 进入【V-Ray：：图像采样器】卷展栏，设置图像采样器的类型为"自适应确定性蒙特卡洛"，勾选抗锯齿过滤器的"开"选项，使用Mitchell-Netravali类型，如图7-63所示。

Step 2 进入【V-Ray：：发光贴图】卷展栏，在【当前预置】中选择"高"的方式，将半球细分设置为60，插补采样设置为30，如图7-64所示。

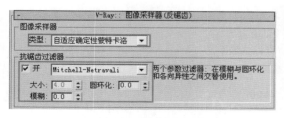

图7-63 设置图像采样器卷展栏　　　　图7-64 设置发光贴图卷展栏参数

技巧提示

在最终渲染图像时都会将各卷展栏的参数设置得比较高，这样渲染出来的图像才不会出现黑斑，而且图像比较清晰，光的漫反射也比较细腻。

Step 3 进入【V-Ray：：灯光缓存】卷展栏，将【计算参数】区域的细分设置为1200，并勾选【重置参数】区域中的预滤器选项，如图7-65所示。

预滤器：勾选的时候，在渲染灯光贴图中的样本会被提前过滤。

Step 4 进入【V-Ray：：系统】卷展栏，将最大树形深度设置为80，如图7-66所示。

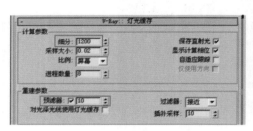

图7-65 设置细分参数

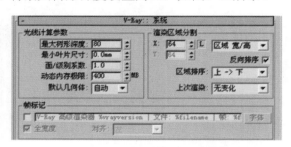

图7-66 设置最大树形深度参数

7.6.2 渲染光子图

Step 1 进入【V-Ray：：发光贴图】卷展栏，将模式设置为单帧，勾选【渲染后】区域中的"自动保存"和"切换到保存"的贴图选项，单击【浏览】按钮将发光贴图保存到指定的文件，如图7-67所示。

图7-67 保存发光贴图

Step 2 进入【V-Ray：：灯光缓存】卷展栏，将模式设置为单帧，勾选【渲染后】区域中的"自动保存"和"切换到保存"的贴图选项，单击【浏览】按钮将灯光贴图保存到指定的文件，如图7-68所示。

图7-68 保存灯光贴图

Step **3** 进入【渲染设置】对话框，将输出大小设置为320×240，单击【渲染】按钮开始渲染光子图，光子图的效果如图7-69所示。

图7-69 光子图效果

7.6.3 渲染最终成品图像

Step **1** 进入【渲染设置】对话框，根据需要设置最终图像的输出大小。

Step **2** 单击【渲染设置】对话框中的【渲染】按钮，开始进行最终渲染，卫生间最终的效果如图7-70所示。

图7-70 卫生间的最终效果

现代卫生间的设计，正在向健康、享受、休闲的方向发展。完美的卫生间空间应该集实用和装饰于一身。在卫生间的空间布局方面，除了合理地分隔洗浴和化妆洗脸的空间外，还应注意整体功能布局、色彩搭配、卫生洁具的选择和装饰品的搭配。

7.7 读者问答

问：在创建灯光的时候，为什么要用【目标灯光】作为主光源？

答：因为卫生间在照明设计时，所强调的是功能的划分，而目标灯光是最能体现区域性的一种光源，而且用目标灯光还可能选择不同类型的光域网文件来表现不同区域的光照范围。如图7-71所示的光域网文件，它所表现的是一种真实的、美观的区域照明。

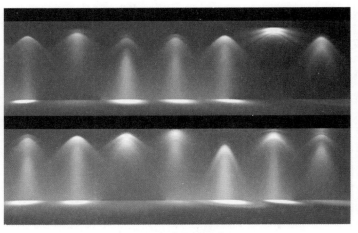

图7-71 光域网效果表现

问：【V-Ray∷彩色贴图】中的莱因哈德类型和其他类型有什么区别？

答：莱因哈德类型是一种可控制的曝光控制类型，它具有指数和线性两种类型的功能，同时还可能通过调节来得到我们所想的效果。图7-72是几种曝光控制的比较，可以看出各个类型的区别。

线性倍增　　　　　指数

莱因哈德

图7-72 曝光控制的比较

问：在制作玻璃材质的时候，为什么要同时设置【反射】和【折射】区域的细分参数，而且两者细分参数大小还不一样？

答：因为玻璃具有透明和反射特性，所以在渲染玻璃时速度会很慢。如果反射的细分值使用默认值8，渲染还是会很慢，这就是将其细分值设置得更小的原因。而一旦反射的细分值设置得小，那么就有可能影响到材质的品质，为了弥补这一缺点，可以把折射细分设置相对大些，从而达到速度与质量的平衡。如果把反射细分设置大些而折射细分设置小些，那么速度也会很慢。所以经过多次的尝试，把反射细分设置得更小而折射细分设置相对大些是最合理的。

问：后现代风格大多以什么颜色为主，家具装饰品选择哪些比较好？

答：后现代风格没有固定的颜色，但通常在一个空间中都会用大的色块来装饰。至于后现代风格的家具，大多数都是造型相对夸张，但比例却美观大方，如图7-73、图7-74所示。

图7-73 后现代家具表现（一）

图7-74 后现代家具表现（二）

7.8 扩展练习

通过对本章案例的学习，相信读者对使用VRay渲染器进行渲染效果已有一定的了解。希望读者结合本章所学习的灯光和材质方法来练习一张卫生间夜景效果图的制作。最终效果如图7-75所示。

图7-75 扩展练习卫生间最终效果

资料：配套光盘含有原模型文件、贴图、光域网。

要求：读者需要结合本章灯光的布置方法，以及材质设置方法，制作出如图7-74所示的效果。

注意事项：

（1）卫生间为晚上效果，布置灯光的时候室内光要强烈些。

（2）卫生间场景不是很大，主光源使用目标灯光会比较好，而且灯光颜色要设置好。

（3）创建暗藏灯带的时候，最好是斜着打比较好。

（4）调节材质时，浴缸的蓝色陶瓷色要设置好，同时控制好色溢问题。

（5）卫生间地面和墙体都使用砖材质，在设置两者材质的时候，贴图坐标大小要设置好。

8 豪华细腻——洛可可风格餐厅

　　洛可可风格起源于法国，流行于欧洲，是在巴洛克式建筑的基础上发展起来的。洛可可风格的特点是华丽精巧、纤弱娇媚，纷繁琐细。室内应用明快的色彩和纤巧的装饰，家具也非常精致而偏于烦琐，不像巴洛克风格那样色彩强烈装饰浓艳，常以非对称的优美曲线作为形体的结构，而且雕刻细致，装饰豪华。同时以优美的淡调色彩来加强温柔的气氛，以金色和黑色分别增加华丽的程度和对比感。如图8-1和图8-2所示。

图8-1　餐厅的最终效果角度（一）

图8-2　餐厅的最终效果角度（二）

8.1　设计介绍

　　生活有主要与次要之分，生活空间也应顺应着主与次，呈现出自己的层次。如图8-3所示餐厅的空间结构便是生活清晰的脉络，层层递进的空间设计清晰、明确，餐厅长度为5.5m，与客厅互不干扰又相互关联，为在餐厅就餐提供了良好服务。

　　由于餐厅的宽度只有3m之多，所以在餐厅右边设计了一整面墙的壁柜。这个壁柜看似简单，但却花了设计师不少的心思。它不是简单的储藏柜，而是兼具了储藏、展示、陈列的一系列功能。餐厅的左边是软包装饰，中间则放置一个镂空的屏风，这也是餐厅最"炫"的一处，金色的屏风恰到好处地与餐桌、吊灯的颜色相互呼应。"如果在空间采用过多的修饰，则会使人厌倦，并且很难随心所欲地变化自己的居所"。客户对于这点一再强调，这也正是设计师之所以采用洛可可风格的原因。图8-3为餐厅的平面布置。

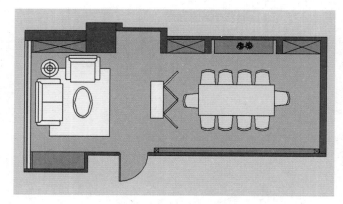

图8-3　餐厅的平面布置

8.2 软装应用

洛可可式的家具使用更加形象化的曲线，并应用于艺术设计的各种装饰之中（见图8-4）。在巴洛克家具的基础上进一步将优美的艺术造型与功能的舒适效果巧妙地结合在一起。这个时期的家具在实用和装饰效果的配合上达到了空前完美的程度，以优美的曲线框架配以特殊材料的装饰，在视觉上形成极端华贵的整体感觉。

图8-4 洛可可风格家具

餐桌是餐厅最重要的家具，餐桌应选择与居室装修风格相应的款式（见图8-5）。居室若是豪华型，宜选择古典气派的洛可可风格；若居室风格简洁，则可选择玻璃台面的现代简约派风格；如果倾向自然风格，甚至可以将原有的实木老式餐桌直接搬入新家，只要铺上色泽协调的桌布，也别有一番雅致。

技巧提示

➤ 餐桌的设计要符合人体工程学。挑选餐桌，一定要试坐，要注意桌子离地高度最好在70～74 cm；椅子坐垫与桌板最低处距离至少相隔27～31 cm；人在餐桌上的活动空间大约需要60 cm，腿在桌面下的活动空间也要30 cm左右，所以餐桌不要太窄小，桌面至少要有75 cm的宽度。

家居装饰品摆放位置及周围的色彩是确定饰品色彩的依据，常用的方法有两种，一种配和谐色，另一种配对比色。与摆放位置较为接近的颜色（同一色系的颜色）为和谐色，比如红色配粉色，白色配灰色，黄色配橙色等。与摆放位置对比较强烈的颜色为对比色，比如黑配白，蓝配黄，白配绿等。摆放位置的光线是确定家居装饰品明暗度的依据，通常在光线好的摆放位置，摆放的家居装饰品色彩可以暗一些；光线暗的地方，放色彩明亮的饰品。餐桌装饰品的摆放如图8-6所示。

图8-5 餐桌的选择

图8-6 餐桌装饰品的摆放

室内往往有背景色、主导色和强调色之分。其中，背景色是大面积的颜色，形成室内的主色调，占有较大的比例；主导色是室内占统治地位的家具色彩，作为与主色调的协调色或对比色，家具的款式、质地与色彩，都会显示室内独特的气氛，引人注目；强调色便是点缀色，如装饰画、工艺品等陈设物，虽占小的比例，但由于风格的独特、色彩的强烈，往往成为室内的视觉焦点、引人关注，其应与主导色形成对比，并挑选相宜的浓与淡的色，打破单调感觉，给整体的色彩环境增添活力。但这三者之间色彩的选择与搭配并不是一成不变的，可根据使用者的工作性质、兴趣爱好、季节变化、时尚潮流、家具位置等的变化而灵活调整。家具色彩的运用如图8-7所示。

本餐厅案例中主要采用红色、金色和咖啡色三种主色调，来表现豪华大气的氛围（见图8-8）。

图8-7 家具色彩的运用

图8-8 餐厅的色调

技巧提示

金色的应用需注意三点：材质、颜色和面积。首先，金色尽量和亚光质朴材料的家具搭配，其次是一定要与饱和度高的浓烈色彩搭配，黑、红都是不错的选择，白色就需要在造型上下功夫。最后，使用面积以块和点为佳，房间面积不要太小，否则容易造成视觉压力。

8.3 制作流程

洛可可风格所表现出来的效果比较豪华大气，这需要材质和灯光相配合。灯光用冷暖颜色结合，从而加强对比程度，材质以红色和金色为主等。对于这些步骤可通过制作流程图一一表现出来。餐厅效果图制作流程如图8-9所示。

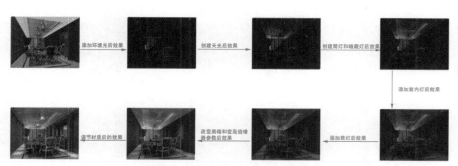

图8-9 餐厅效果图的制作流程图

8.4 灯光艺术

当今的灯光艺术已经成为一门走在时代前沿的时尚艺术。它以现代高科技为基础，随着高新技术日新月异的发展，其艺术性和表现力都产生了质的飞跃，实现了艺术上的创新与突破，不断创造出令人惊叹叫绝的视觉艺术效果，给人们带来了美的享受和心灵上的震撼。

8.4.1 布光分析

要控制好场景气氛，就要了解光源五要素，即位置、强弱、颜色、衰减、阴影。这五要素的排列顺序也正好是学习难度的排列顺序，"位置"学习起来最为简单，但也是最重要的部分。灯光位置如果不正确，照不到所要表现的对象，那一切都无从谈起。而阴影才是真正最困难且最精髓的部分，因为阴影如果漂亮，那么整体画面的构图、色调、表现力等都会趋近完美。

本实例表现中午时分的餐厅效果，如8-10布光分析图所示。中午的阳光非常充足强烈，进入室内光线的明暗变化也很明显。中午强烈的光线通过窗户投射进入餐厅，似乎让餐厅的空气中都充满了阳光的味道，要表现的就是这种意境。

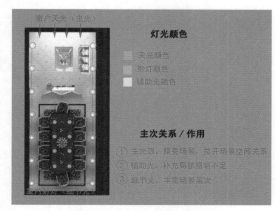

图8-10 餐厅的布光分析图

8.4.2 设置测试渲染参数

为了能快速地看到灯光的效果，首先进行预设测试渲染参数的设置，然后再进行灯光的布置和分析。

Step 1 启动3ds Max 2013软件，打开餐厅场景模型。

Step 2 按F10键打开【渲染设置】对话框，进入【V-Ray：：全局开关】、【V-Ray：：图像采样器】卷展栏，取消【照明】区域中的"默认灯光"选项，将图像采样器类型设置为固定，取消抗锯齿过滤器的"开"选项，如图8-11所示。

初次测试灯光的时候，都会采用"固定图像采样器"的方式测试灯光。因为固定图像采样器是最简单且速度最快的一种采样器。

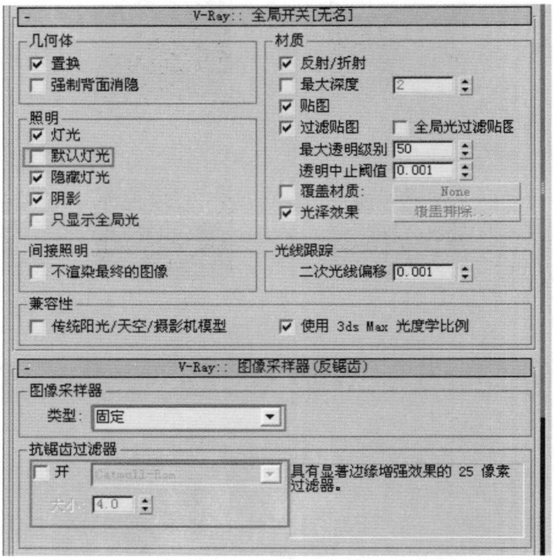

图8-11 取消默认灯光和设置固定类型

Step 3 进入【V-Ray：：彩色贴图】卷展栏，将类型设置为指数方式，如图8-12所示。

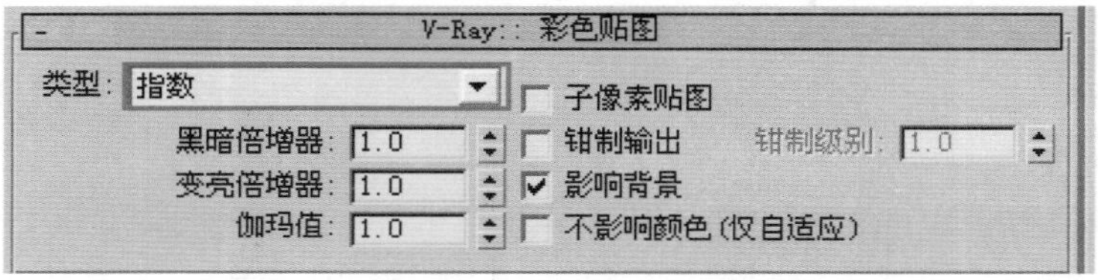

图8-12 设置指数彩色贴图类型

Step 4 进入【V-Ray：：间接照明】卷展栏，勾选"开"选项激活全局光，在【首次反弹】的全局光引擎中选择"发光贴图"选项，【二次反弹】中选择"灯光缓存"选项，如图8-13所示。

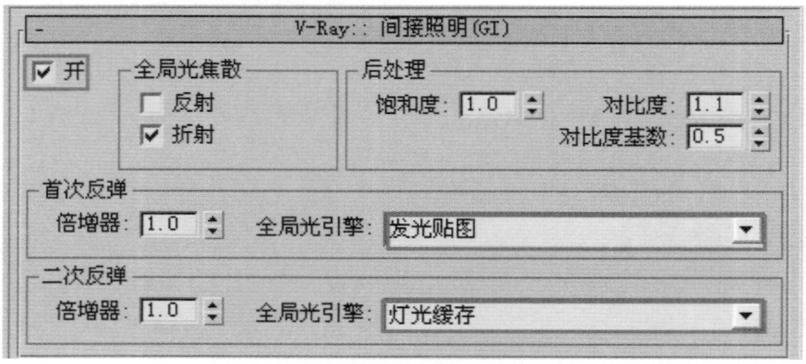

图8-13 设置间接照明卷展栏

Step 5 进入【V-Ray：：发光贴图】卷展栏，在【当前预置】中选择"非常低"的类型，然后设置半球细分为20，插补采样为25，并勾选"显示计算相位"选项，如图8-14所示。

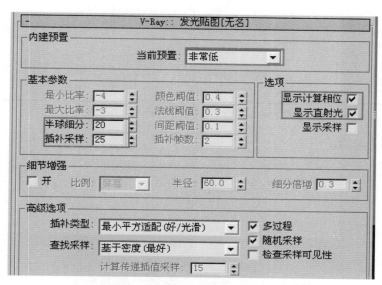

图8-14 设置发光贴图卷展栏

Step 6 进入【V-Ray：：灯光缓存】卷展栏，将【计算参数】区域中的细分设置为100，并勾选"显示计算相位"选项，如图8-15所示。

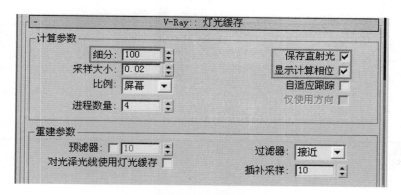

图8-15 设置灯光缓存卷展栏

小知识

> 细分：确定有多少条来自摄影机的路径被追踪。值越大，效果越好，速度越慢，它是决定灯光缓存的决定性因素。

> 保存直射光：这个选项对于有许多灯光、使用发光贴图或直接计算GI方法作为初级反弹的场景特别有用。因为直接光照包含在灯光贴图中，而不再需要对每一个灯光进行采样。

> 显示计算相位：打开这个选项可以显示被追踪的路径，它对灯光贴图的计算结果没有影响，只是可以给用户一个比较直观的视觉反馈。

8.4.3 环境光的运用

Step 1 进入【V-Ray：：环境】卷展栏，勾选"开"选项将环境光激活，将倍增器设置为3.5，激活【反射/折射环境覆盖】区域中的"开"选项，将颜色设置为蓝色，倍增器保持默认参数，如图8-16所示。

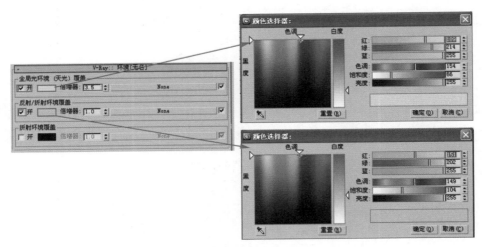

图8-16 设置环境卷展栏

小知识

> 反射/折射环境覆盖：当勾选该选项后，3ds Max默认环境面板将不起光照作用。

> 倍增器：天光亮度的倍增，值越高，天光的亮度越强。有点儿类似灯光的亮度倍增器。

Step 2 按F9键进行测试渲染，效果如图8-17所示。

图8-17 启用环境光后的效果

　　启用环境光后，窗户外面的背景还是亮了起来，只是环境光照射的范围不是特别大，餐厅里面还是很黑的。

8.4.4 使用VRay灯光模拟天光

Step 1　　单击【创建】面板 图标下"VRay"类型中的【VR灯光】按钮，将灯光类型设置为平面，在前视图靠近窗户位置拖动鼠标创建一盏VR灯光来模拟天光。

Step 2　　进入【修改】面板，将天光设置为蓝色，倍增器设置为7，勾选【选项】区域中的"不可见"选项，取消"影响高光反射"和"影响反射"两选项，并将【采样】区域中的细分设置为16，如图8-18所示。

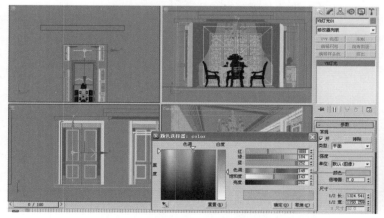

图8-18 设置天光参数

Step 3 按F9键进行测试渲染，效果如图8-19所示。

创建天光后蓝色的光线透过窗户照射进来，由远到近光线过渡非常好。只是餐厅中心离窗户太远，要想通过天光作为照亮餐厅的基础光，只有在靠近餐厅位置创建天光，那么下面就参照这方法继续创建灯光。

图8-19 测试渲染效果

Step 4 在屏风和餐桌之间创建一盏VR灯光，颜色设置为蓝色，倍增器设置为3，勾选【选项】区域中的"不可见"选项，取消"影响高光反射"和"影响反射"两选项，并将【采样】区域中的细分设置为16，如图8-20所示。

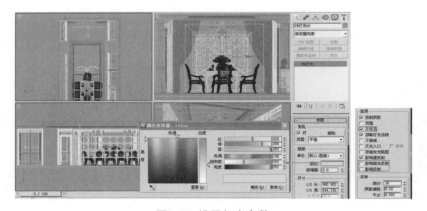

图8-20 设置灯光参数

技巧提示

此时灯光参数不宜设置过高，原因是VR灯光照射范围大，如果参数过高，餐厅整体曝光，后面想通过添加细节光来达到很好的对比和过渡效果会比较难。

Step 5 按F9键进行测试渲染，效果如图8-21所示。

图8-21 测试渲染效果

现在场景效果还是比较令人满意的，天光的创建就可以到此结束。

8.4.5 使用VRay灯光模拟吊灯和暗藏灯

吊灯效果需要用【VR灯光】来模拟，如果使用【泛光灯】来创建，则需要两盏灯才行。一盏模拟其直接光照，在顶面上产生亮斑；另一盏模拟其在整个场景中的散射效果。而VR灯光中的球体类型则可以很好地达到这种效果，且直接创建一盏灯光就可以。

Step 1 单击【创建】面板 图标下 "VRay" 类型中的【VR灯光】按钮，将灯光类型设置为球体，在顶视图的吊顶位置创建一盏VR灯光来模拟吊灯。

Step 2 进入【修改】面板，将颜色设置为黄色，倍增器设置为100，并勾选【选项】区域中的 "不可见" 选项，如图8-22所示。

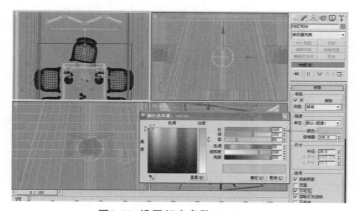

图8-22 设置灯光参数（一）

技巧提示

　　VR灯光的球体类型灯光和3ds Max中的泛光灯原理相似，可以模拟吊灯及补光光源。

Step 3　配合按住Shift键将VR灯光以实例的方式复制一盏到另一吊灯中心位置，按F9键进行测试渲染，效果如图8-23所示。

图8-23 创建吊灯后的效果

　　吊顶的两个吊灯已经发出微微黄色灯光的效果，本场景表现的是白天效果，这样的吊灯效果已经符合要求了。

Step 4　单击【创建】面板 图标下"VRay"类型中的【VR灯光】按钮，将灯光类型设置为平面，在前视图的灯槽位置拖动鼠标创建一盏VR灯光来模拟暗藏灯。

Step 5　进入【修改】面板，将暗藏灯设置为黄色，倍增器设置为4，勾选【选项】区域中的"不可见"选项，取消"影响高光反射"和"影响反射"两个选项，如图8-24所示。

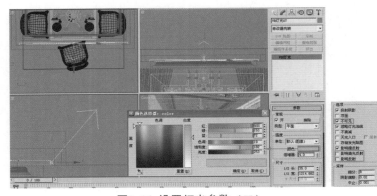

图8-24 设置灯光参数（二）

餐厅场景的主要材质有：地砖、金属和木纹，它们都有强烈的反射和高光效果。"影响高光反射"和"影响反射"都会影响到反射和高光效果，因此要取消这两个选项。

技巧提示

　　一般来说，发光灯槽都用VR灯光来实现，注意其方向和位置，并参照图中的效果，把其调亮一些，达到略微曝光的效果。

Step 6　将暗藏灯以实例的方式复制3盏到别的灯槽位置，并配合工具栏的缩放工具根据灯槽的大小对暗藏灯进行缩小或者放大，图8-25所示即为暗藏灯的位置和方向。

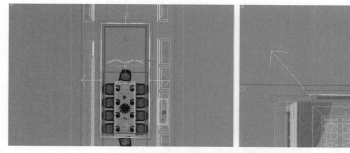

图8-25　暗藏灯的位置和方向

技巧提示

　　运用缩放工具将灯光缩小或放大，这样修改不影响灯光的关联属性，又可根据需要来改变灯光的长与宽。

Step 7　按F9键进行测试渲染，效果如图8-26所示。

图8-26　创建暗藏灯后的效果

技巧提示

　　每一盏灯的参数，特别是亮度和颜色都要融入整体画面。灯光不在乎多少，只要能充分表达出空间关系和设计内容即可。虽然灯光越丰富越好，但切不可为了贪多而失去了主题。在布置灯光的过程中，要始终围绕主题。

8.4.6　创建补光

　　补光是根据场景的效果需要而添加的，并不是盲目地到处创建灯光。比如餐厅现在的灯光效果是室外和吊顶光线都比较令人满意，不足的地方就是整体效果有点暗，地面比较平淡，那补光的时候就从这两方面入手。

Step 1　单击【创建】面板 图标下"VRay"类型中的【VR灯光】按钮，将灯光类型设置为平面，在顶视图的吊顶位置拖动鼠标创建一盏VR灯光作为补光。

Step 2　进入【修改】面板，将颜色设置为黄色，倍增器设置为2，勾选【选项】区域中的"不可见"选项，取消"影响高光反射"和"影响反射"两选项，设置【采样】区域中的细分为16，如图8-27所示。

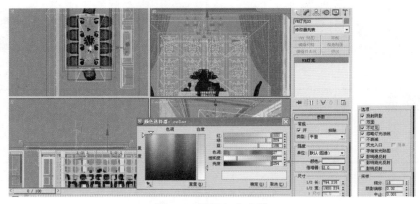

图8-27 设置灯光参数

　　创建的补光都设置为暖色，因为前面创建的天光都是蓝色，主要是形成冷暖对比关系，丰富整个场景。

技巧提示

　　灯光的色彩不是简单地学习如何在3ds Max灯光面板中调节灯光的颜色，而是要学会调整不同的色彩对比关系和整体感觉。很多灯光的色彩都可以以自然界中光的色彩作为参考，这就需要平时多观察，发现它们的特征和相互关系，为以后的创作打下基础。比如一天当中24 h光线的变化，清晨阳光的色彩是散射的暖黄色，正午的阳光是淡暖色，晚上的月光色彩显现出鲜明的蓝紫冷色调。

　　还有一些灯光的创作是自由发挥的，甚至是反自然的效果，这样的创作依赖于长时间对审美情趣和创造力的培养。

Step 3 配合Shift键，在顶视图中将补光以实例的方式复制一盏，位置如图8-28所示。

两盏补光之间一定要留一点距离，不要靠太近。这样是为了避免餐厅在整体上产生好的光线过渡效果。因为如果两盏灯相交，那么在交接处会出现黑块。

Step 4 按F9键进行测试渲染，效果如图8-29所示。

吊顶整个感觉还不错，只是墙和地面显得还是有点呆板，这需要通过创建【目标灯光】转化光域网来改变这种现象，光域网不但能照亮场景，还可以丰富整个视觉空间，有时更能起到画龙点睛的作用。

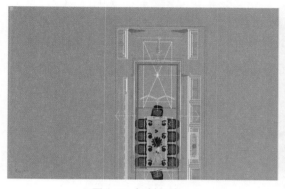

图8-28 复制灯光

图8-29 创建补光后的效果

Step 5 单击【创建】面板图标下"光度学"类型中的【目标灯光】按钮，在前视图创建一盏目标灯光模拟筒灯。

Step 6 进入【修改】面板，勾选【阴影】区域中的"开"选项，将阴影方式设置为VRay阴影类型，在【灯光分布（类型）】卷展栏中设置为光度学Web类型，如图8-30所示。

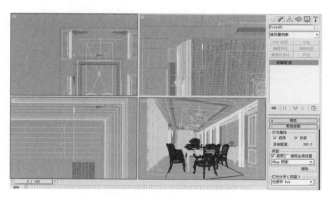

图8-30 设置目标灯光阴影方式

小知识

> 启用：用来开启和关闭灯光产生的阴影。在渲染时可以决定是否对阴影进行渲染。

> 使用全局设置：该项可以用来指定阴影是使用局部参数还是全局参数。如果勾选该项，那么全局参数将影响所有使用全局参数设置的灯光。当用户希望使用一组参数控制场景中的所有灯光的时候，可以勾选该选项。如果不选择该项，灯光只受其本身参数的影响。

Step 7 展开【分布（光度学）】卷展栏，单击【选择光度学文件】按钮，弹出【打开光域网Web文件】对话框，打开配套光盘提供的CHP8/15.IES文件，将结果强度设置为55%，颜色设置为黄色，如图8-31所示。

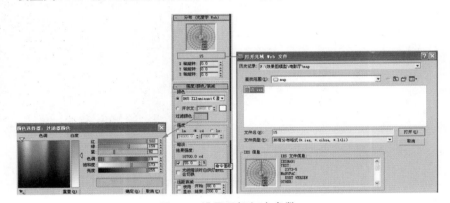

图8-31 设置目标灯光参数

Step 8 配合Shift键将目标灯光以实例的方式复制17盏移到如图8-32所示的位置。

在创建补光的时候采用了将目标灯光进行复制的方法，灯光颜色偏暖一些。这样的复制方式在效果图制作中经常用到，它可以产生非常柔和的渐变效果，值得注意的是灯光强度不要太大，因为补光只是点缀，太强则会喧宾夺主。

Step 9 按F9键进行测试渲染，效果如图8-33所示。

添加光域网后，整个餐厅显得比较活泼，地面不像前面那样呆板，只是整个场景亮度还是不够。

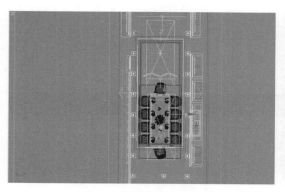

图8-32 复制目标灯光

图8-33 创建目标灯光后的效果

Step ⑩ 进入【V-Ray∷彩色贴图】卷展栏，将黑暗倍增器设置为1.8，变亮倍增器设置为2，如图8-34所示。

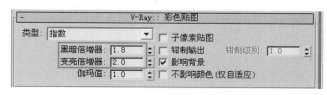

图8-34 设置彩色贴图参数

很多时候在光线关系比较好的前提下，对场景亮度不满意时可以采用这种方法增加场景亮度。原因在于：黑暗倍增器只对暗的地方进行提亮，变亮倍增器同样只对亮的地方进行提亮，两者互不干扰。

Step ⑪ 按F9键进行测试渲染，效果如图8-35所示。

图8-35 整体提亮后的效果

至此灯光已经达到理想的效果，冷、暖灯光的对比关系比较好，场景的深度感也增加了很多，照射在地面的光域网使整个空间添加了很多色彩。此时灯光已创建完成，效果还是比较理想的，下一步将进行材质的调节。

8.5 材质表现

一张完美的效果图，灯光与材质要相得益彰、相互衬托才能从空间、色彩上给人一种美的感受。

本节将对室内场景中一些常见材质的设置方法进行简单介绍，如布料、金铂、软包、乳胶漆等。

8.5.1 乳胶漆材质的分析和制作

乳胶漆的基层材料只要是水泥、砖墙、木材、三合土、批灰，都可以进行乳胶漆的涂刷，而且乳胶漆施工简单，颜色的调节也很方便和多种多样，所以很多居室都会大面积地使用乳胶漆材料，以达到满意的装修效果。

Step 1 按M键打开材质编辑器，选择乳胶漆材质示例窗。

Step 2 进入【基本参数】卷展栏，将漫反射设置为白色，【反射】区域的细分设置为24，如图8-36所示。

图8-36 乳胶漆材质的设置

8.5.2 金铂材质的分析和制作

金铂材质本身具有反射和高光的特点，为了表现出这种固有物体的特性，在这里运用VRayMtl材质进行调节，这样出来的效果会更加真实、形象。

Step 1 按M键打开材质编辑器，选择金铂材质示例窗。

Step 2 进入【基本参数】卷展栏，给漫反射通道指定一张金铂贴图，反射设置为灰色，光泽度设置为0.8，如图8-37所示。

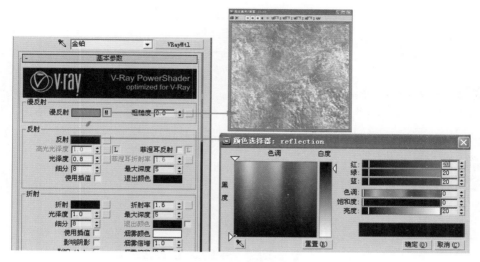

图8-37 金铂材质的设置

金铂的反射强弱，跟所在的周围环境也有着直接的关系，环境越丰富，形成的反射效果也就越丰富。

8.5.3 地砖材质的分析和制作

地砖也是装饰行业中经常用到的材料，地砖与金铂材质制作方法大同小异，只是反射和高光强弱不一样而已。

Step 1 按M键打开材质编辑器，选择地面材质示例窗。

Step 2 进入【基本参数】卷展栏，给漫反射指定地砖贴图，反射设置为灰色，光泽度设置为0.96，如图8-38所示。

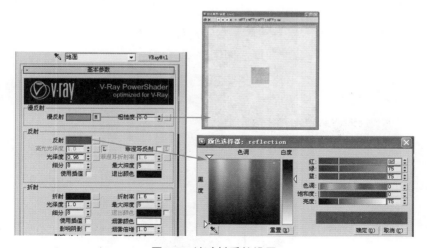

图8-38 地砖材质的设置

根据地砖的反射特性，这里将反射调节为灰色来表现，读者可以拿地砖贴图用Photoshop软件调节为灰色，然后把这贴图运用在反射通道上，贴图有凹凸、色差、明暗的特性，用它来决定反射的强弱变化，效果会更加自然。

8.5.4 软包材质的分析和制作

软包的制作方法有很多种，可以根据案例选择一些和场景搭配的软包贴图，也可以根据需要自己调节软包颜色即可。但是软包的凹凸特性一定要表现出来。

Step 1 按M键打开材质编辑器，选择软包材质示例窗。

Step 2 将软包材质转化为VR材质包裹器材质，在【VR材质包裹器参数】卷展栏中，将产生全局照明设置为0.65，如图8-39所示。

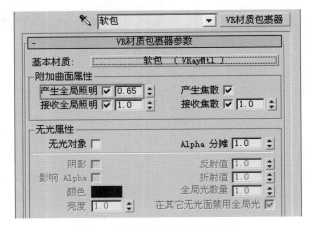

图8-39 设置产生全局照明参数

因为软包材质颜色比较深且艳，为了不让软包产生过多的溢色，所以将产生全局照明设置为0.65。控制溢色还有别的方法，在读者问答一节中再进行详细讲解。

Step 3 在【基本参数】卷展栏中，将漫反射设置为深红色，反射设置为深灰色，光泽度设置为0.7，细分设置为12，如图8-40所示。

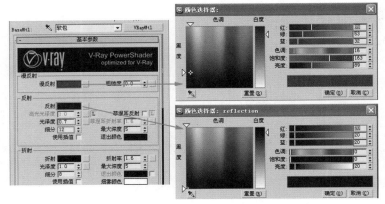

图8-40 设置软包材质

这里的软包是用皮革来制作的，虽然如此，但也不宜设置太强烈的反射，光泽度参数也不用设置过高。颜色的设置要与洛可可风格的餐厅相符合。

Step 4 进入【贴图】卷展栏，将凹凸通道值设置为30，并指定一张皮革贴图，如图8-41所示。

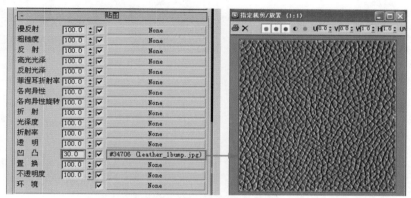

图8-41 设置凹凸通道贴图

技巧提示

凹凸贴图是通过改变物体表面法线的方法来模拟物体表面细节的。这是一种在3D场景中模拟粗糙表面的技术，将带有深度变化的凹凸材质贴图赋予3D物体，经过光线渲染处理后，这个物体的表面就会呈现出凹凸不平的感觉，而无须改变物体的几何结构或增加额外的点面。例如，把一张碎石的贴图赋予一个平面，经过处理后这个平面就会变成一片铺满碎石、高低不平的荒原。当然，使用凹凸贴图产生的凹凸效果其光影的方向、角度是不会改变的，而且不可能产生物理上的起伏效果。

8.5.5 软包线条材质的分析和制作

软包线条即软包的压边线，它应和软包颜色相差不太多，但在颜色上要做出过渡的效果，也就是说即便在没有光的情况下也感觉到有光照，这时就要用到【遮罩】贴图。

Step 1 按M键打开材质编辑器，选择软包线条材质示例窗。
Step 2 在【明暗器基本参数】卷展栏中，将漫反射颜色设置为深红色，如图8-42所示。

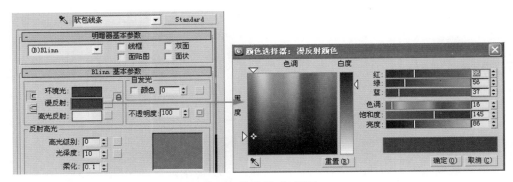

图8-42 设置漫反射颜色

漫反射：物体最基本的颜色，决定了物体的整体色调。它和VRay渲染器【基本参数】卷展栏中的漫反射是一样的。

Step 3 进入【贴图】卷展栏，给自发光通道指定【遮罩】贴图，这时会自动进入到【遮罩参数】卷展栏，分别给贴图和遮罩通道指定【衰减】贴图。在【衰减参数】卷展栏中均采用默认的参数，只是贴图通道的衰减类型设置为Fresnel方式，如图8-43所示。

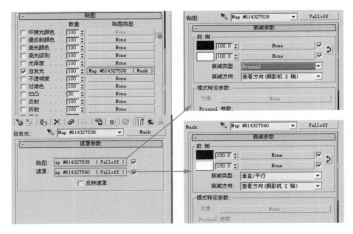

图8-43 设置自发光通道贴图

小知识

> 遮罩贴图：系统默认的情况下，浅色的遮罩区域为不透明，深色的遮罩区域为透明，显示基本材质。

> 贴图：显示所需使用的材质部分。

> 遮罩：用于添加遮罩的图像。

> 反转遮罩：遮罩的反相处理。

8.5.6 木纹材质的分析和制作

1. 木纹的分析和制作

Step 1 按M键打开材质编辑器，选择木纹材质示例窗。

Step 2 在【基本参数】卷展栏中，给漫反射指定木纹贴图，反射设置为灰色，光泽度设置为0.85，细分设置为12，如图8-44所示。

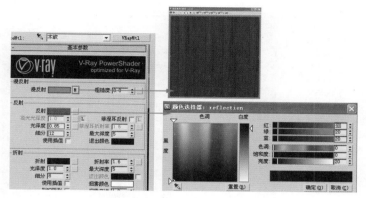

图8-44 设置木纹材质

洛可可风格所表现的餐厅比较豪华大气，木纹在整个案例使用的模型对象比较多（如壁柜、门套），木纹贴图的选择很重要。红木是众多木纹中比较经典和档次比较高的一种，而且它和软包的红色相呼应，餐厅选择红木也最能体现其豪华与大气。

Step 3 进入木纹的【坐标】卷展栏，将平铺的U设置为2.5，模糊设置为0.5，如图8-45所示。

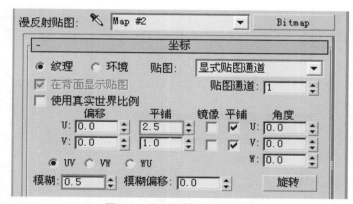

图8-45 设置平铺和模糊参数

> **小知识**
>
> ➤ 2D贴图和3D贴图都有坐标参数卷展栏，它们用来调整贴图的方向，控制贴图如何与对象对齐以及是否重叠和镜像等。
> ➤ 偏移：在选择的坐标平面中移动贴图的位置。
> ➤ 平铺：设置沿着所选坐标方向贴图被平铺的次数。
> ➤ 角度：设置贴图沿着各个坐标方向旋转的角度。
> ➤ 模糊：根据贴图与视图的距离来模糊贴图。
> ➤ 模糊偏移：用来对贴图增加模糊效果，但是它与距离视图远近没有关系。

Step 4 进入【贴图】卷展栏，将凹凸通道值设置为10，并指定灰色的木纹贴图，如图8-46所示。

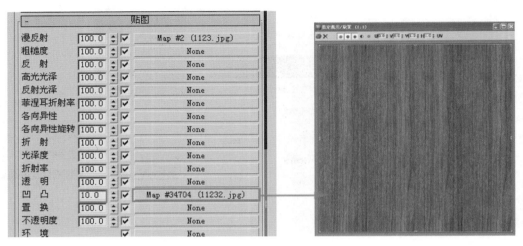

图8-46 设置凹凸通道

2. 餐桌木纹的分析和制作

Step 1 按M键打开材质编辑器，选择餐桌木纹材质示例窗。

Step 2 在【基本参数】卷展栏中，给漫反射指定木纹贴图，反射设置为灰色，光泽度设置为0.85，细分设置为12，如图8-47所示。

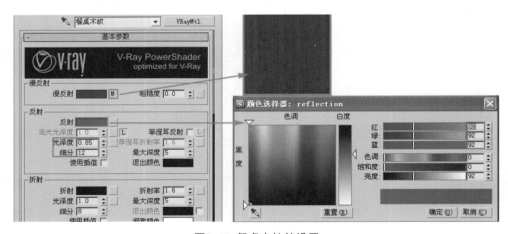

图8-47 餐桌木纹的设置

两者木纹的制作方法基本上一样，只是第一个木纹设置有较小的凹凸，而餐桌木纹的反射程度更强。

8.5.7 窗帘材质的分析和制作

Step 1 按M键打开材质编辑器，选择窗帘材质示例窗。

Step 2 在【基本参数】卷展栏中，给漫反射指定【衰减】贴图，这时会自动进入到【衰减参数】卷展栏，将前侧的两个通道设置为相差不大的玫红色。返回【基本参数】卷展栏，把反射设置为灰色，光泽度设置为0.6，细分设置为15，如图8-48所示。

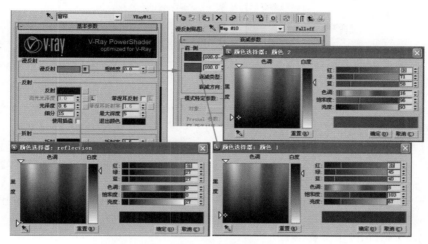

图8-48 窗帘材质的设置

小知识

> 衰减：衰减贴图定义了一个灰度值，该灰度值是以基准处为起点渐变的，基准处就是被赋予材质的对象表面的法线角度，它基于对象表面法线的方向生成灰度图像，法线平行于视图的区域是黑色的，法线垂直于视图的区域是白色的，通常把衰减贴图用于不透明贴图通道，这样能对对象的不透明程度进行控制。

8.5.8 金属材质的分析和制作

若要想表现出真实的金属效果，不仅要为其设置合适的材质类型，还要设置精细的反射参数，以获得逼真的金属效果。

Step 1 按M键打开材质编辑器，选择金属材质示例窗。

Step 2 在【基本参数】卷展栏中，将漫反射设置为黄色，反射设置为金黄色，光泽度设置为0.8，细分设置为10，如图8-49所示。

图8-49 金属材质的设置

技巧提示

　　金属的反射强度取决于反射颜色的灰度，黑色没有反射，白色完全反射。而反射颜色同样也影响到金属本身的颜色。为了符合场景要求，因此将反射颜色设置为金黄色。

8.5.9 镜子材质的分析和制作

　　镜子和金属的设置方法大致上相同，只是镜子不需要设置过高的光泽度参数。

Step 1　按M键打开材质编辑器，选择镜子材质示例窗。

Step 2　进入【基本参数】卷展栏，将漫反射设置为深灰色，反射设置为灰色，如图8-50所示。

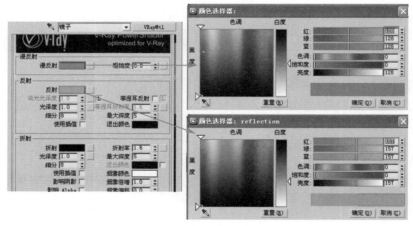

图8-50 镜子材质的设置

VRayMtl（VRay材质）是VRay渲染系统的专用材质，使用这个材质能在场景中得到更好和正确的照明（能量分布）、更快的渲染、更方便地控制反射和折射参数。在VRayMtl里可应用不同的纹理贴图，更好地控制反射和折射。

8.5.10 布纹材质的分析和制作

布纹所赋予的对象是椅子模型，最好选择一些带金色大花纹的贴图。

Step 1 按M键打开材质编辑器，选择椅子布纹材质示例窗。

Step 2 进入【基本参数】卷展栏，给漫反射通道指定布纹贴图，反射指定布纹的灰色贴图，将光泽度设置为0.8，细分设置为15，如图8-51所示。

图8-51 布纹材质的设置

> **技巧提示**
>
> 这里将布纹材质的细分参数值设置为15，是为了降低渲染图像中布纹反射因材质采样不足而出现的噪波，以获得非常真实的布纹材质效果。较大的细分数值可获得更好的效果，但同时也要耗费更多的渲染时间，所以在测试渲染时可以将材质的细分参数设置为较小的数值。

8.5.11 陶瓷材质的分析和制作

陶瓷是餐厅、厨房必不可少的物品。在设置陶瓷材质时，最重要的是设置好陶瓷颜色、反射和光泽度参数。本案例场景有两个陶瓷材质，制作方法是一样的，只是漫反射颜色不一样而已，下面将进行具体讲解。

1.陶瓷I的分析和制作

Step 1 按M键打开材质编辑器，选择陶瓷材质示例窗。

Step 2 在【基本参数】卷展栏中，将漫反射设置为白色，反射设置为深灰色，激活高光光泽度右侧的按钮，将高光光泽度设置为0.8，光泽度设置为0.95，细分设置为15，如图8-52所示。

图8-52 设置陶瓷材质

2. 陶瓷2的分析和制作

Step 1 按M键打开材质编辑器，选择陶瓷2材质示例窗。

Step 2 和陶瓷1的设置方法一样，进入【基本参数】卷展栏，将漫反射设置为浅黄色，反射设置为深绿色，激活高光光泽度右侧的按钮，将高光光泽度设置为0.8，光泽度设置为0.95，细分设置为15，如图8-53所示。

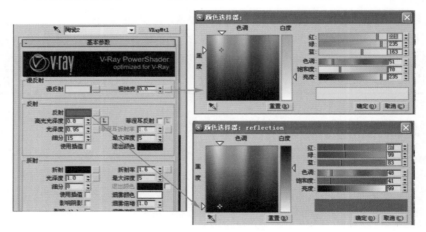

图8-53 陶瓷材质的设置

8.5.12 杯子材质的分析和制作

杯子即案例场景中餐桌上的玻璃杯，它和一般玻璃的制作方法是一样的。

Step 1 按M键打开材质编辑器，选择杯子材质示例窗。

Step 2 进入【基本参数】卷展栏，将漫反射设置为淡蓝色，折射设置为灰色，如图8-54所示。

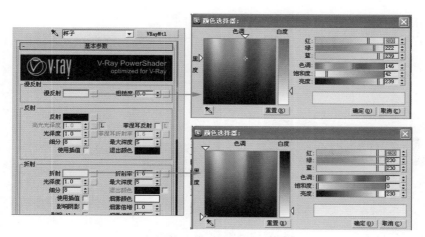

图8-54 设置杯子材质

折射：主要用于控制杯子的透明程度和色彩，如果想要使用贴图，可单击后面按钮添加贴图。

8.5.13 蜡烛材质的分析和制作

Step **1** 按M键打开材质编辑器，选择蜡烛材质示例窗。

Step **2** 进入【基本参数】卷展栏，将漫反射设置为白色，反射设置为深灰色，光泽度设置为0.7，细分设置为16，如图8-55所示。

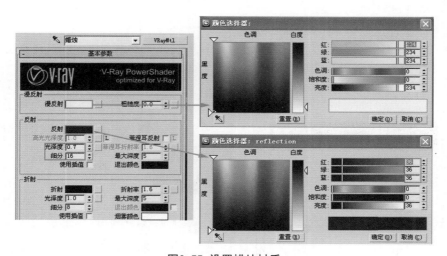

图8-55 设置蜡烛材质

8.5.14 吊灯材质的分析和制作

吊灯主要由金属、灯帽、火焰和蜡烛等材质组成，下面就一一介绍这些材质的制作方法。

1. 金属的分析和制作

Step 1 按M键打开材质编辑器，选择金属材质示例窗。

Step 2 在【基本参数】卷展栏中，将漫反射设置为灰色，反射设置为金黄色，光泽度设置为0.8，如图8-56所示。

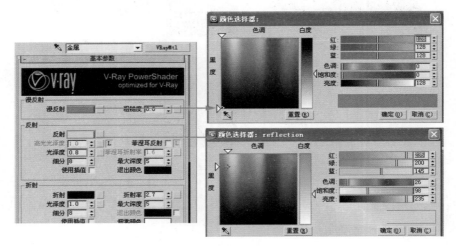

图8-56 金属材质的设置

和前面讲述的金属制作方法是一样的，只是吊灯的金属所占场景不是很大，在没有影响整体效果的情况下细分参数没有必要设置过高。

2. 灯帽的分析和制作

Step 1 按M键打开材质编辑器，选择灯帽材质示例窗。

Step 2 在【基本参数】卷展栏中，将漫反射和折射都设置为灰色，勾选【折射】区域中的"影响阴影"选项，将折射率设置为1.2，如图8-57所示。

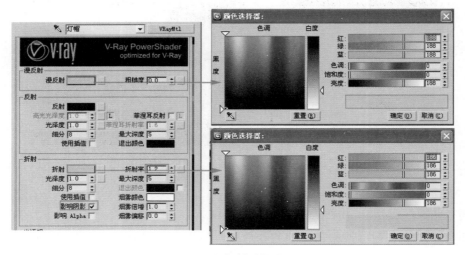

图8-57 灯帽材质的设置

> **小知识**

> ➢ 影响阴影：这个选项将导致物体投射透明阴影，透明阴影的颜色取决于折射
颜色和雾颜色。注意这个效果仅仅只在使用VR自己的灯光和阴影类型的时候有效。
> ➢ 折射率：光线通过透明物体所发生的折射率。

3.火焰的分析和制作

要想表现出好的火焰效果，火焰模型的制作也很重要。模型一定要精细、到位，
与现实生活中的火焰接近、相同。但在表现效果图时只要能感觉到其发光即可。

Step ① 按M键打开材质编辑器，选择火焰材质示例窗。

Step ② 将火焰材质转化为【VR灯光材质】类型，在【参数】卷展栏中，把颜色设置为
金黄色，颜色的强度设置为2，如图8-58所示。

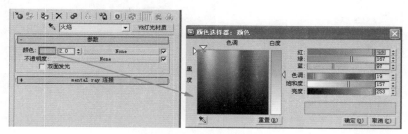

图8-58 火焰材质的设置

把颜色设置为金黄色即火焰的颜色，颜色的强度设置为2即是把火焰亮度提高。

4.蜡烛的分析和制作

Step ① 按M键打开材质编辑器，选择蜡烛材质示例窗。

Step ② 在【基本参数】卷展栏中，将漫反射设置为灰色，反射设置为金黄色，光泽度
设置为0.8，如图8-59所示。

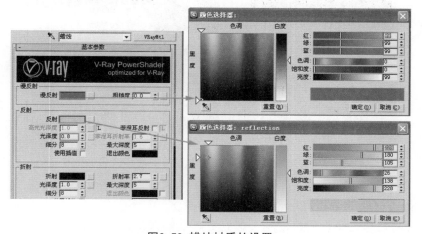

图8-59 蜡烛材质的设置

8.5.15 铜灯材质的分析和制作

铜灯在场景中所占的面积不大，但是为了整体能达到一个比较好的效果，细小的材质在这里也都——进行调节。

1. 灯片的分析和制作

Step 1 按M键打开材质编辑器，选择灯片材质示例窗。

Step 2 将灯片材质转化为【VR灯光材质】类型，在【参数】卷展栏中，把颜色设置为白色，颜色的强度设置为2，如图8-60所示。

在调节一些颜色的时候，如果要把材质的颜色设置为有光穿透的感觉，那么材质可以使用【VR灯光材质】进行调节。

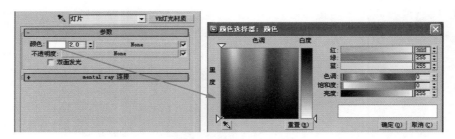

图8-60 灯片材质的设置

2. 铜灯的分析和制作

Step 1 按M键打开材质编辑器，选择铜灯材质示例窗。

Step 2 在【基本参数】卷展栏中，将漫反射和反射都设置为灰色，光泽度参数设置为0.9，如图8-61所示。

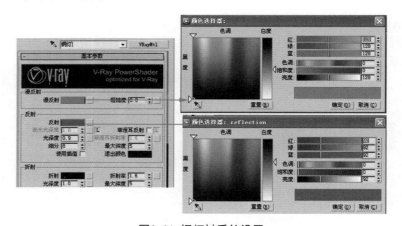

图8-61 铜灯材质的设置

8.5.16 背景材质的分析和制作

餐厅的远处有大面积的窗，为了达到更真实的效果，本实例场景中的远处物体也要用模型和贴图来表现，而室内具有反射的物体也能真实地反射到窗外的景色。

Step 1 按M键打开材质编辑器，选择背景材质示例窗。

Step 2 将背景转化为【VR灯光材质】类型，在【参数】卷展栏中，给通道指定一张背景贴图，颜色的强度设置为1.5，如图8-62所示。

图8-62 背景材质的设置

到此餐厅场景材质都已经调节完成，一些细小材质的调节方法可参照配套光盘提供的CHP8/餐厅最终模型.Max文件。

Step 3 按F9键进行测试渲染，效果如图8-63所示。

图8-63 测试渲染效果（一）

材质调节完成后，餐厅的整体效果发生了很大的变化，只是整个场景饱和度不够，没有给人厚重的感觉，特别是吊顶部分。下一步将整个画面进行加强对比。

Step 4 进入【V-Ray：：间接照明】卷展栏，将饱和度参数设置为1.2，【二次反弹】区域的倍增器设置为0.9，如图8-64所示。

图8-64 设置饱和度和倍增器参数

小知识

> 后处理：主要是对间接光照在增加到最终渲染图像前进行一些额外的修正，一般情况下使用默认参数值。
> 饱和度：控制图的饱和度，值越高，饱和度越强。
> 对比度：控制画面的色彩对比度。

Step 5 按F9键进行测试渲染，效果如图8-65所示。

图8-65 测试渲染效果（二）

将二次反弹倍增器、饱和度和对比度参数设置后，餐厅明显清晰了很多，而且画面的明暗变化比之前更理想。总之，整体效果还是不错的，下面把渲染面板的各项参数设置得高些，以此得到更加细腻的效果。

8.6 渲染技巧

在渲染最终效果的时候，合理地设置各卷展栏的参数，可以更好地提高渲染速度，特别是光子图的运用。

8.6.1 设置图像采样器

进入【V-Ray：：图像采样器】卷展栏，将图像采样器的类型设置为自适应细分，如图8-66所示。

图8-66 设置自适应细分类型

8.6.2 设置发光贴图和灯光贴图

Step 1 进入【V-Ray：发光贴图】卷展栏，在【当前预置】中选择"中"的方式，将半球细分设置为50，插补采样设置为25，如图8-67所示。

技巧提示

在【当前预置】选项区中，系统提供了8种系统预设的模式。这8种模式分别代表了不同渲染需求的设置，大家可以根据时间、硬件的配置来尝试别的模式。

Step 2 进入【V-Ray：：灯光缓存】卷展栏，将细分的参数设置为800，如图8-68所示。

图8-67 设置发光贴图卷展栏参数

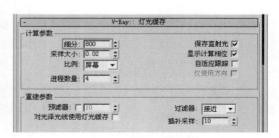

图8-68 设置细分参数

8.6.3 保存渲染光子图

光子图的合理使用可以为渲染图像节省很多时间，它一直深受广大渲染者的青睐。

Step 1 进入【V-Ray：：发光贴图】卷展栏，将模式设置为单帧，勾选【渲染后】区域中的"自动保存"和切换到"保存的贴图"选项，单击【浏览】按钮将发光贴图保存到指定的文件，如图8-69所示。

图8-69 保存发光贴图（一）

Step 2 进入【V-Ray：：灯光缓存】卷展栏，将模式设置为单帧，勾选【渲染后】区域中的"自动保存"和"切换到被保存的缓存"选项，单击【浏览】按钮将灯光贴图保存到指定的文件，如图8-70所示。

技巧提示

如果勾选【激活切换到保存的贴图】选项，当渲染结束之后，当前贴图模式会自动地转换为【从文件】类型，并直接调用之前保存的贴图文件。

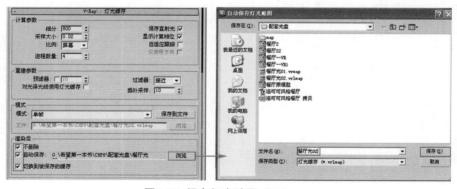

图8-70 保存灯光贴图（二）

Step 3 进入【渲染设置】对话框，把输出大小设置为320×240，然后单击【渲染】按钮开始进行光子图的渲染，光子图的效果如图8-71所示。

图8-71 光子图的效果

8.6.4 最终图像的渲染

当光子图渲染保存完毕后，就可以进行最终图像的渲染。最终图像的大小是根据需要而设置的，如果读者需要比较大的图像，就可以把输出大小设置得比较大，但是光子图的输出大小也要随机改变才行。

Step 1 进入【渲染设置】对话框，把输出大小设置为2400×1800，如图8-72所示。

Step 2 单击【渲染】按钮开始进行最终图像的渲染，餐厅的最终效果如图8-73所示。

图8-72 设置输出大小

餐厅在人们生活中的位置是众所周知的，所以餐厅装修中家具的配置、色调的搭配、装修美化的效果就显得格外重要。餐厅设计上还应该注意材料的多元化应用、几何造型的有机融入、线条节奏和韵律的充分展现。在色彩上要注意协调，不宜使用过于鲜艳的色彩或出现大面积冷暖色的反差。

图8-73 餐厅的最终效果

8.7 读者问答

问：凹凸贴图和置换模式有什么区别？

答：先来比较一下图8-74和图8-75，可以看出这两张图的基本纹理是一样的，但前者在纹路上却逊色于后者。前者是用了凹凸贴图，而后者用了置换模式。通过比较与分析可以总结出以下几点。

(1)凹凸贴图和置换模式都可以在材质上产生凹凸效果。

(2)凹凸贴图只是在贴图表现上产生凹凸，属于二维的；而置换模式可以在模型上产生真实的凹凸效果，属于三维的。

(3)在物体上使用凹凸贴图，物体的体积是不变的，而在物体上使用置换模式其体积会变得比原来要大。

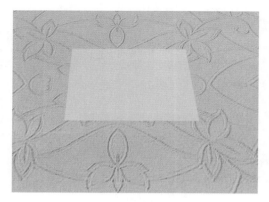

图8-74 凹凸贴图产生的效果

图8-75 置换模式产生的效果

问：解决溢色的办法只有使用VR材质包裹器吗？

答：不是的，可以对任意一个模型进行溢色的控制，方法是选择要控制溢色的模型并右击，在弹出的快捷菜单中选择【VR属性】选项，此时弹出【VRay对象属性】对话框，在对话框中可以对模型的一些基本属性进行设置，如图8-76所示。

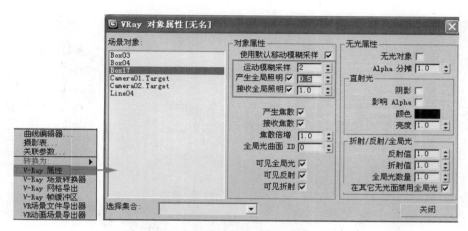

图8-76 控制溢色的方法

问：VRay的【VR灯光】中的球形灯光类型和标准灯光中的泛光灯所产生的作用是一样的吗？

答：两者都自由地向周围进行光的传送；不同之处是：VRay球形灯可以设置得可大可小，而且还会影响到本身的发光强度，而标准灯光中的泛光灯本身没有大小，光的照射范围比VRay球形灯要广，如果不通过衰减来控制，那么场景容易出现曝亮的效果。

问：创建暗藏灯带的时候，除了使用【VR灯光】进行模拟，还能使用别的灯光进行模拟吗？

答：创建暗藏灯带方法很多，除了常用的【VR灯光】进行模拟之外，还可以用【VRay灯光材质】来模拟，本书中也作了介绍，而且效果也是不错的。可以比较它们两者的效果，如图8-77、图8-78所示。

图8-77 VRay灯光材质所产生的暗藏灯效果

图8-78 VR灯光产生的暗藏灯效果

8.8　扩展练习

　　学习完餐厅灯光的创建方法和材质调节方法后，希望读者结合本章所学习的方法来练习一张餐厅白天效果图的制作，最终效果如图8-79所示。

图8-79　扩展练习餐厅效果

资料： 配套光盘含有原模型文件、贴图、光域网。

要求： 读者要善于灵活运用同样的布光原理以及材质设置方法，制作出如图8-79所示的效果图。

注意事项：

（1）餐厅为白天效果，布置灯光的时候天光要强烈些。

（2）设置灯光颜色的时候，天光最好设置为冷色，室内光设置为暖色。

（3）调节材质的时候，纱帘的透明特性一定要表现出来。

9　返璞归真——东南亚风格卧室表现

东南亚风格是一个结合东南亚民族岛屿特色及精致文化品位于一体的设计。这种风格的设计广泛地运用了木材和其他天然原材料。由于东南亚国家身受西方社会的影响，而其本身又凝结着东方文化色彩，因此体现出的样貌也是融合了多种不同的风格。其设计注重细节和软装饰，喜欢通过对比达到强烈的效果，形成各种元素统一混搭的独特风格。

本案例为卧室空间，这就要求表现者对卧室所要表达的氛围、亮度、材料、设计有深入的理解，也决定了表现者所要达到的一种更高的要求。如图9-1和图9-2所示。

图9-1 卧室的最终效果角度（一）　　　　图9-2 卧室的最终效果角度（二）

9.1 设计介绍

卧室不仅提供给我们舒适的睡眠，更是我们思考和抚慰心灵的地方。如今，卧室设计不仅仅在功能上满足人们的睡眠、更衣的生活需要，它更注重体现主人的丰富、深厚的内涵和文化底蕴。

在卧室的设计上，设计师要追求的是功能与形式的完美统一、优雅独特、简洁明快的设计风格。在卧室设计的审美上，设计要追求时尚而不浮躁，庄重典雅而不乏轻松浪漫的感觉。因此会更多地运用丰富的表现手法，使卧室看似简单、实则丰富无穷。卧室平面布置图如图9-3所示。

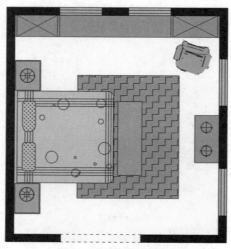

图9-3 卧室平面布置图

9.2 软装应用

　　东南亚风格的家具设计多采用藤草等能营造清凉、舒适感觉的材料。大部分家具采用两种以上的不同材料混合纺织而成。藤条与木片、藤条与竹条、材料之间的宽窄深浅形成有趣的对比，各种编织手法的混合运用令家具作品变成了一件手工艺术品，每一个细节都值得细细品味。色彩以宗教色彩中浓郁的深色系为主，如深棕色、黑色、金色等，令人感觉沉稳大气；受到西式设计风格影响的则以浅色比较常见，如珍珠色、奶白色，给人轻柔的感觉。通过不同的材料和色调搭配令东南亚家具设计在保留了自身的特色之余，产生更加丰富多彩的变化。收集一些和本案例有共性的图片提供参考，这会给表现者提供概念上的指导。

　　东南亚风格的许多家具样式与材质都是很朴实的，但是善于使用各种色彩，其绚烂与华丽全靠软装饰来体现，总体效果看起来层次分明、有主有次，搭配得非常合适（见图9-4）。因此，它把握住了各个风格的精髓。要营造东南亚格调的家居环境，并不一定大动干戈，有时候只需要一些小小物件，就可以轻松实现（见图9-5）。

图9-4 软装搭配　　　　　　　　　　　　图9-5 东南亚风格的装饰品

　　各种各样色彩艳丽的布艺装饰是东南亚家具的最佳搭档（见图9-6）。搭配的原则很简单，深色的家具适宜搭配色彩鲜艳的装饰，例如大红、嫩黄、彩蓝，而浅色的家具则应该选择浅色或者对比色，例如米色可以搭配白色或者黑色，搭配效果一种是温馨，一种是跳跃，同样出众。在布艺色调的选用上，东南亚风情标志性的炫色系列多为深色系，且在光线下会变色，沉稳中透着一点贵气。

　　东南亚不乏许多有创意的民族，也不乏独特的宗教和信仰，带有浓郁宗教情结的家饰也相当风靡。藤器是泰式家具中富吸引力而又廉价的一种，正当朴素或优雅的藤器家具仍大受欢迎之际，以手织棉编成的布艺及高科技修饰的厚重耐用丝绸正席卷家居中。

在东南亚家居中最抢眼的装饰要属绚丽的泰丝。由于东南亚地处热带，气候闷热潮湿，为了避免空间的沉闷压抑，因此在装饰上用夸张艳丽的色彩冲破视觉的沉闷。斑斓的色彩其实就是大自然的色彩，在色彩上回归自然也是东南亚家居的特色。艳丽的泰丝抱枕，是沙发或床最好的装饰，明黄、果绿、粉红、粉紫等香艳的色彩化作精巧的靠垫或抱枕，跟原色系的家具相衬，香艳的愈发香艳。某些东南亚传统饰品具有非常强烈的性格，往往一件就能为整个空间定性，比方一尊泰国镀金小佛像，引入的瞬间便使整个空间改变了格调。而有时候在一个看似典型的东南亚风格的空间里，所运用的却只是些非典型元素：欧式乡村味道的家具或者中式手绘风格的饰品，此时所依靠的便是以色彩、植物、灯光等各种元素营造起来的整体氛围了。图9-7和图9-8为常用的家具饰品。搭配好颜色的卧室色调如图9-9所示。

图9-6 色彩的搭配

图9-7 家具饰品（一）

图9-8 家具饰品（二）

图9-9 卧室的色调

色彩具备的冷暖感、空间感，同时也影响着人们的情绪，进而也会影响人们工作或休息的效果。人们根据自己的不同爱好和性情，选择自己所喜欢的色彩，色彩也会体现一个人的个性与情趣。本案例在卧室的色调配置上，主要以黄色、红色以及蓝色为主色调，下面一一介绍其代表的意义。

黄色：最能发光的颜色，王室或宫殿常用这种颜色来表现高贵、华丽，从而使人产生喜悦之感。

红色：容易产生太阳的联想，红橙色是一种浓厚而不透明的色彩。

蓝色：一种不包含黄色和红色的色彩，是冷静之色，容易使人想到深沉、远大之感。

9.3 制作流程

一张表现图的最终效果取决于多个方面：模型、摄影机构图、材料贴图、灯光等，渲染只是其中最重要的一个环节。特别是模型的体量关系、搭配、细节、材质的选择等都是很关键的，如其中一个环节把握不好，就会对画面效果产生很大的影响。本案例的制作流程如图9-10所示。

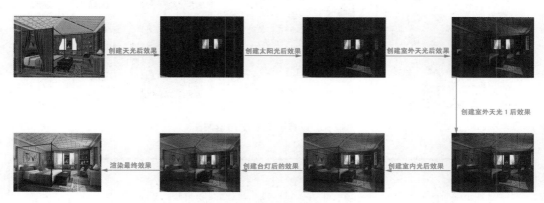

图9-10 卧室制作流程

9.4 材质表现

所谓材质，就是指分配给场景中对象的表现数据，被指定了材质的对象在渲染后，将表现特定的颜色、反光度和透明等外表特性，这样对象看起来就比较真实、多姿多彩，其表面具有光泽或暗哑、能够反射或折射以及透明或半透明等特征。

9.4.1 纱帘材质的分析和制作

纱帘是半透明的材质，它不仅具有光泽，而且轻盈、洁白，在阳光透过时还具有一定的朦胧现象。这种类型的材质要经过反复调试才能得到好效果，所以设定窗帘材质的时候要有耐心、细致地慢慢调节出它本身所固有的特性。

Step 1 按M键打开材质编辑器，选择纱帘材质示例窗。

Step 2 在【基本参数】卷展栏中，将漫反射设置为暖黄色，【反射】和【折射】区域的细分都设置为12，如图9-11所示。

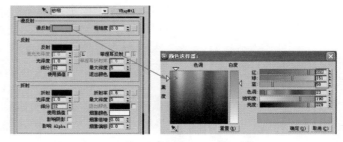

图9-11 设置漫反射颜色和细分参数

Step 3 进入【贴图】卷展栏，将不透明度通道值设置为60，给不透明度通道指定【衰减】贴图，这时会自动进入到【衰减参数】卷展栏，调节前侧的两个通道颜色为灰色和白色，如图9-12所示。

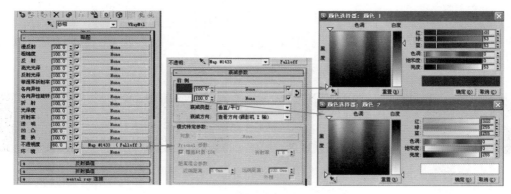

图9-12 设置不透明度通道贴图

小知识

> 不透明度：不透明度贴图的灰度决定不透明度的量。可以选择位图文件或程序贴图来生成部分透明的对象。贴图的浅色（较高的值）区域渲染为不透明；深色区域渲染为半透明；之间的值渲染为半透明。

9.4.2 乳胶漆材质的分析和制作

乳胶漆是室内效果图制作最常用的一种材质类型，它的设置方法也最为简单，只需将漫反射设置成白色即可。如果是彩色乳胶漆，就设置成相应的颜色。

Step 1 按M键打开材质编辑器，选择有色漆材质示例窗。

Step 2 在【基本参数】卷展栏中，将漫反射设置为浅黄色，细分设置为22，如图9-13所示。

图9-13 设置乳胶漆材质

9.4.3 壁纸材质的分析和制作

在选择壁纸贴图的时候，要考虑到肌理、颜色与整个空间格调的搭配效果。

Step 1 按M键打开材质编辑器，选择墙纸材质示例窗。

Step 2 在【基本参数】卷展栏中，给漫反射指定墙纸贴图，把光泽度设置为0.6，细分设置为15，如图9-14所示。

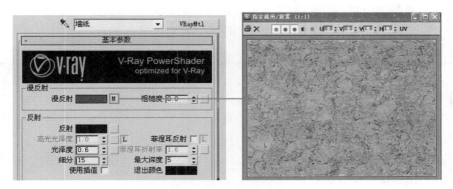

图9-14 设置墙纸材质

9.4.4 地板材质的分析和制作

木地板是室内经常用到的材料，木地板表现的难点在于如何表现模糊反射和凹凸质感。

Step 1 按M键打开材质编辑器，选择地面材质示例窗。

Step 2 进入【贴图】卷展栏，给漫反射和反射通道分别指定地板贴图，如图9-15所示。

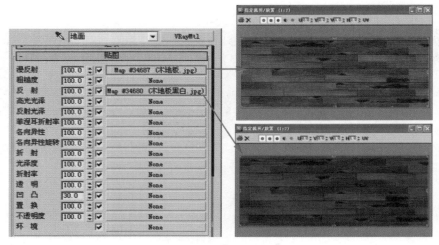

图9-15 给通道指定贴图

技巧提示

这两个贴图其实就是同一个材质，只是反射通道指定的木地板贴图在"Photoshop"后期软件中把饱和度给降低了，这样地板的反射就由这张黑白的木地板决定。

Step 3 在【基本参数】卷展栏中，激活高光光泽度右侧的按钮，将高光光泽度设置为0.6，光泽度设置为0.75，细分设置为16，如图9-16所示。

光泽度也就是常说的反射模糊，只有像镜子、大理石这些清晰反射的材质不考虑使用，余下的大多数材质都有这个特性。木地板更是如此，而且模糊反射的效果相对来说略高，将光泽度设置为0.75，就可以得到很好的效果了。

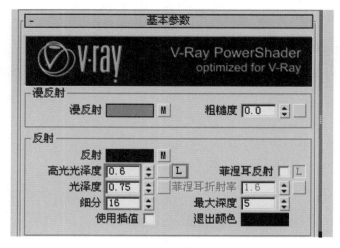

图9-16 设置基本参数

9.4.5 木纹的分析和制作

木材是天然的，其年轮、纹理往往能够构成一幅美丽的画卷，给人一种回归自然、返璞归真的感觉，无论质感与美感都独树一帜，广受人们所喜爱。木材的特点是材质坚硬、沉重、纹理美观大方，富有光泽。

1. 木纹的分析和制作

Step 1 按M键打开材质编辑器，选择木纹材质示例窗。

Step 2 在【基本参数】卷展栏中，给漫反射指定木纹贴图，将光泽度设置为0.85，细分设置为16，如图9-17所示。

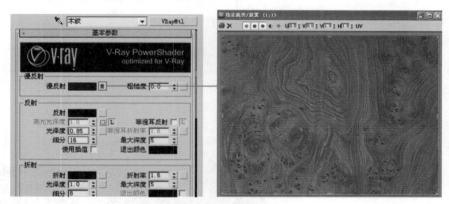

图9-17 设置木纹材质（一）

Step 3 进入【贴图】卷展栏，给反射通道指定【衰减】贴图，这时会自动进入到【衰减参数】卷展栏，将前侧的黑色通道调节为灰色，衰减类型设置为Fresnel方式。返回【贴图】卷展栏把凹凸通道值设置为3，并指定木纹贴图，如图9-18所示。

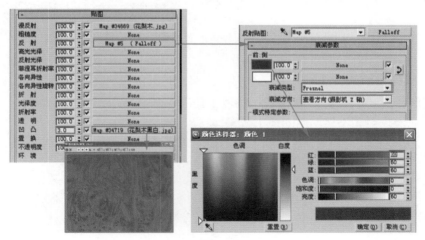

图9-18 设置木纹材质（二）

2. 木纹1的分析和制作

Step 1 按M键打开材质编辑器，选择木纹1材质示例窗。

Step 2 进入【贴图】卷展栏，给漫反射通道指定木纹贴图，给反射指定【衰减】贴图，这时会自动进入到【衰减参数】卷展栏，将衰减类型设置为Fresnel方式，如图9-19所示。

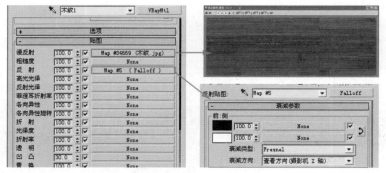

图9-19 设置木纹材质（三）

Step 3 在【基本参数】卷展栏中，将光泽度设置为0.85，如图9-20所示。

读者不难发现：两个木纹的制作方法都是一样的，只是调节第一个木纹过程中添加了凹凸贴图。原因在于两个木纹在场景所赋予的模型对象不一样，为了提高渲染速度，细小的模型材质只作简单调节。

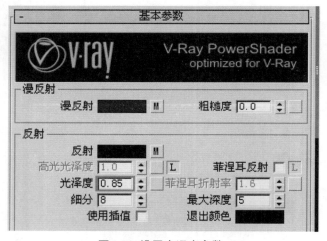

图9-20 设置光泽度参数

9.4.6 藤椅材质的分析和制作

设置藤椅材质，只需要准备好一些藤条的贴图和相应的黑白镂空贴图，两个贴图分别运用在漫反射和不透明度通道上效果即可出来。

Step 1 按M键打开材质编辑器，选择藤椅材质示例窗。

Step 2 进入【贴图】卷展栏，给漫反射颜色通道指定藤条贴图，不透明度通道指定藤条的黑白贴图，如图9-21所示。

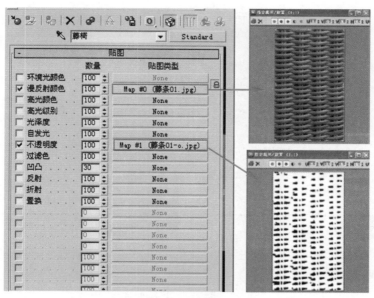

图9-21 设置藤椅材质

9.4.7 布纹材质的分析和制作

布料的特点是触感光滑、柔软、舒适,有弹性、延伸性、通透性好,而且在阳光的照射下,布料的明暗和色彩过渡等这些都要表现到位。

1. 布纹的分析和制作

Step 1 按M键打开材质编辑器,选择椅子布纹材质示例窗。

Step 2 在【基本参数】卷展栏中,给漫反射指定布纹贴图,细分设置为16,如图9-22所示。

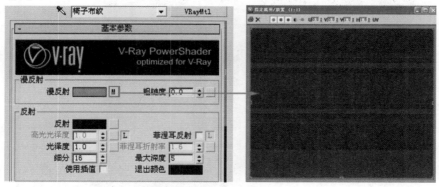

图9-22 设置布纹材质(一)

2. 布纹1的分析和制作

Step 1 按M键打开材质编辑器,选择布纹材质示例窗。

Step 2 将布纹转化为【VR材质包裹器】材质,在【VR材质包裹器参数】卷展栏中,将接收全局照明设置为1.2,如图9-23所示。

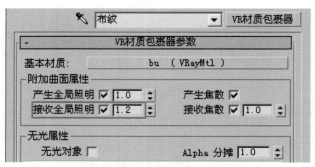

图9-23 设置接收全局照明参数

技巧提示

　　VR材质包裹器主要是用于控制材质的全局光照、焦散和不可见的。也就是说，通过VR材质包裹器可以将标准材质转换为VRay渲染器支持的材质类型。一个材质在场景中过亮或溢色太多，嵌套这个材质后，可以控制产生/接受GI的数值，多数用于控制有自发光的材质和饱和度过高的材质。

Step 3　在【基本参数】卷展栏中，给漫反射指定【衰减】贴图，这时会自动进入到【衰减参数】卷展栏，给前侧的第一个通道指定布纹贴图，白色通道设置为灰色，将衰减类型设置为Fresnel方式，返回【基本参数】卷展栏，激活高光光泽度右侧的按钮，将高光光泽度设置为0.15，细分设置为12，如图9-24所示。

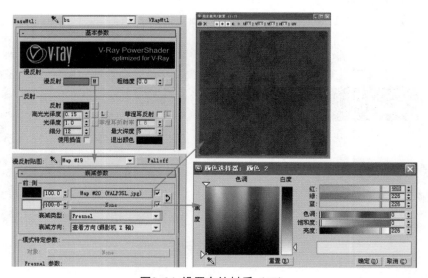

图9-24 设置布纹材质（二）

Step 4　进入【贴图】卷展栏，将凹凸通道值设置为80，并给凹凸通道指定布纹贴图，如图9-25所示。

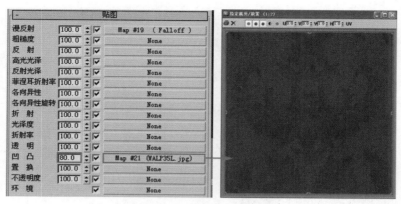

图9-25 设置凹凸通道贴图

> **技巧提示**
>
> 在凹凸通道上指定贴图，可以模拟布料表面皱褶、凹凸纹理等效果。一般使用黑白贴图表现最佳，白的或是亮的部分会往外凸起，黑的或暗的部分则产生凹陷效果。

9.4.8 灯帽材质的分析和制作

Step 1 按M键打开材质编辑器，选择灯材质示例窗。

Step 2 在【基本参数】卷展栏中，给漫反射指定灯的贴图，将折射设置为灰色，并将光泽度设置为0.9，细分设置为12，如图9-26所示。

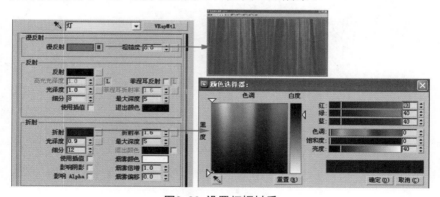

图9-26 设置灯帽材质

> **技巧提示**
>
> 其实大部分的台灯灯帽是不透明的，但为了表现台灯的透光性，这里将折射设置为深灰色，微弱的透明使台灯的光线能透过灯帽而散射到周围，使周围物体有光照而不至于死黑、平淡。这也符合日常光的原理，如果注意观察就会看到，有灯光的地方其周围都会受到光的影响，光的颜色也使周围物体的颜色发生改变。

9.4.9 不锈钢材质的分析和制作

Step 1 按M键打开材质编辑器，选择金属材质示例窗。

Step 2 在【基本参数】卷展栏中，将漫反射设置为金黄色，反射设置为黄色，光泽度设置为0.85，细分设置为12，如图9-27所示。

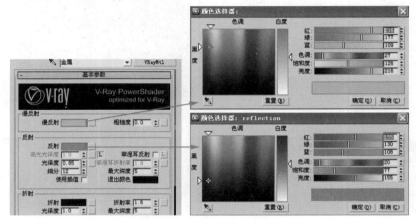

图9-27 设置金属材质

9.4.10 床幔材质的分析和制作

Step 1 按M键打开材质编辑器，选择床幔材质示例窗。

Step 2 将床幔材质转化为【VR材质包裹器】材质，在【VR材质包裹器参数】卷展栏中，将产生全局照明设置为0.9，接收全局照明设置为1.2，如图9-28所示。

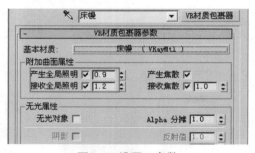

图9-28 设置GI参数

小知识

> 产生全局照明：只有勾选此选项，当前赋予包裹材质的物体才会产生GI（即材质才会反射光线），右侧的微调框可设置产生GI的倍增值。

> 接收全局照明：只有勾选此选项，当前赋予包裹材质的物体才会接收GI（即材质才会受到反射光的影响）。在右侧的微框内可设置接收GI的倍增值。该值越大，物体接收的GI就越多。

Step 3 在【基本参数】卷展栏中，将漫反射设置为黄色，反射设置为深灰色，光泽度设置为0.6，细分设置为15，如图9-29所示。

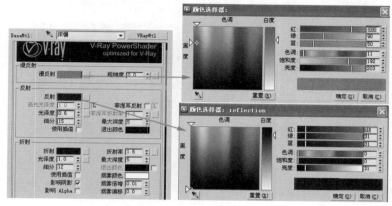

图9-29 设置床幔材质

Step 4 进入【贴图】卷展栏，将不透明度通道值设置为80，并指定【衰减】贴图，这时采用【衰减参数】面板的默认参数即可，如图9-30所示。

图9-30 设置不透明度通道贴图

9.4.11 床单材质的分析和制作

Step 1 按M键打开材质编辑器，选择床布材质示例窗。

Step 2 在【基本参数】卷展栏中，将细分设置为16，给漫反射指定【衰减】贴图，这时自动进入到【衰减参数】卷展栏，将前侧的两个通道分别设置相差不大的灰色，如图9-31所示。

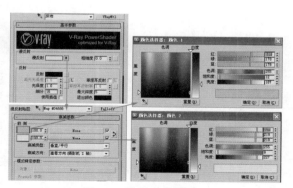

图9-31 设置床单材质

Step 3 进入【贴图】卷展栏，将凹凸通道值设置为180，并指定黑白贴图，如图9-32所示。

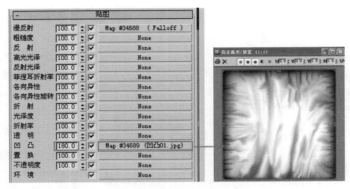

图9-32 设置凹凸通道贴图

9.4.12 枕头材质的分析和制作

Step 1 按M键打开材质编辑器，选择枕头材质示例窗。

Step 2 在【基本参数】卷展栏中，给漫反射指定枕头贴图，将细分参数设置为15，如图9-33所示。

东南亚风格的室内色彩一般比较鲜艳，但为了不让整个卧室空间色彩过于跳跃，大多情况下只在枕头、窗帘、装饰品等细小模型上表现鲜艳的颜色。

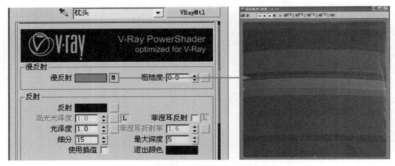

图9-33 设置枕头材质

Step 3 进入【贴图】卷展栏，将凹凸通道值设置为180，并指定黑白贴图，如图9-34所示。

在表现布料材质时，通常会用到凹凸贴图，这样可以模拟真实布料表面的细小绒毛和纹理。

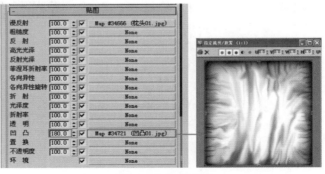

图9-34 设置凹凸通道贴图

9.4.13 床杆材质的分析和制作

Step 1 按M键打开材质编辑器，选择床杆材质示例窗。

Step 2 在【基本参数】卷展栏中，将漫反射设置为深灰色，光泽度设置为0.85，给反射指定【衰减】贴图，这时会自动进入到【衰减参数】卷展栏，将衰减方式设置为Fresnel型，如图9-35所示。

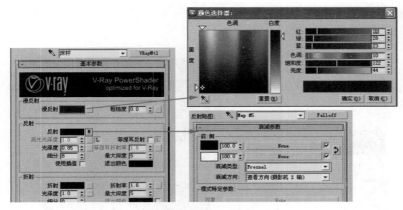

图9-35 设置床杆材质

9.4.14 玻璃材质的分析和制作

玻璃材质冰冷生硬，除了产生坚硬的高光以外，主要以表现折射的特性为主，并伴有一定的反射值，所以在不同的环境下变化比较丰富。同一环境中，在不同的时间下效果也不同。例如同样的室内窗口玻璃，夜晚反射较强，透明性不高；白天反射弱，透明性高。

Step 1 按M键打开材质编辑器，选择玻璃材质示例窗。

Step 2 在【基本参数】卷展栏中，激活高光光泽度右侧的按钮，将高光光泽度设置为0.85，反射设置为深灰色，折射设置为白色，如图9-36所示。

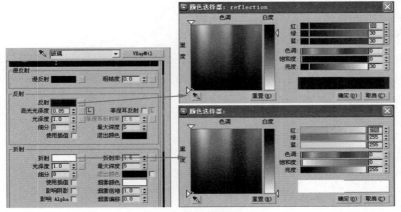

图9-36 设置玻璃材质

通过材质的折射表现玻璃透明效果，折射越靠近白色，材质的透明效果越高；相反颜色越靠近黑色，材质的透明效果越不明显。

9.4.15 混油材质的分析和制作

Step 1 按M键打开材质编辑器，选择混油材质示例窗。

Step 2 在【基本参数】卷展栏中，将漫反射设置为白色，反射设置为深灰色，细分设置为15，如图9-37所示。

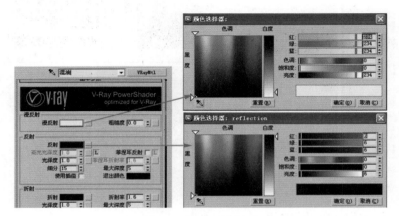

图9-37 设置混油材质

整个场景中只是背景墙的框架和踢脚线使用了混油材质，一般情况下所占用面积不大的材质都采用默认的细分参数，但是踢脚线有转折处，为了避免出现黑斑还是将细分设置为15。

9.4.16 陶瓷材质的分析和制作

陶瓷材质的特点是表面坚硬且非常光滑，伴有一定的反射。高光形成的范围很小。

1.陶瓷的分析和制作

Step 1 按M键打开材质编辑器，选择陶瓷材质示例窗。

Step 2 在【基本参数】卷展栏中，给漫反射指定花纹贴图，反射指定【衰减】贴图，并将衰减方式设置为Fresnel类型，返回到【基本参数】卷展栏，激活高光光泽度右侧的按钮，将高光光泽度设置为0.88，光泽度设置为0.95，如图9-38所示。

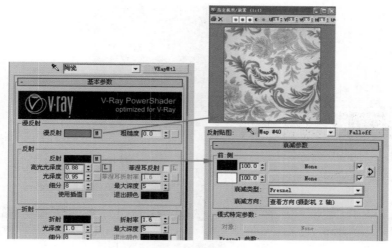

图9-38 设置陶瓷材质（一）

2. 陶瓷1的分析和制作

Step 1 按M键打开材质编辑器，选择陶瓷1材质示例窗。

Step 2 在【基本参数】卷展栏中，给漫反射指定青花瓷贴图，反射设置为灰色，激活高光光泽度右侧的按钮，将高光光泽度设置为0.7，光泽度设置为0.9，如图9-39所示。

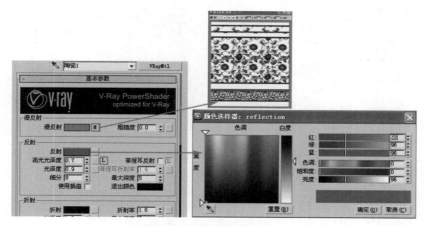

图9-39 设置陶瓷材质（二）

3. 陶瓷2的分析和制作

Step 1 按M键打开材质编辑器，选择陶瓷2材质示例窗。

Step 2 在【基本参数】卷展栏中，给漫反射指定铜器贴图，反射设置为灰色，光泽度设置为0.9，如图9-40所示。

图9-40 设置陶瓷材质（三）

Step 3 进入【贴图】卷展栏，将凹凸通道值设置为120，并指定一张铜器贴图，如图9-41所示。

这里一共讲解了3个陶瓷的制作方法，采用了衰减贴图和调节颜色的方法表现反射效果，光泽度参数都不宜过高。

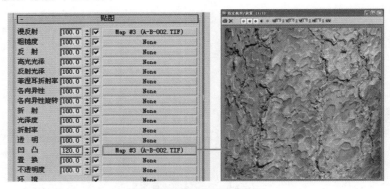

图9-41 设置凹凸通道贴图

9.4.17 摆设品材质的分析和制作

摆设品为细小材质模型，但是它摆放在离视线比较近的地方，所以再细小的材质也需要一一调节，注重细节才能出好的效果。

Step 1 按M键打开材质编辑器，选择摆设品材质示例窗。

Step 2 在【基本参数】卷展栏中，给漫反射指定花梨木的贴图，反射指定【衰减】贴图，这时会自动进入到【衰减参数】卷展栏，将前侧的白色通道设置为灰色，衰减类型设置为Fresnel类型。返回到【基本参数】卷展栏，激活高光光泽度右侧的按钮，将高光光泽度设置为0.8，光泽度设置为0.9，细分设置为12，如图9-42所示。

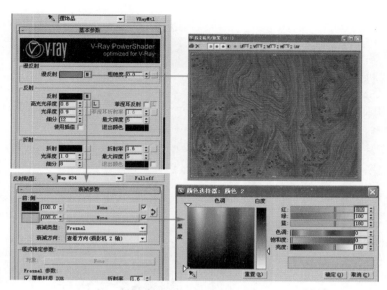

图9-42 设置摆设品材质

技巧提示

　　摆设品的贴图选择最原始的花梨木材质，表现了东南亚风格取材天然的特点，这种来自大自然的材料制成的摆设品，浑然天成、不过分雕琢，非常符合现代人的时尚观，受到广大设计师的追捧。

9.4.18 茶几材质的分析和制作

Step 1 按M键打开材质编辑器，选择茶几材质示例窗。

Step 2 在【基本参数】卷展栏中，将漫反射设置为红色，反射设置为深灰色，光泽度设置为0.85，细分设置为15，如图9-43所示。

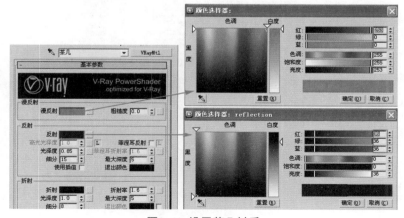

图9-43 设置茶几材质

茶几摆放在窗台的位置，作为小面积的家具设置为耀眼的红色，恰到好处地与东南亚风格相呼应，也作为一个小亮点呈现出来。

9.4.19 画材质的分析和制作

1. 画的分析和制作

Step 1 按M键打开材质编辑器，选择画材质示例窗。

Step 2 在【基本参数】卷展栏中，给漫反射指定画贴图，将光泽度设置为0.85，如图9-44所示。

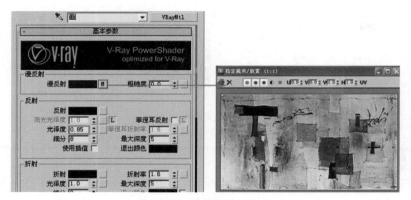

图9-44 设置画材质（一）

2. 画1的分析和制作

Step 1 按M键打开材质编辑器，选择画1材质示例窗。

Step 2 进入【贴图】卷展栏，给漫反射指定画贴图，不透明度通道指定画的黑白贴图，如图9-45所示。

图9-45 设置画材质（二）

画1和藤椅材质的制作方法是一样的，其实很多材质的调节方法都是一样的，这需要读者善于总结和发现。

9.4.20 背景材质的分析和制作

本案例表现的是白天阳光洒入室内的效果，为了使卧室窗外景色不单调，在制作模型的时候特地创建了背景模型，只需要赋予背景材质就可以了。

Step 1 按M键打开材质编辑器，选择背景材质示例窗。

Step 2 将背景材质转化为【VR灯光材质】类型，将颜色的参数设置为2，并指定背景贴图，如图9-46所示。

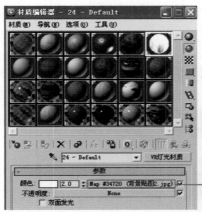

图9-46 设置背景材质

技巧提示

在设置场景的背景材质时，不但要选择与场景光照效果一致的背景图片，而且还要与场景的风格相符合。例如，在本章实例中要表现的是卧室中午时分的效果，所以作为背景同样也是具有中午时分的环境贴图。

到此整个卧室的材质就调节完成了，其他细小部分的材质可以参考配套光盘提供的CHP9/东南亚风格卧室最终模型.Max文件。其实没有讲解的材质都是直接采用默认建立模型时的效果颜色和基本属性，因为这些材质在整个全局光照的过程中起到的作用很小或是在场景中看不到。

9.5 灯光艺术

灯光可以说是一个较灵活及富有趣味的设计元素，可以成为气氛的催化剂，是设计的焦点及主题所在，也能加强装潢的层次感。

9.5.1 布光分析

在居住环境装饰中进行照明设计布局时，主要按照普通照明、重点照明与装饰照明三种形式来布置。所谓普通照明，是指给予室内以均匀亮度的采光形式，它能给室内带来一种整体照明效果，通常选用比较均匀的照明灯具，主要用于起居环境与厨房环境等空间场所；重点照明又称之为局部照明，它是依据居住环境中某种特定活动区域的需要，使光线集中投射到某一范围内的照明形式，在居住环境中主要用于阅读、烹调、化妆及书写等处；装饰照明是为了增加居住环境的视觉美感、增加空间层次、丰富室内环境气氛而采用的特殊照明形式，如在起居环境聊天、休息用的壁灯，室内陈设的雕塑、绘画、盆景等这些区域使用的射灯照明及节日在房间中设置的满天星彩灯、蜡烛等均属于这个范畴，用以增强其活跃的气氛。

从图9-47布光分析图中可以看出：此案例的采光口在窗户，主太阳光与天光透过窗户照射进来，室内的两盏台灯更是使卧室增加了细节。

图9-47 布光分析

9.5.2 渲染参数的设置

在初调灯光的过程中，为了调整方便和快捷，需要对VRay渲染器进行设置，调到一个草图渲染的级别，这样在调节场景中灯光时，可以更快地观察灯光的变化。

Step 1 进入【V-Ray：：全局开关】卷展栏，取消【照明】区域中的"默认灯光"选项，如图9-48所示。

VRay渲染器的默认灯光明度很大，如果使用它来照明场景则容易产生曝光，大家在渲染之前一定要注意取消勾选"默认灯光"。

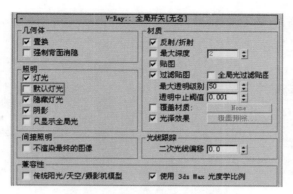

图9-48 取消"默认灯光"选项

Step ② 进入【V-Ray：：图像采样器】卷展栏，将图像采样器类型设置为固定，如图9-49所示。

Step ③ 进入【V-Ray：：间接照明】卷展栏，勾选"开"选项激活全局光，在【首次反弹】的全局光引擎中选择发光贴图选项，【二次反弹】中选择灯光缓冲选项，如图9-50所示。

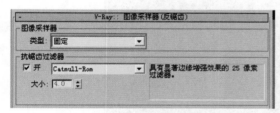

图9-49 设置图像采样器类型

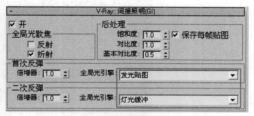

图9-50 设置间接照明卷展栏

Step ④ 进入【V-Ray：：发光贴图】卷展栏，在【当前预置】中选择"非常低"的类型，然后设置半球细分为20，插补采样为25，勾选"显示直射光"选项，如图9-51所示。

在【当前预置】选项区中，系统提供了8种系统预设的模式。这8种模式分别代表了不同渲染需求的设置，这里选择了"非常低"选项，目的是测试其效果时更节省时间。

Step ⑤ 进入【V-Ray：：灯光缓存】卷展栏，将【计算参数】区域中的细分设置为100，勾选"显示计算相位"选项，如图9-52所示。

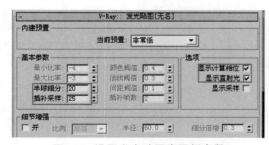

图9-51 设置发光贴图卷展栏参数

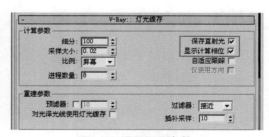

图9-52 设置细分参数

Step 6 进入【V-Ray：：环境】卷展栏，勾选"开"选项将环境光激活，将倍增器设置为2，环境光颜色设置为蓝色，如图9-53所示。

图9-53 设置环境卷展栏参数

只有勾选"开"选项，才能启用环境光。【V-Ray：：环境】卷展栏用来指定使用全局照明、反射以及折射时使用的环境颜色和环境贴图。

Step 7 按F9键进行测试渲染，效果如图9-54所示。

图9-54 开启环境光后的效果

启用环境光后，窗户外面的背景已经亮了起来，微弱的光线已经慢慢地由室外进入室内。这是环境光所起的作用，虽然不是很明亮，但在视觉上还是可以看得出来。

9.5.3 创建太阳光

在对场景进行布光分析时，已经确定主要用自然光来表现这个空间，自然光线主要包括太阳光和天光。考虑到场景有窗户，所以采用将太阳光透过窗户照射进室内，下面讲解制作方法。

Step 1 单击【创建】面板 图标下"标准"类型中的【目标平行光】按钮，在前视图创建一盏目标平行光来模拟太阳光。

> ### 小知识
>
> ➤ 目标平行光：目标平行光是以一个方向投射光线的。当太阳在地球表面上投射时，所有光线以一个方向投射平行光线，平行光主要用于模拟太阳光。可以调整灯光的颜色和位置并可以在3ds Max空间中旋转灯光。由于平行光是平行的，所以平行光线呈圆形或矩形、棱柱，而不是圆锥体。

Step 2 进入【修改】面板，勾选【阴影】区域中的"开"选项，将阴影方式设置为"VRay阴影"类型，颜色设置为黄色，倍增参数设置为1，如图9-55所示。

> ### 小知识
>
> ➤ 倍增：类似于灯的调光器。倍增器值与样本颜色的RGB值相乘得到光的实际输出颜色。当该值小于1时将减小光的亮度，大于1时可以增加光的亮度；当倍增器为负值时，光实际上是从场景中减去亮度。负光通常用来模拟局部暗的效果，常作为内部照明设置。

Step 3 按F9键进行测试渲染，效果如图9-56所示。

从审美角度来讲，太阳光照进室内的角度很关键，这一点在图9-56毫无疑问地表现出来。太阳光对室内物体产生的阴影变化直接影响到卧室的整体效果，此时的阴影显得生硬和死板。

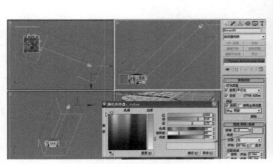

图9-55 设置太阳光参数

图9-56 创建太阳光后的效果

Step 4 展开【VRayShadows Params（VRay阴影参数）】卷展栏，勾选"光滑表面阴影"和"区域阴影"选项，将阴影类型设置为"立方体"方式，U、V、W尺寸参数都设置为100 mm，细分设置为12，按F9键进行测试渲染，效果如图9-57所示。

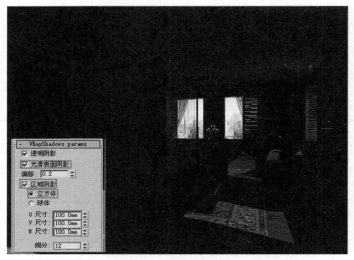

图9-57 测试渲染的效果

在【阴影参数】卷展栏中勾选"光滑表面阴影"，是因为它能产生更光滑的阴影边缘。

➤ 区域阴影：勾选此项，灯光可以产生柔和的面积阴影，阴影的柔和度由下面的U尺寸、V尺寸和W尺寸参数设定。

➤ 球体：设置光源为球体类型，光源将以球体发射光线的方式产生阴影。而U、V、W则可以柔化阴影边缘，能产生一种更真实的阴影效果。

9.5.4 创建室外天光

室外天光主要通过【VR灯光】来创建，主要因为它能模拟天光的照射，它的特点是强度比较大，光线分布也比较均匀。

Step 1 单击【创建】面板 图标下VRay类型中的【VR灯光】按钮，将灯光类型设置为平面，在左视图的窗户位置拖动鼠标创建一盏VR灯光来模拟室外天光。

Step 2 进入【修改】面板，将颜色设置为蓝色，倍增器设置为10，并勾选【选项】区域中的"不可见"选项，如图9-58所示。

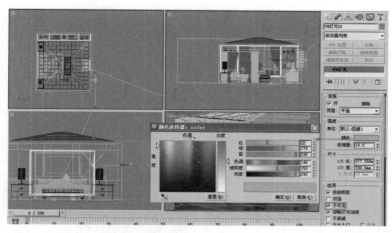

图9-58 设置天光参数（一）

　　创建太阳光的时候采用暖色，这里将天光设置为蓝色是想起到冷暖的对比，使整个场景更加清晰，色彩上更加丰富多彩，而且家具所呈现出来的效果也会不一样。这就是场景中灯光为什么要多而精的缘故。

Step 3　配合Shift键将"VR灯光01"以实例的方式复制1盏到如图9-59所示的左边窗户位置。

Step 4　按F9键进行测试渲染，效果如图9-60所示。

　　通过创建室外天光，进入室内光线的明暗变化更加明显。

Step 5　使用步骤1的方法，在前视图的两个窗户位置分别拖动鼠标创建VR灯光来模拟室外天光。

Step 6　进入【修改】面板，将颜色设置为蓝色，倍增器设置为10，并勾选【选项】区域中的"不可见"选项，如图9-61所示。

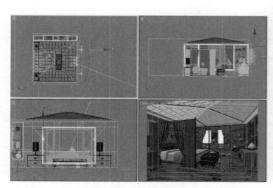

图9-59 复制灯光

图9-60 测试渲染效果（一）

在创建【VR灯光】的时候，勾选【选项】区域中的"不可见"选项，光源在渲染时将看不到灯光本身，但光的强度是不会受到影响的，同时场景中有反射的物体也可以反射到灯光本身。

Step 7 按F9键进行测试渲染，效果如图9-62所示。

这是在太阳光照射的基础之上添加了天光的效果，可以看到整个场景比只有太阳光照射的时候更亮了，这是因为灯光有一个叠加的作用。而且光线照射在家具上显得特别逼真，家具所折射出来的阴影也特别柔和。

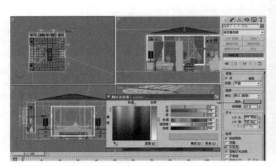

图9-61 设置天光参数（二）

图9-62 测试渲染效果（二）

9.5.5 创建室内灯光

这个场景的布局比较复杂，既有强烈的室外光源，又有大量的室内灯光，两种光源的作用是相辅相成的。室内光源的作用一方面是照亮室内光照不足的地方，另一方面是可以形成与室外光源的对比，从而生动形象地表达空间关系。

Step 1 单击【创建】面板 图标下VRay类型中的【VR灯光】按钮，将灯光类型设置为平面，在顶视图的中心位置拖动鼠标创建一盏VR灯光。

Step 2 进入【修改】面板，将颜色设置为黄色，倍增器设置为1，并勾选【选项】区域中的"不可见"选项，如图9-63所示。

Step 3 按F9键进行测试渲染，效果如图9-64所示。

室内灯光创建后，卧室整体氛围由冷转化为暖，整个亮度还是有了很大的变化，但是床头柜的台灯变化还是不大，这需要在台灯位置创建灯光来模拟真实的台灯光照效果。

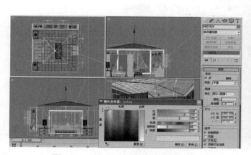

图9-63 设置灯光参数（一）

图9-64 添加室内灯光后的效果

Step 4 单击【创建】面板 图标下VRay类型中的【VR灯光】按钮，将灯光类型设置为球体，在顶视图的台灯位置拖动鼠标创建一盏VR灯光。

Step 5 进入【修改】面板，将颜色设置为黄色，倍增器设置为10，并勾选【选项】区域中的"不可见"选项，如图9-65所示。

【VR灯光】的"球体"类型可以模拟台灯及部分吊灯的效果，照射范围不是特别大。

Step 6 配合Shift键将"VR灯光05"以实例的方式复制1盏到床头柜台灯位置，按F9键进行测试渲染，效果如图9-66所示。

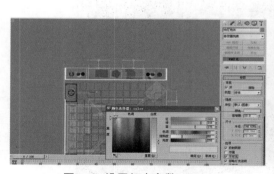

图9-65 设置灯光参数（二）

图9-66 测试渲染效果

这是创建台灯后的效果：整个卧室显得更活泼起来。只是本实例表现的是中午时分的效果，有些地方的灯光还是不够理想的。假如继续创建灯光会需要很多测试渲染时间，为了节省时间同时质量又好，可利用【彩色贴图】卷展栏的功能来制作。

Step 7 进入【V-Ray：：彩色贴图】卷展栏，将类型设置为指数，黑暗倍增器设置为1.8，变亮倍增器设置为2.2，如图9-67所示。

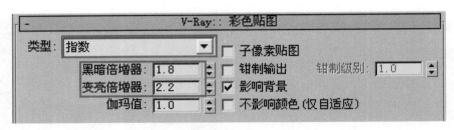

图9-67 设置倍增器参数

技巧提示

　　将彩色贴图类型转换为指数类型，主要是为了避免画面出现曝光现象。变暗倍增器值是调节暗部的明暗，参数越大，暗部越亮；变亮倍增器值是调节亮部的明暗，参数越大，亮部就越亮。一般情况下，应该设置两个值相同的参数，如果设置其中一个值过大或过小，画面会变灰或导致对比太强烈。

Step 8 按F9键进行测试渲染，效果如图9-68所示。

图9-68 整体提亮后的效果

　　这就是设置灯光和材质后的效果，整体感觉非常不错。卧室的惬意、返璞归真感都一一体现，不好的地方就是床铺的侧面显得有点暗，有些小地方还出现杂点，这都不是材质和灯光所造成的，主要是之前设置的渲染参数过低的原因，在最终成品出图时把一些参数适当地提高即可改变这种现象。

9.6 最终参数的设置

当灯光和材质都设置好以后，就可以设置最终渲染参数。设置渲染参数应在保证质量的前提下尽量加快渲染速度。

9.6.1 设置图像采样器

进入【V-Ray：：图像采样器】卷展栏，设置图像采样器的类型为"自适应细分"，并设置抗锯齿过滤器的方式，如图9-69所示。

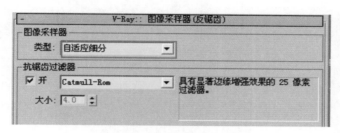

图9-69 设置图像采样器类型

小知识

➤ 自适应细分：该采样器是一个具有每个像素的样本值可以低于1的高级采样器。在没有VRay模糊特效的场景中，它是最好的首选采样器。它使用较少的样本就可以达到其他采样器使用较多样本所能够达到的品质和质量，但是在具有大量细节或模糊特效的情形下会比其他两个采样器更慢，图像效果也更差。比起另两个采样器，它也会占更多的内存。

9.6.2 渲染光子图

在渲染最终成品图像时，都会渲染保存光子图，使用调用光子图进行渲染比没有调用光子图渲染至少会快3倍左右的时间。

Step 1 进入【V-Ray：：发光贴图】卷展栏，在【当前预置】中选择"中"的方式，将半球细分设置为50，插补采样设置为25，勾选【渲染后】区域中的"自动保存"和"切换到保存的贴图"选项，单击【浏览】按钮将发光贴图保存到指定的文件，如图9-70所示。

图9-70 设置参数和保存发光贴图

Step 2 进入【V-Ray：：灯光缓存】卷展栏，将细分的参数设置为800，勾选【渲染后】区域中的"自动保存"和"切换到被保存的缓存"选项，单击【浏览】按钮将灯光贴图保存到指定的文件，如图9-71所示。

图9-71 设置参数和保存灯光贴图

这些参数设置都是笔者根据多年经验和电脑硬件配置而设置的，如果读者电脑硬件配置更好，可以设置更高的渲染参数，渲染出的效果会有很大的区别。

Step 3 进入【渲染设置】对话框，将光子图的输出大小设置为320×240，单击【渲染】按钮进行光子图的渲染，光子图的渲染如图9-72所示。

图9-72 光子图的效果

　　渲染光子图的时候出现图9-72所示的效果，主要是因为勾选了【V-Ray：：全局开关】卷展栏下的"不渲染最终的图像"选项。不渲染最终的图像作用是：选择该项，系统将在计算完光子以后，不再渲染最终图像。

9.6.3　最终成品渲染

Step 1　进入【渲染设置】对话框，将最终成品图的输出大小设置为2400×1800，如图9-73所示。

Step 2　单击【渲染】按钮进行最终图像的渲染，卧室的最终效果如图9-74所示。

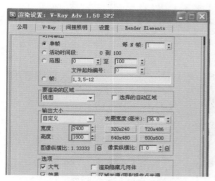

图9-73　设置最终成品图的输出大小

图9-74　卧室的最终效果

一张设计优雅的床铺，从侧面看洁白的床垫搭配花梨木，犹如一弯新月。台灯别致、精巧、新颖，给人一种浓郁的东南亚风情。

9.7 读者问答

问：东南亚风格的色彩都是以鲜艳的颜色为主吗？

答：东南亚风格的色彩不一定以艳丽为主色，但从整个画面来说必须要有跳跃的颜色，只有这样才能独具东南亚风情。多看看东南亚风格方面的资料就会明白，如图9-75、图9-76所示就是两种常见的东南亚风格效果。

图9-75 东南亚风格效果表现（一）

图9-76 东南亚风格效果表现（二）

问：在调节材质的时候，为什么很多材质都设置比较高的细分参数，细分的主要功能作用是什么？

答：设置细分参数的材质可以得到一个细腻而真实的效果，而且经过细分的材质不会显得脏，比较图9-77和图9-78，可以看出细分与不细分的区别。

图9-77 设置细分参数的效果

图9-78 不设置细分参数的效果

问：布置灯光的时候，场景中有天光和太阳光的时候，先创建哪个比较好，两者有什么区别？

答：先创建哪个灯光只是看个人爱好。不过，一般来说都是先创建太阳光比较多，因为太阳光的照射方向很重要。但单独用太阳光不能照亮场景，而只用天光可以照亮场景，只有清楚它们各自的功能才能做出更好的作品来。

问：设置最终渲染参数的时候，是否只根据场景需要而设置一些卷展栏参数，如果全部都设置会出现什么样的效果？

答：参数并不是说设置多就好，要看怎么设置才是最主要的，如果一味地追求高参数或设置一些并不影响场景效果的参数，那只会浪费更多的时间，而且效果还不一定是好的。总而言之，把握好质量与速度才能事半功倍。

9.8 扩展练习

通过对本章灯光和材质的学习，希望读者练习一张白天效果的制作。最终效果如图9-79所示。

图9-79 扩展练习卧室最终效果

资料： 配套光盘含有原模型文件、贴图、光域网。

要求： 运用前面讲解的布光原理以及材质的设置方法，制作出东南亚风格的卧室，如图9-79所示的效果。

注意事项：

（1）卧室为白天效果，布光时室外太阳光需要更强烈。

（2）创建灯光的时候要注意灯光颜色，灯光的阴影和过渡要设置好。

（3）调节材质的时候，墙面乳胶漆颜色要设置好，而且一定要控制好墙面色溢问题。

（4）调节床单、枕头材质的时候，贴图的选择很重要，贴图坐标要根据模型设置合适的大小。

10　自然本色——地中海风格卧室

地中海是西方古文明的发源地之一。自古以来，地中海不仅是重要的贸易中心，更是众多古文明的摇篮。地中海地区国家众多，物产丰富，现有居民大都是世居当地的人民，因此，展现出丰富多样的文化风貌，体现出一种原生态质朴的生活状态。

现代都市生活节奏加快，越来越多的都市人开始厌倦紧张压抑的生活环境，家自然成为心灵归属的港湾，因而一些休闲风格的家居装饰开始在装饰装潢领域得到越来越多的应用。

地中海风格有着自己独特的风格特征，以其极具亲和力的田园风情及柔和的色调和组合搭配上的大气很快被地中海以外的广大区域的人们所接受。

地中海风格的基础是明亮、大胆、色彩丰富、简单、民族性，有明显的特色。不需要太多的装饰技巧，保持简单的意念，取材大自然，强调质朴原生态，大胆而自由地运用色彩、样式。地中海风格有一些显著的特征风貌：拱形的浪漫空间布局，纯美的色彩方案，自然随意的线条体现，独特的装饰方式，都充分体现出古老文明的气息。如图10-1和10-2所示。

图10-1 卧室的最终效果角度（一）　　　　　图10-2 卧室的最终效果角度（二）

10.1 设计介绍

装修工程开始时，设计师首先定下基调，简化空间线条，去除繁缛，着力突出空间的流畅性。如果不是看到最初卧室的布局，很难想象现在这个空间的原始样貌。一些多余的空间被统统拆掉，整个结构通过空间上的转移变得连贯和互通起来，多种材质相互融合的运用也形成了各空间的统一性。

卧室的背景墙被巧妙地用作与书房之间的隔断墙，隔离出相对隐蔽和独立的书房。卧室平直的线条及丰富的材质，营造出一种情感交融的地中海风格氛围。这种不同区域在设计结构上的巧妙处理也充分体现在卧室与阳台之间，在阳台摆放桌子和椅子成为独立的休闲区，可以欣赏精心培养的植物等，这些都可以通过图10-3平面图布置一一地体现出来。

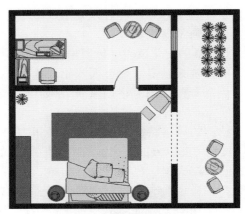

图10-3 卧室的平面布置

10.2 软装应用

卧室是最好的休息和独处空间，它应具有安静、温馨的特征，从布局到室内摆设要经过精心搭配才能呈现出效果。在大多数人的观念里，柔软惬意的床，是卧室的绝对主角，所以以床为中心，设计、布置卧室，是营造卧室气氛的重点。

寻常的卧室通常具有亲和的魅力，在这样的居室中入睡，总伴有平静而甜美的心情。不同颜色会产生心理上的不同感受，床上的布艺以红色、黄色、橙色等温暖活泼的颜色为主，能表现出温暖愉悦的气氛。床是卧室的主角，满溢着宁静优雅的碎花图案布艺床，使居室变得温馨浪漫。如图10-4和10-5所示。

技巧提示

在挑选布艺床时，特别要注意床上布料的选择，首先要闻，如果产品散发出刺鼻的异味，就说明可能有甲醛残留其中，最好不要购买；其次是要挑花色，以浅色调为宜，这样甲醛、染色牢度超标的风险会相对小些；最后看品种，在选购经防缩、抗皱、柔软等处理过的产品时也要谨慎。

图10-4 床铺的搭配

图10-5 家具的选择

　　与格子布纹有异曲同工之妙，条纹的布纹也是不朽的设计语汇，一字排开的长方形，工整而纯粹。如图10-5所示，与地面垂直时条纹在视觉上会产生拉长的错觉，而横置、斜置时则有明朗、厚实的效果。一个简易的元素便能起到如此显著的作用，实现虚实相济的美感，也就不难理解其无法取代的地位从何而来。过于宽大的空间，做一些隐蔽的滑动门，可以在睡眠需要时关上，灵活多变的空间不仅能满足心理上时而隐蔽时而开放的需要，也让卧室更具动感。卧室属于个人私密空间，功能上更强调实用性。在色彩上追求宁静，安逸的情感体验，这对于发挥卧室的功能会带来理想的效果。面积较大的卧室，选择墙面装饰材料的范围比较广，任何色彩、图案、冷暖色调的涂料、墙纸、壁布均可使用；而面积较小的卧室，选择的范围相对小一些，小花、偏暖色调、浅淡的图案较为适宜。

　　那么如何表现地中海风格崇尚自然、亲近自然、感受自然的品位，最直接的办法就是采用天然的装饰材料。经典的地中海风格清新自然，充满返璞归真的特色，挂在墙上的竹纹吊篮构成了具有异域风格的点缀（见图10-6和图10-7）。

图10-6 装饰品的选择（一）

图10-7 装饰品的选择（二）

　　地中海风格的家具和小装饰物多体现古朴、自然、原生态的韵味。它常采用竹藤、红瓦、窑烧以及木板等装饰物，古老的家具也被代代流传下来，在整体风格色调中，室内、窗帘、桌巾、沙发套、灯罩等均以低彩度色调和棉织品为主，强调柔和的色调搭配。床头柜的选择见图10-8，卧室的色调见图10-9。

图10-8 床头柜的选择

图10-9 卧室的色调

设计本身就是对事物的美化，而色彩在设计中又占据了很重要的地位。懂得充分发挥出每一种颜色的性格和潜力十分重要。本案例卧室的设计中把每一种颜色都处理得健康而富有朝气，无疑抓住人们内心渴望自然的生活态度以及人与人的关怀亲近等感情需要，在水泥建筑中穿梭着的现代人更加需要一种明确的色彩主张和视觉上的跳跃。不同于多重色彩的重叠，单色的使用往往简单大气，单一而纯粹往往能够发挥强大的视觉潜力。

10.3 制作流程

制作一张优秀的效果图，模型、材质、灯光与渲染这几个步骤是不可缺少的，但具备了这些也不一定就可以表现出一张好的效果图，只有模型精细，灯光和材质搭配到位才能制作出好的效果。本例卧室效果图的整个流程如图10-10所示。

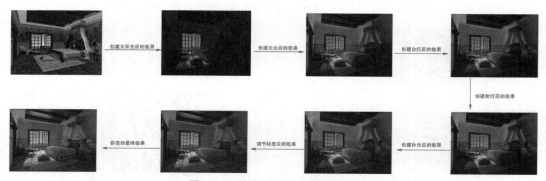

图10-10 卧室效果图的制作流程

10.4 灯光艺术

灯光可以说是一个较灵活及富有趣味的设计元素，可以成为气氛的催化剂，是一室的焦点及主题所在，也能加强现有装潢的层次感。

10.4.1 布光分析

一般而言，灯光编排可以分为直接和间接两种。直接灯光泛指那些直射式的光线，如吊灯及射灯等，光线直接散落在指定的位置上，投射出一圈圈的光影，作照明或突出主题之用，直接、简单。间接灯光在气氛营造上则能发挥独特的功能性，营造出不同的意境。它的光线不会直射至地面，而是被置于凹槽、天花背后，或是墙面装饰的背后，光线先被投射至墙上再反射至地面，柔和的灯光仿佛轻轻地洗刷整个空间，温柔而浪漫。这两种灯光的适当配合，才能缔造出完美的空间意境。一些明亮活泼，一些柔和舒缓，透过当中的对比表现出灯光的独有个性，散发出不凡的意韵。

卧室的照明配置历来都以"温馨"二字为纲，而渲染这种气氛卧室的主灯最为重要。居家照明，不是灯火通明才叫够亮，家里最理想的亮度是延续黄昏时分的自然光。间接光源与暖色光的运用，是家庭照明最通用的准则。从图10-11布光分析中可以看出透过卧室窗户有天光和太阳光照射进来，室内还有台灯和射灯的照射，这就符合了灯光多而精的原则。

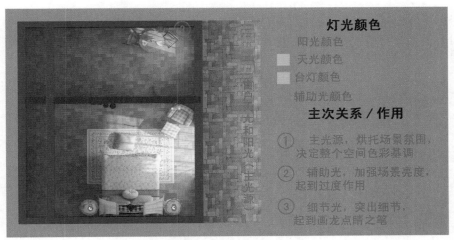

图10-11 布光分析

10.4.2 初始参数的设置

在测试灯光之前，都会设置一些级别较低的参数进行测试渲染。

Step 1 打开卧室场景模型，进入【V-Ray：：全局开关】、【V-Ray：：图像采样器】卷展栏，取消【照明】区域中的"默认灯光"选项，把图像采样器类型设置为固定，取消抗锯齿过滤器的"开"选项，如图10-12所示。

Step 2 进入【V-Ray：：彩色贴图】卷展栏，把类型设置为指数，如图10-13所示。

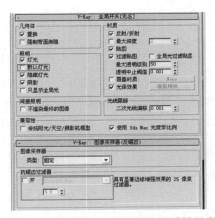

图10-12 取消默认灯光和设置图像采样器类型

图10-13 设置彩色贴图类型

　　彩色贴图的类型有7种，每种类型对场景效果的影响都不一样。但是指数类型不容易产生曝光现象，也不限制颜色范围，如果不是夜晚，一般情况下都会使用指数类型渲染效果。

Step **3** 进入【V-Ray：：间接照明】、【V-Ray：：发光贴图】卷展栏，勾选"开"选项激活全局光，将【二次反弹】的全局光引擎设置为灯光缓存。把【当前预置】设置为"非常低"类型，半球细分设置为20，插补采样设置为25，并勾选"显示直射光"选项，如图10-14所示。

初次设置参数时，当前预置类型宜设置"非常低"选项，只要能测试出灯光效果就可以了。最终输出效果的时候，这些参数再重新设置高级别的参数。

Step **4** 进入【V-Ray：：灯光缓存】卷展栏，将细分设置为100，并勾选"显示计算相位"选项，如图10-15所示。

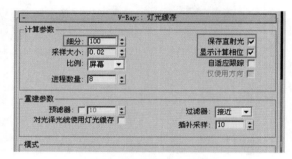

图10-14 设置间接照明和发光贴图卷展栏参数　　　　　图10-15 设置细分参数

10.4.3 使用VRay灯光模拟太阳光

本节采用【VR灯光】模拟太阳光效果，原因在于【VR灯光】的球体类型灯是向四周散射的，这点与现实中的太阳相符合，而且球体灯的各项参数容易调节和控制。

Step **1** 进入【V-Ray：环境】卷展栏，勾选【全局光环境覆盖】区域的"开"选项激活环境光，单击右侧的 `None` 按钮弹出【材质/贴图浏览器】对话框，双击【VR天空】贴图，如图10-16所示。

图10-16 选择【VR天空】贴图

小知识

　　【VR天空】贴图是一种天空球贴图，可以产生真实的天光照明，配合【VR太阳】使用，还可以产生不同时间段的天光效果。如果要使用【VR天空】贴图，通常在VRay或3ds Max环境贴图通道内指定该贴图。如果要设置【VR天空】贴图参数，可以将其以实例的方式复制到材质编辑器某个示例窗。

Step 2 按M键打开材质编辑器，把【VR天空】贴图拖入材质编辑器的材质球示例中，选择实例的方式进行复制，如图10-17所示。

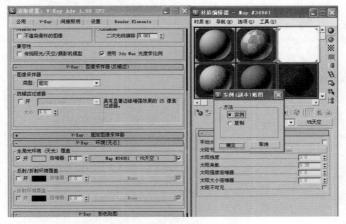

图10-17 复制VR天空贴图

Step 3 单击【创建】面板图标下VRay类型中的【VR灯光】按钮，将灯光的类型设置为"球体"，在前视图中创建一盏VRay灯光。

Step 4 进入【修改】面板，将【VR灯光】的颜色设置为暖色，倍增器设置为30 000，并勾选【选项】区域中的"不可见"选项，取消 "影响反射"选项，将细分设置为20，如图10-18所示。

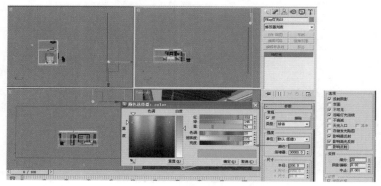

图10-18 设置VR灯光参数

　　VR灯光是模拟太阳光效果的，而且表现的是黄昏时分效果，所以颜色设置为暖色，倍增器参数设置要比平常大几百倍才行。

Step 5 在【VR天空参数】卷展栏里，勾选"手动太阳节点"选项，单击按钮后拾取前面创建的VR灯光，然后修改VR天空的各项参数如图10-19所示。

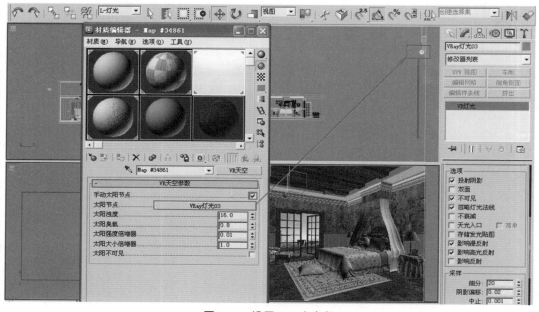

图10-19 设置VR天空参数

小知识

> 手动太阳节点：当不勾选此项时，VR天空的参数将从场景中VR太阳的参数里自动匹配；当勾选时，用户就可以从场景中选择不同的光源，比如3ds Max里的Direct Light。在这种情况下，VR太阳将不再控制VR天空的效果，而VR天空将通过自身的参数来调整天光的效果。

> 太阳节点：单击右侧的 None 按钮可以在场景中选择一盏灯光，如图10-19所示【VR天空】贴图与【VR灯光】联动，即根据VR灯光相对于摄像机和角度的变化而产生不同时段的光照。

> 太阳浊度：设置空气的混浊度。值越小光线越明亮，空气越清新；值越大，光线越暗，空气越混浊，颜色逐渐变成金黄色。该值从最小值2到最大值20，可以模拟出从早上到傍晚的光照效果。

> 太阳臭氧：设置臭氧层厚度，值越小，光线越饱和，该值对场景影响不是很大。

> 太阳强度倍增器：设置【VR天空】贴图所产生光照的强度，该值通常设置得较小。

> 太阳大小倍增器：设置光源的尺寸。

Step 6 按F9键进行测试渲染，当前的效果如图10-20所示。

图10-20 创建太阳光后的效果

太阳光透过窗户照射进来，整个场景都是暖色的，投射在地面上的阴影轮廓特别清晰，黄昏时分的感觉慢慢地体现出来了。

10.4.4 使用VRay灯光模拟室外天光

本案例表现的是黄昏时分效果。为了体现黄昏的感觉，在创建室外天光的时候运用了比较多的【VR灯光】，而且灯光颜色上也有很强烈的对比。

Step 1 单击【创建】面板 ![icon] 图标下VRay类型中的【VR灯光】按钮，将灯光的类型设置为"平面"，在顶视图中创建一盏VR灯光。

Step 2 进入【修改】面板，将【VR灯光】的颜色设置为暖色，倍增器设置为1，并勾选【选项】区域中的"不可见"选项，取消 "影响反射"选项，细分设置为20，如图10-21所示。

> **技巧提示**
>
> 将VR灯光斜着打（可以利用旋转工具对VR灯光的Z轴旋转－45°），主要是指定灯光照射的范围。

Step 3 按F9键进行测试渲染，当前的效果如图10-22所示。

卧室的阳台位置亮度增加了一些细节，对室内影响不大，下面继续创建天光。

Step 4 继续创建天光。在左视图中创建一盏VR灯光，把颜色设置为蓝色，倍增器设置为8，如图10-23所示。

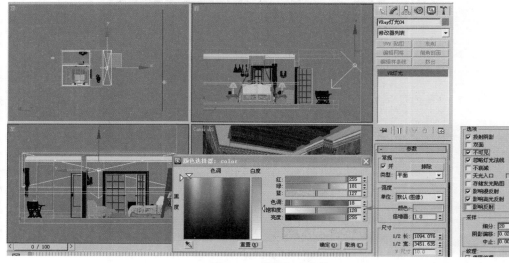

图10-21 修改灯光参数

图10-22 测试灯光效果

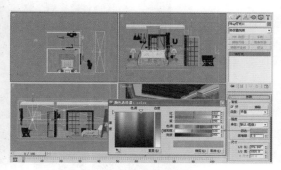

图10-23 设置灯光参数（一）

Step 5 在左视图中创建一盏VR灯光，把颜色设置为黄色，倍增器设置为2，如图10-24所示。

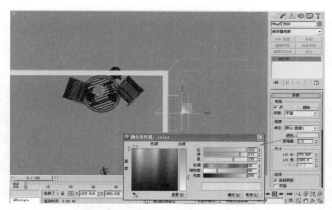

图10-24 设置灯光参数（二）

技巧提示

窗户位置创建两盏VR灯光，主要是起到叠加的作用，冷暖颜色相结合丰富场景空间，而且灯光的颜色也是变化无穷、多种多样的。

Step 6 按F9键进行测试渲染，当前的效果如图10-25所示。

可以看出刚才创建的两盏灯光对卧室影响不大，因为它所照射到的书房的空间是有限的。但是这微不足道的灯光还是要创建的，偶尔小小的灯光会对场景起到非常大的作用和产生好的气氛。

图10-25 测试渲染效果（一）

Step 7 在左视图中创建一盏VR灯光，把颜色设置为蓝色，倍增器设置为10，如图10-26所示。

Step 8 按F9键进行测试渲染，当前的效果如图10-27所示。

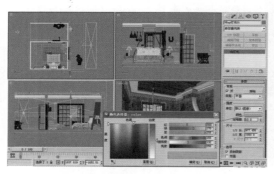

图10-26 设置灯光参数（三）

图10-27 测试渲染效果（二）

　　创建天光后卧室的效果明显好转了很多，也没有了之前那种昏黄的效果，但黄昏的感觉还是可以感觉得到的。只是场景还是有点暗，还需要继续创建补光。

Step 9 在顶视图创建一盏VR灯光，把颜色设置为蓝色，倍增器设置为10，如图10-28所示。

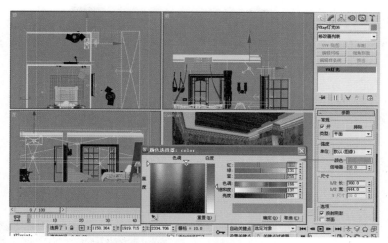

图10-28 设置灯光参数（四）

技巧提示

　　这里的补光都设置为冷色，而且灯光位置都是斜着打。光源的方向对画面中阴影的面积有着重要的影响。当光线的方向发生改变时，光的入射角增加，阴影的面积也随之增多，从而影响画面的整体风格。光源的方向对整体画面色彩的饱和度也有着重要的影响，向前照明可以获得最大的饱和度，向后照明可以降低饱和度。

Step 10　配合Shift键把VR灯光06以实例的方式复制两盏到如图10-29所示的位置。

Step 11　按F9键进行测试渲染，当前效果如图10-30所示。

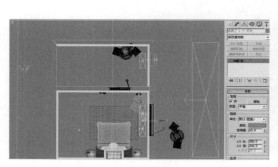

图10-29 复制灯光

图10-30 测试渲染效果（五）

　　室外天光创建完毕后，由原来的阴暗转变为亮的过渡效果，整体效果还是比较令人满意的。不过墙面太白了，不是很像黄昏，下一步要创建暖色的灯光来体现这种氛围。

10.4.5 **创建室内灯光**

室内灯光即壁灯、台灯，它们虽然对整体案例影响不大，但能起到局部点缀的作用。

Step 1 单击【创建】面板图标下VRay类型中的【VR灯光】按钮，将灯光类型设置为球体，在前视图的台灯位置创建一盏VR灯光来模拟台灯。

Step 2 进入【修改】面板，将颜色设置为黄色，倍增器设置为15，如图10-31所示。台灯倍增器参数不宜设置过高，需要体现的是比较柔和的暖色调。

Step 3 配合Shift键把台灯以实例的方式复制一盏到左边的台灯位置，按F9键进行测试渲染，效果如图10-32所示。

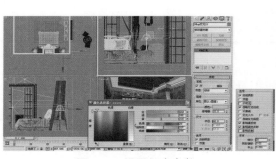

图10-31 设置灯光参数

图10-32 测试渲染效果（一）

台灯照射的范围虽然不大，但恰到好处的光线气氛让卧室增添了细腻感。

Step 4 在前视图创建一盏VR灯光模拟射灯，颜色设置为黄色，倍增器设置为80，取消【选项】区域中的"不可见"选项，把采样细分设置为20，如图10-33所示。

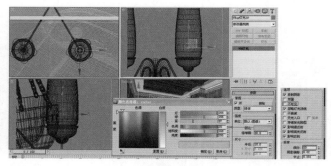

图10-33 设置射灯参数

技巧提示

　　自然界中的光线很少均匀地照射物体，通常都能产生不同的光线形态和投影。所以要在布光之前了解产生光源物体的发光属性和特点，分析光源的投射方式。例如台灯的光线因为遮光罩的影响会在周围物体留下半圆的光线形态，光线在投射过程中，如果遇到物体的阻隔，就会根据物体的物理属性来决定是否继续投射阴影以及投射阴影范围的大小。烈日下的树荫效果，就可以通过一张树荫的贴图来表现更为真实的效果，对烘托画面的氛围起了很大的作用。

Step **5**　配合Shift键把射灯以实例的方式复制一盏到左边的射灯位置，如图10-34所示。

Step **6**　按F9键进行测试渲染，效果如图10-35所示。

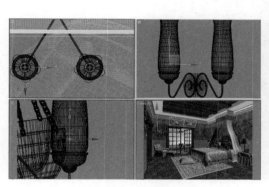　

图10-34 复制射灯　　　　　　　　　　图10-35 测试渲染效果（二）

　　此时的效果已基本部分符合要求，只是靠近床铺的地方比较暗，还需要在室内创建补光才行。

Step **7**　单击【创建】面板 图标下VRay类型中的【VR灯光】按钮，将灯光类型设置为平面，在顶视图拖动鼠标创建一盏VR灯光作为补光。

Step **8**　进入【修改】面板，将颜色设置为黄色，倍增器设置为1，勾选【选项】区域中的"不可见"选项，把采样细分设置为20，如图10-36所示。

Step **9**　按F9键进行测试渲染，效果如图10-37所示。

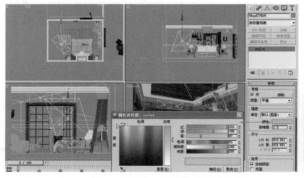

图10-36 设置补光参数

图10-37 测试渲染效果（三）

光线的过渡、对比、清晰、亮度都已表现出来，地中海风格卧室的惬意、返璞归真感也都一一得以表现，不好的地方就是有些材质显得有点暗，而有些显得有些亮。地板和木纹的反射没有表现出来，墙面也过于白。下面就针对这些问题开始材质的调节。

10.5 材质表现

材质是什么？简单地说就是物体看起来是什么质地。材质可以看成是材料和质感的结合。在渲染过程中，它是表面各可见属性的结合，这些可见属性是指表面的色彩、纹理、光滑度、透明度、反射率、折射率、发光度等。正是有了这些属性，才能识别三维中的模型是什么做成的，也正是有了这些属性，电脑三维的虚拟世界才会和真实世界一样缤纷多彩。

10.5.1 地板材质的分析和制作

地中海风格居室材质大都是比较质朴、复古、纯正，所以木板贴图的选择很重要。

Step ① 按M键打开材质编辑器，选择地面材质示例窗。

Step ② 在【基本参数】卷展栏中，给漫反射指定地板贴图，反射和高光光泽度分别指定地板的灰色贴图，高光光泽度设置为0.8，光泽度设置为0.85，细分设置为15，如图10-38所示。

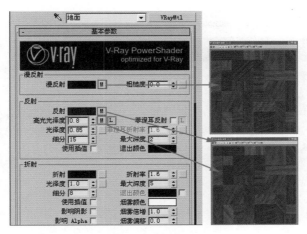

图10-38 设置地板材质

技巧提示

给高光光泽度指定木地板灰色贴图，主要是想让地板的高光反射出真实的光
泽度，这也就是所谓的真假反射。

Step 3 进入【贴图】卷展栏，将
凹凸通道值设置为20，并
指定地板灰色贴图，如图
10-39所示。

复古木地板都有强烈的凹凸
质感，如果地中海风格的居室地
面使用木地板材质，那么木地板
的反射、高光和凹凸特点一定要
表现出来。

图10-39 设置凹凸通道贴图

10.5.2 涂料材质的分析和制作

涂料是指一种液态或粉态材料，它可通过某种特定的施工工艺涂覆在物体表面，
经干燥固化后形成牢固附着，具有一定强度的、连续的固态涂膜，对被涂物具有保
护、装饰或其他特殊功能。

Step 1 按M键打开材质编辑器，选择墙材质示例窗。

Step 2 在【基本参数】卷展栏中，将漫反射设置为黄色，细分设置为15，如图10-40
所示。

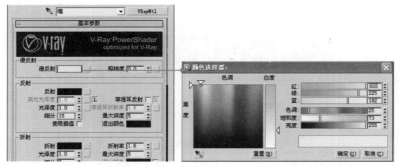

图10-40 涂料的设置

Step 3 进入【贴图】卷展栏，将凹凸通道值设置为30，并指定混凝土贴图，如图10-41所示。

涂料具有一定的凹凸质感，为了能使凹凸的效果更好，可指定一张混凝土的贴图。

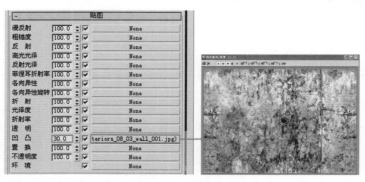

图10-41 设置凹凸通道贴图

10.5.3 墙裙材质的分析和制作

Step 1 按M键打开材质编辑器，选择墙裙材质示例窗。

Step 2 进入【贴图】卷展栏，给漫反射通道指定布纹贴图，将凹凸通道值设置为30，并指定布纹贴图，如图10-42所示。

墙裙的贴图选择很重要，墙裙既要和地面在视觉上达到谐调统一，又要和涂料颜色相差不大，而且还要符合地中海贴近自然的风格。

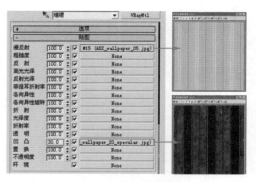

图10-42 墙裙的设置

10.5.4 天花材质的分析和制作

吊顶使用的是乳胶漆材质，制作方法比较简单。吊顶模型转折地方比较多，需要解决的是黑斑问题。

Step 1 按M键打开材质编辑器，选择天花材质示例窗。

Step 2 在【基本参数】卷展栏中，将漫反射设置为黄色，细分设置为30，如图10-43所示。

吊顶的天花角线模型比较复杂，为防止不出现杂点和黑斑，细分参数设置为30。

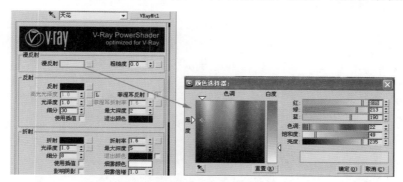

图10-43 乳胶漆的设置

10.5.5 纱帘材质的分析和制作

Step 1 按M键打开材质编辑器，选择纱帘材质示例窗。

Step 2 在【基本参数】卷展栏中，将漫反射设置为白色，把光泽度设置为0.95，细分设置为12，并勾选影响阴影选项，给折射指定【衰减】贴图，这时会自动进入到【衰减参数】卷展栏，给前侧的第一个通道指定一张黑白贴图，把衰减类型设置为Fresnel方式，如图10-44所示。

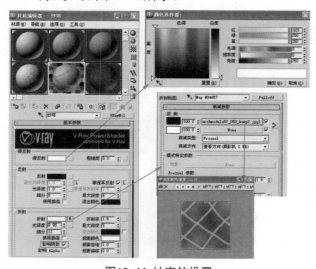

图10-44 纱帘的设置

351

把衰减贴图用于折射通道，这样能对纱帘的透明度进行控制。折射区域的光泽度、细分和反射区域的光泽度、细分作用是一样的。

10.5.6 床单材质的分析和制作

调节床单材质，很大一部分重点在选择贴图上，要考虑到肌理、颜色与整个空间格调的搭配，调整时主要注意其肌理感觉与纹理大小。

1. 床单的分析和制作

Step ❶ 按M键打开材质编辑器，选择床单材质示例窗。

Step ❷ 进入【贴图】卷展栏，给漫反射指定【衰减】贴图，这时会自动进入到【衰减参数】卷展栏，将前侧的两个通道分别设置为黄色和浅黄色。返回【贴图】卷展栏，把凹凸通道值设置为150，并指定一张黑白贴图，如图10-45所示。

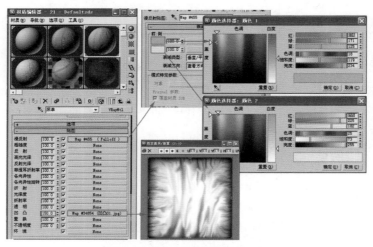

图10-45 床单材质的设置（一）

> **技巧提示**
>
> 贴图是制作材质的关键环节，3ds Max在标准材质的贴图区域中提供了多种贴图通道，每一种都有独特之处。能否塑造真实材质，在很大程度上取决于贴图通道与形形色色的贴图类型结合运用的成功与否。在贴图卷展栏中，可以为材质的各个通道指定贴图，并且可以对指定的贴图进行编辑修改。

2. 床单1的分析和制作

Step ❶ 按M键打开材质编辑器，选择床单1材质示例窗。

Step ❷ 在【基本参数】卷展栏中，给漫反射指定布纹贴图，细分设置为12，如图10-46所示。

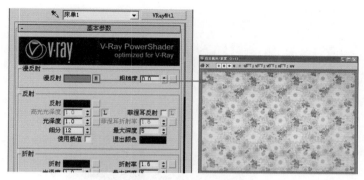

图10-46 床单材质的设置（二）

10.5.7 枕头材质的分析和制作

从卧室模型来看，床铺摆设了几个枕头模型。为了不让整个床铺过于单调、乏味，每个枕头的贴图最好不一样。

1. 枕头的分析和制作

枕头的材质分为两种，分别是浅黄色和花纹贴图，所以要用到多维材质进行调节。

Step 1 选择枕头模型，按Alt+Q键将枕头孤立显示，在【修改器列表】中，进入可编辑网格的多边形级别，选择枕头的正反两面，展开【曲面属性】卷展栏，将【材质】区域的ID号设置为2，如图10-47所示。

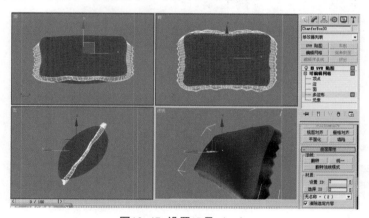

图10-47 设置ID号（一）

Step 2 执行主菜单中的【编辑|反选】命令，这时将反选枕头的其他面，将ID号设置为1，如图10-48所示。

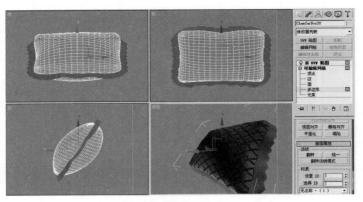

图10-48 设置ID号（二）

Step 3 按M键打开材质编辑器，选择枕头材质示例窗。单击材质面板中的 按钮弹出
【材质/贴图浏览器】对话框，选择并双击"多维/子对象"选项，这时将弹出
【替换材质】对话框，选择将旧材质保存为子材质，单击【确定】按钮即可，
如图10-49所示。

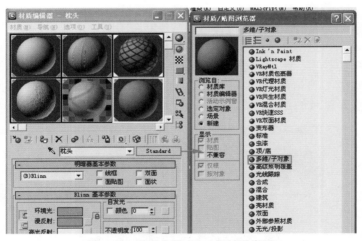

图10-49 选择多维/子对象材质类型

技巧提示

　　如果要将两个或更多材质应用到一个对象，可以使用"多维/子对象"材质。
这种材质类型可以包含多达1000种不同的材质，每种材质名称以材质 ID 的唯一
编号作标志。通过将不同材质的ID指定给非连续面，可在将父级多维/子对象材
质应用于对象时控制每种材质出现的位置。要是场景有很多的材质，那么这个方
法是非常实用的。

Step 4 在【多维/子对象基本参数】卷展栏里，单击【设置数量】按钮弹出【设置材质数量】对话框，在材质数量中输入2，单击【确定】按钮即可，如图10-50所示。

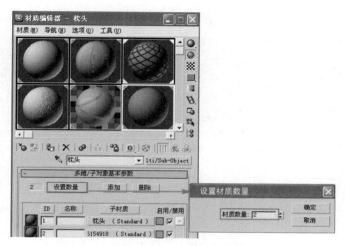

图10-50 设置材质数量

Step 5 设置1号材质。进入【贴图】卷展栏，给漫反射通道指定布纹贴图，将凹凸通道值设置为150，并指定枕头的黑白贴图，如图10-51所示。

Step 6 设置2号材质。进入【贴图】卷展栏，给漫反射颜色通道指定布纹贴图，将凹凸通道值设置为150，并指定枕头的黑白贴图，如图10-52所示。

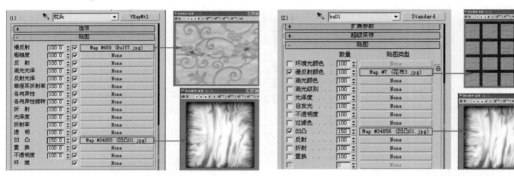

图10-51　1号材质的设置　　　　　　　　　图10-52　2号材质的设置

Step 7 进入【坐标】卷展栏，把平铺的U、V值设置为3，将角度下的W设置为45，如图10-53所示。

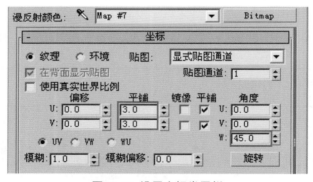

图10-53　设置坐标卷展栏

2. 枕头1的设置

Step 1 按M键打开材质编辑器，选择枕头1材质示例窗。

Step 2 进入【贴图】卷展栏，给漫反射指定布纹贴图，将凹凸通道值设置为12，并指定【烟雾】贴图，在【烟雾参数】卷展栏里，将大小设置为3，颜色 #2设置为灰色，如图10-54所示。

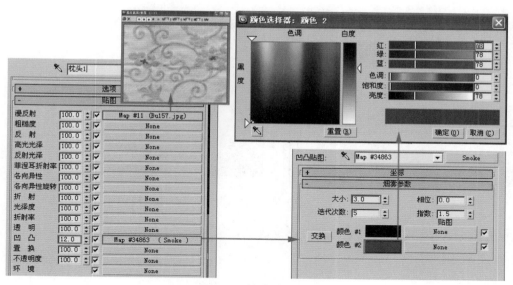

图10-54 枕头1的设置

小知识

> 烟雾贴图可以生成随机的不规则图案，如同看到的烟雾效果。它主要用于动画的不透明度贴图通道，用来模拟在光柱中的烟雾效果、云以及飘动的贴图效果。

> 大小：控制烟雾区域的大小。

> 迭代次数：设定计算不规则函数迭代的次数，值越大，烟雾的细节越清晰。

> 相位：控制烟雾的移动，当为此参数设置动画时，烟雾将具有移动的效果。

> 指数：设置颜色#2中的颜色在烟雾中的数量。

> 颜色 #1、颜色 #2：设定烟雾的效果。颜色 #1表示无烟区的效果，颜色 #2是烟雾区的效果，还可以使用一个贴图来替代颜色。

> 交换：单击此按钮将交换颜色#1与颜色#2的颜色。

10.5.8 木纹材质的分析和制作

1. 木纹的分析和制作

Step 1 按M键打开材质编辑器，选择木纹材质示例窗。

Step 2 在【基本参数】卷展栏中，给漫反射指定木纹贴图，反射设置为灰色，激活高光光泽度右侧的按钮，将高光光泽度设置为0.7，光泽度设置为0.8，细分设置为20，如图10-55所示。

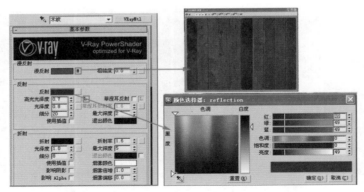

图10-55 木纹的设置

Step 3 进入【贴图】卷展栏，将凹凸通道值设置为20，并指定木纹贴图，如图10-56所示。

木纹材质的制作方法，基本上每章案例都会介绍其制作方法，这里只讲述其操作步骤。其制作方法关键在于贴图的选择和高光反射参数的设置。

图10-56 设置凹凸通道贴图

2. 木纹3的分析和制作

Step 1 按M键打开材质编辑器，选择木纹3材质示例窗。

Step 2 在【基本参数】卷展栏中，给漫反射指定木纹贴图，反射设置为灰色，激活高光光泽度右侧的按钮，将高光光泽度设置为0.7，光泽度设置为0.8，细分设置为15，如图10-57所示。

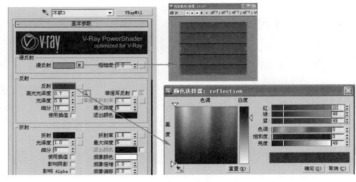

图10-57 木纹材质的设置

10.5.9 装饰织物材质的分析和制作

地中海风格在选色上，一般选择直逼自然的柔和色彩；在组合设计上注意空间搭配，充分利用每一寸空间，且不显局促、不失大气，释放了开放式自由空间，集装饰与应用于一体，因此墙上都会悬挂一些比较复古的装饰织物。装饰织物的制作方法比较简单，但是贴图纹理的选择很重要。

Step 1 按M键打开材质编辑器，选择吊栏材质示例窗。

Step 2 在【基本参数】卷展栏中，给漫反射指定竹纹贴图，激活高光光泽度右侧的按钮，将高光光泽度设置为0.85，光泽度设置为0.8，细分设置为25，反射指定【衰减】贴图，这时会自动进入到【衰减参数】卷展栏，将前侧的第二个通道设置为灰色，衰减类型设置为Fresnel，如图10-58所示。

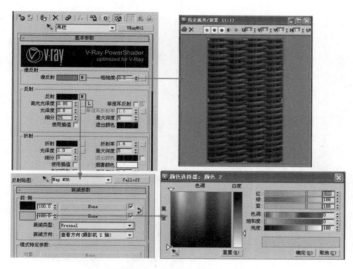

图10-58 装饰织物的设置

Step 3 进入【贴图】卷展栏，将凹凸通道值设置为50，并指定竹纹贴图，如图10-59所示。

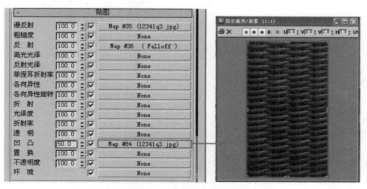

图10-59 设置凹凸通道贴图

技巧提示

　　适当地在室内增加一些体现主人情趣的装饰小品及植物，可以打破室内单调的格局，体现主人的文化品位，使空间更富有立体感和层次感。装饰品的选择要与周围的环境和气氛相协调，强调统一下的多样性，避免堆砌、杂乱无章。否则，会从视觉上给人一种压抑感，破坏整体美感及和谐性。

10.5.10　射灯材质的分析和制作

　　射灯由灯片和金属架组成，下面讲述其制作方法。

1. 灯片的分析和制作

　　灯片具有一定的反射和透明特性，和一般玻璃的制作方法是一样的。

Step 1　按M键打开材质编辑器，选择灯片材质示例窗。

Step 2　在【基本参数】卷展栏中，将漫反射设置为深蓝色，反射设置为深灰色，折射设置为白色，并勾选"影响阴影"选项，把折射率设置为1.5，如图10-60所示。

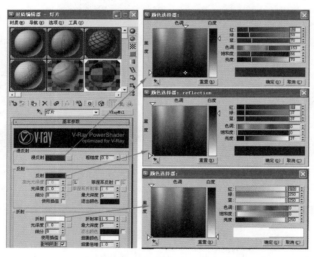

图10-60　设置灯片材质

　　反射参数不宜设置太大，在35左右即可。折射颜色接近于纯白，这样灯片的透明特性才能表现出来。

2. 支架的分析和制作

Step 1　按M键打开材质编辑器，选择支架材质示例窗。

Step 2　在【基本参数】卷展栏中，将漫反射设置为深灰色，反射设置为黄色，光泽度设置为0.85，细分设置为20，如图10-61所示。

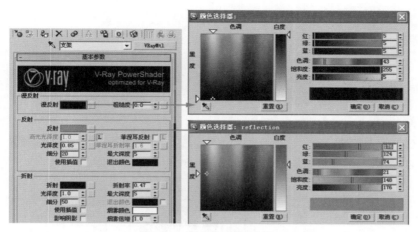

图10-61 支架材质的设置

[10.5.11] 台灯材质的分析和制作

台灯是由灯罩和灯架组成的，在此将灯罩作为重点材质讲述其制作方法。

1. 灯罩的分析和制作

Step 1 按M键打开材质编辑器，选择灯罩材质示例窗，将灯罩转化为VR双面材质，如图10-62所示。

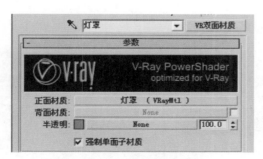

图10-62 VR双面材质面板

小知识

VRay双面材质与3ds Max的双面材质非常相似，可以在物体的正面和背面各指定一种材质效果，且两种材质可以相互融合，常用来表现纸张、窗帘、树叶等对象。

> 正面材质：设置物体正面材质。单击右侧的None按钮，在弹出的材质/贴图浏览器对话框中选择一种材质作为正面材质。

> 背面材质：设置物体背面材质。

> 半透明：该参数用来设置正面材质和背面材质的融合度，用颜色（或贴图）的亮度进行控制，单击右侧的颜色样本可选择一种颜色。

> 微调框【100】用于控制半透明贴图的影响程度，值越大，贴图对正面材质和背面材质的影响越明显。

Step 2 进入正面材质的【基本参数】卷展栏，将漫反射设置为黄色，细分设置为20，如图10-63所示。

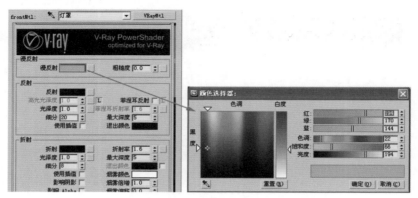

图10-63 灯罩材质的设置

这里设置正面材质就可以，背面材质即灯罩的里面材质，视线接触不到，所以不用设置。

2. 灯座的分析和制作

Step 1 按M键打开材质编辑器，选择灯座材质示例窗。

Step 2 在【基本参数】卷展栏中，将漫反射设置为深黄色，反射设置为灰色，激活高光光泽度右侧的按钮，将高光光泽度设置为0.8，细分设置为20，如图10-64所示。

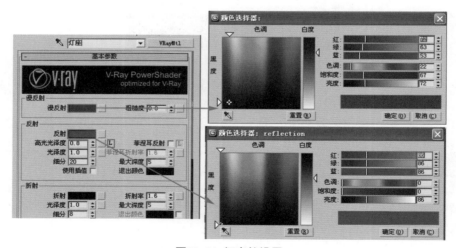

图10-64 灯座的设置

10.5.12 开关材质的分析和制作

Step 1 按M键打开材质编辑器，选择开关材质示例窗。

Step 2 在【基本参数】卷展栏中，将漫反射设置为白色，给折射指定【衰减】贴图，在【衰减参数】卷展栏中，将衰减类型设置为Fresnel方式。如图10-65所示。

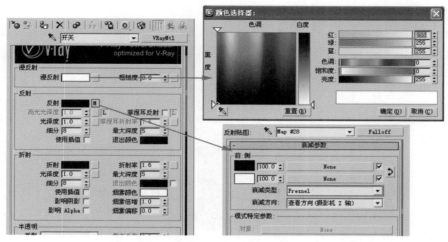

图10-65 开关的设置

材质是决定效果图是否真实的一个重要因素，要制作逼真的材质，深入理解每个材质参数的含义是关键，因为没有一个材质参数值能适合所有的场景，这就需要读者能够根据场景实际情况灵活变通。

10.5.13 背景材质的分析和制作

Step **1** 按M键打开材质编辑器，选择背景材质示例窗。

Step **2** 将背景转化为VR灯光材质，把颜色参数值设置为1.3，并指定一张背景贴图，如图10-66所示。

本案例表现的是黄昏时分效果，一定要选择黄昏背景贴图，而且背景的贴图坐标也要设置正确。

图10-66 背景的设置

10.5.14　玻璃材质的分析和制作

Step 1　按M键打开材质编辑器，选择玻璃材质示例窗。

Step 2　在【基本参数】卷展栏中，将漫反射和折射设置为白色，反射设置为深灰色，勾选"影响阴影"和"影响Alpha"选项，如图10-67所示。

　　到此，卧室的材质已经设定完成了，这里只是拿一些比较重要的材质进行讲解，其他细小的材质都是3ds Max普通材质制作的，读者在场景中学习就可以。

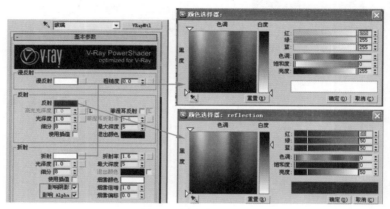

图10-67　玻璃的设置

技巧提示

　　在实际的制作过程中，为了加快渲染的速度，对图像整体影响较大或是在画面中占据较大面积的材质，可以将渲染调节的参数相应地设置高一些，让画面的细节更丰富，反之，则粗略调节即可。

Step 3　按F9键进行测试渲染，效果如图10-68所示。

图10-68　测试渲染效果（一）

材质调节完成后，整个场景效果发生了很大的变化，由原来沉闷的气氛转向活泼。但是整体现还是有点暗，可将其整体提亮即可。

Step 4 进入【V-Ray：：彩色贴图】卷展栏，将黑暗倍增器设置为1.3，变亮倍增器设置为1.2，如图10-69所示。

Step 5 按F9键进行测试渲染，效果如图10-70所示。

图10-69 设置参数

图10-70 测试渲染效果（二）

地中海风格颜色明亮，色彩丰富、厚重、注意光线、取于自然等，这些在场景中都得以一一体现出来。只是门框上面出现一些黑斑，天花板角线出现杂点，但这些都不是灯光和材质的问题，只要在最终输出效果的时候，把一些卷展栏参数提高就可以了。

10.6 最终渲染

灯光和材质调节完成后，就可以设置最终渲染的参数。最终渲染参数的设置也很重要，一些细小参数设置到位不但效果真实，也可以达到事半功倍的效果。

10.6.1 提高精度参数

Step 1 进入【V-Ray：：图像采样器】卷展栏，设置图像采样器的类型为"自适应确定性蒙特卡洛"，并设置抗锯齿过滤器的方式，如图10-71所示。

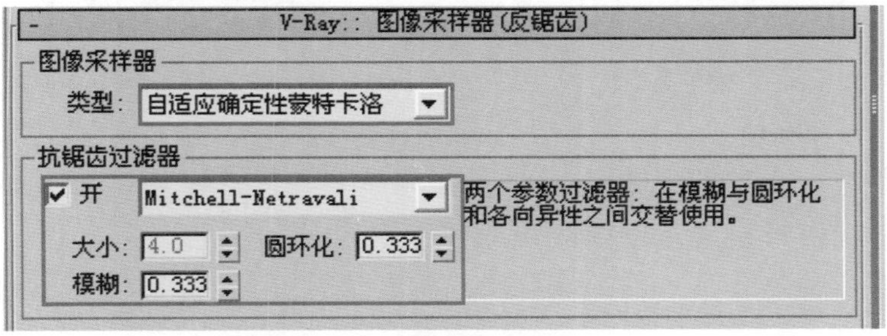

图10-71 设置图像采样器类型

技巧提示

在VRay渲染器中，图像采样器的概念是指采样和过滤的一种算法，并产生最终的像素来完成图形的渲染。VRay提供了几种不同的采样算法，尽管会增加渲染时间，但是所有的采样器都支持3ds Max标准的抗锯齿过滤算法。

对于VRay的几种采样器的介绍如下：

（1）对于仅有一点或者没有模糊效果的场景，选择自适应细分可能是最合适的。

（2）当一个场景具有高细节的纹理贴图或大量几何体细节而只有少量的模糊特效的时候，选用自适应确定性蒙特卡洛采样器是不错的选择，特别是这种场景需要渲染动画的时候，如果使用自适应细分采样器可能会导致动画抖动。

（3）对于具有大量的模糊特效或高细节的纹理贴图的场景，使用固定比率采样器是兼顾图像品质和渲染时间的最好选择。

（4）关于内存的使用，在渲染过程中，自适应细分占用较多的内存，另外两个采样器所占的内存较少。

Step 2 进入【V-Ray：：发光贴图】卷展栏，在【当前预置】中选择"中"的方式，将半球细分设置为60，插补采样设置为30，如图10-72所示。

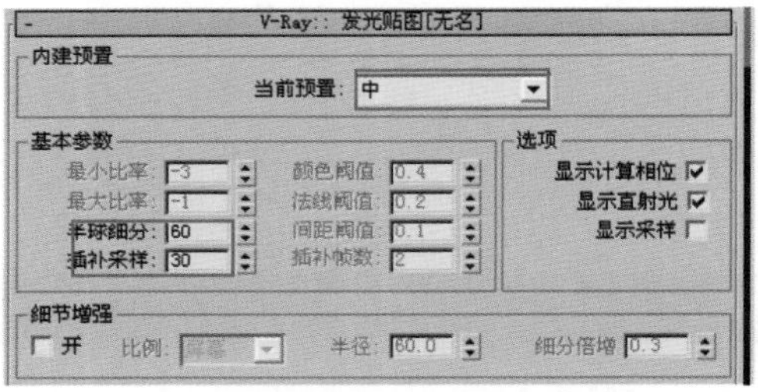

图10-72 设置发光贴图参数

Step 3 进入【V-Ray：：灯光缓存】卷展栏，将细分的参数设置为800，如图10-73所示。

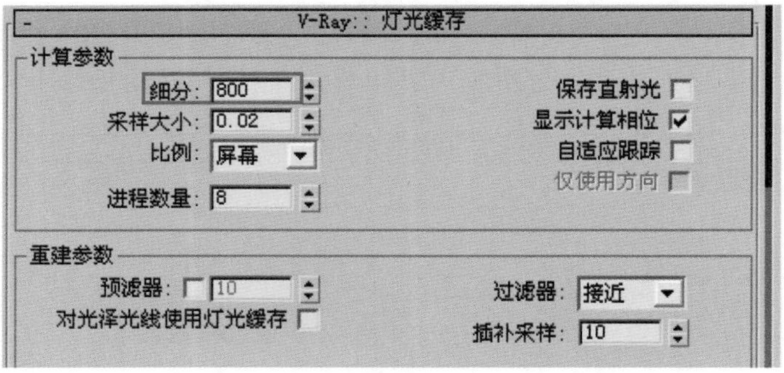

图10-73 设置细分参数

细分参数不要设置过低，参数设置得合适可以改变场景中出现杂点和黑斑现象。

10.6.2 保存光子图

在渲染最终出图的时候，最好都采用先保存光子图，然后再进行最终效果的输出，这样可以减少很多渲染时间。

Step 1 进入【V-Ray::发光贴图】卷展栏，在【模式】区域中选择单帧的方式，勾选【渲染后】区域中的"自动保存"和"切换到保存的贴图"选项，单击【浏览】按钮将发光贴图保存到指定的文件，如图10-74所示。

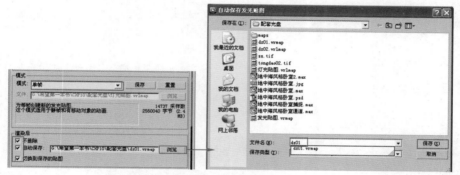

图10-74 保存发光贴图

技巧提示

在保存光子图的时候，也可以采用单击【保存】按钮保存光子图，然后在最终出图的时候调用光子图即可。

Step 2 进入【V-Ray::灯光缓存】卷展栏，在【模式】区域中选择单帧的方式，勾选"自动保存"和"切换到保存的缓存"选项，单击【浏览】按钮将灯光贴图保存到指定的文件，如图10-75所示。

图10-75 保存灯光贴图

Step 3 进入【渲染设置】对话框，将输出大小设置为320×240，单击【渲染】按钮进行光子图的渲染，光子图的效果如图10-76所示。

图10-76 光子图的效果

光子图输出尺寸比较小，很多细节性的效果因图像小的原因而没有看清楚，但这些都不重要，最终输出大图时会看到每一个细节，而且图越大越能看得清。

10.6.3 最终图像的输出

Step 1 进入【渲染设置】对话框，将输出大小设置为2400×1800，如图10-77所示。

最终图像的大小是根据需要而设置的，如果需要更大的尺寸，可以再另行设置。

Step 2 单击【渲染】按钮进行最终效果的渲染，卧室的最终效果如图10-78所示。

由于设置较高的间接照明参数，卧室的光照效果非常细腻自然，整个场景的色彩也非常丰富，无论是布艺床铺、透明的纱帘，还是装饰材料、家具色彩的巧妙搭配，均表现得比较理想。

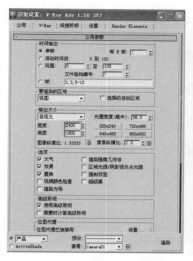

图10-77 设置最终输出大小

图10-78 卧室的最终效果

10.7 读者问答

问：本案例创建灯光的时候，在窗户外面为什么要创建这么多【VR灯光】模拟天光？

答：我们知道颜色是由红、黄、蓝三原色组成的（图10-79），这三种颜色可以配制出很多种颜色。光也是一样，光的三原色是红、绿、蓝（图10-80）。如果在室外打一盏蓝色的灯而在室内打一盏红色的灯，那么得到的效果将不是蓝色和红色，而是偏黄的颜色，这是光的原理。此外，使用这种方法还可以有效控制场景的饱和度。所以在布置灯光时要了解光学原理，了解正打和逆打有何不同，了解叠光的作用等。只有这样制作的表现图才能更加清晰、细腻、真实。

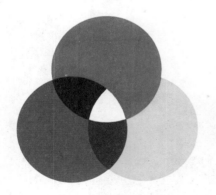

图10-79 颜色的三原色

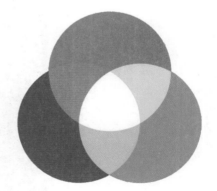

图10-80 光的三原色

问：创建室内细节光的时候，【VR灯光】为什么要斜着打？它和普通打法有什么区别？

答：如图10-81所示，这是面光的散射原理，光的方向不同，照射的方向也不同。斜着打目的是尽可能地不照到顶面，因为顶面通过地面的漫反射会变亮，但顶面的漫反射却对地面的影响不是很大，这就是为什么灯光要斜着打的原因。

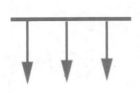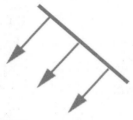

图10-81 面光的散射原理

问：卧室的整体色彩比较和谐，而且主色调以黄色和咖啡色为主，其主导作用是材质还是灯光？
答：如果要说场景的气氛，那灯光相对来是重要些，不过最好是两者结合使用，光有气氛而没有材质的质感，那等于没有生机，总之，不论是什么风格的表现图，材质运用得当，那么无论是白天还是晚上，效果都能游刃有余。

10.8 扩展练习

希望读者结合本章所学习的方法，练习一张与本章卧室光线效果相似的场景，最终效果如图10-82所示。

资料： 配套光盘含有原模型文
件、贴图、光域网。
要求： 本场景的布光可参考本
章案例的灯光艺术，材质
可完全按照本章案例的调
节方法，一定要渲染出如
图10-82的效果。

图10-82 扩展练习卧室最终效果

注意事项：
（1）卧室为白天效果，创建灯光的时候，室外光要更加强烈。
（2）光线的过渡和阴影一定要设置好，特别是地面光线不要太平淡。
（3）调节材质时，地毯的贴图很重要，贴图坐标要根据场景设置好。
（4）调节材质时，铁艺和木纹的反射模糊特性一定要表现出来。

11　雍容华贵——美式风格书房

　　美式风格是美国生活方式在当今家居艺术领域演化的一种形式，由于美国独特的历史文化造就了其自在、随意不羁的生活方式，没有太多的修饰与约束，在不经意中成就了一种休闲式的浪漫风格，而美国的文化又具有兼容并蓄的特点，融合了自由、活泼、善于创新等一些人文元素。美式家居风格具有文化感、贵族感，同时又追求个性自在的情调感。美式风格不同于其他单一风格，而是在同一时期融合了不同的建筑装饰风格，相互之间既有融合又有影响。美式风格注重细节，有古典情怀、外观简洁大气，融合多种风情于一体。如图11-1和图11-2所示。

图11-1 书房的最终效果角度（一）　　　　　图11-2 书房的最终效果角度（二）

11.1 设计介绍

　　越来越多的家庭开始在家中设置一个书房。但是很多书房面积一般情况下都不是很大，这就需要根据空间大小选择合适的家具，也需要设计师和客户多次沟通和交流，在充分理解客户要求后才能开始方案的设计。

　　图11-1和图11-2所示的这个书房，一扫普通书房的公式化格局，显得宽阔通透，最不同凡响的是设计师将新古典家具设计精髓在美式家居空间中运用得酣畅淋漓，却并未以牺牲舒适感为代价。书房在延续美式风格的同时，还大胆使用了木色作为主色调。大气的木色在整个格局中占据着大部分空间，即使里面有其他颜色的变化对比，也不会有不和谐、不统一之感。而金色的吊灯和壁灯、黑色的皮革办公椅、绿色植物的点缀共同组合了雍容华贵、高贵不凡的氛围。此外，设计师还巧妙地规划了用画作为装饰墙（主要原因是客户想让女儿可爱的相片摆放在书房，偶尔抬头就可以看见，这样再工作繁忙也不会感觉到累），墙上的镜子更是让整个书房充满神秘之感。如图11-3所示。

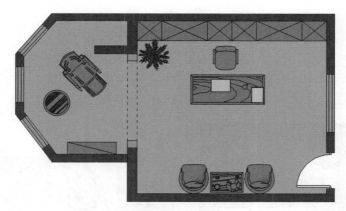

图11-3 书房平面布置

11.2 软装应用

　　本方案中采用新古典风格的家具作为装饰。美式家具一般分为三大类：仿古、新古典和乡村式风格。美式家具强调舒适、气派、实用和多功能性。新古典风格特色是设计师将古典风范与个人的独特风格和现代精神结合起来，使古典家具呈现出多姿多彩的面貌。

　　美式家具向人们传达一种单纯、休闲、有组织、多功能的设计思想。美式家具的迷人之处在于造型、纹路、雕饰和色调细腻高贵。

　　新古典主义强调一种对古典主义的重新再认识，摒弃巴洛克和洛可可风格的新奇和浮华，追求简洁明晰的线条和优雅得体的装饰风格，注重实用性和细节的体现。如图11-4和图11-5所示。

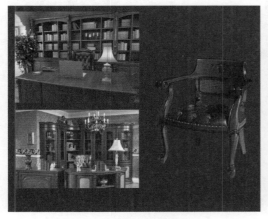

图11-4 美式新古典家具（一）

图11-5 美式家具椅子造型

美式风格相对简洁，注重细节处理。美式家具一般采用胡桃木和枫木，为了突出木质本身的特点，它的贴面采用复杂的薄片处理，使纹理本身成为一种装饰，可以在不同角度下产生不同的光感。椅子最能表现美国"安娜女王王室"的特点：椅子的顶部采用轭形，饰以浅浮雕，椅背是花瓶式的板条，座面做成马蹄形即U形，但所有的雕刻都不太复杂，与中国家具有相似之处。如图11-6和图11-7所示。

图11-6 美式新古典家具（二）

图11-7 美式新古典家具（三）

美式风格中的灯饰设计也体现出简洁而个性的特点，个性化灯饰既可以提升品位又能增加空间的质感。简约的台灯与吊灯流露出创意的灵感，与美式风格的家居装饰完美搭配，塑造出一个独具品位的个性化书房空间。如图11-8和图11-9所示。

图11-8 灯具的选择

图11-9 新古典主义的装饰画

新古典主义家居软装饰打破了古典主义沉闷、中规中矩的色彩及造型，融合现代主义的流行元素，更大胆的色彩搭配，形成了集装饰性、流行元素于一体的新古典主义风格。装饰品在新古典主义风格的室内也必不可少，除了家具之外，几幅具有艺术气息的装饰画，复古的木色画框，古典样式的烛台，剔透的水晶制品，精致的银制或陶瓷的餐具，都能为新古典主义的怀旧气氛增色不少。

新古典主义色彩的搭配，力求和谐统一，用色切忌杂乱无序，以单一色为主色调，可以适当采用两种以上颜色进行组合搭配。地面的颜色应略深于墙壁的颜色，否则，会感到头重脚轻。在室内浅色调为主的情况下，若用些鲜艳的红色或黄色点缀，就能起到"画龙点睛"的作用，不会感到单调乏味。

本案例的书房主要以黄色、木色和绿色为主色调（见图11-10）。整个家居环境带给人以和睦、宁静、豁达、生机勃勃的感觉。

图11-10 书房的色调

11.3 制作流程

本案例场景不是很大，只是家具模型面数比较多，测试渲染时速度就相对慢，整个书房的制作流程如图11-11所示。

图11-11 书房的制作流程

11.4 灯光艺术

随着人们对空间的关注由实用性向艺术性的转变，对于灯光照明的认识也从满足空间亮度需求向着烘托艺术化空间进行过渡，照明设计已不再是简单的挑灯、布线的初级工作，它已经和造型、色彩等元素一起，构成空间中不可忽略的装饰元素。

11.4.1 布光分析

不同的照明效果可以营造不同的居室氛围，使人产生不同的视觉感受。室内照明设计的处理手法有两种：分别是"一点照明"和"散点照明"。其中，古老的一点照明发展到今天已经渐渐地被散点照明所替代，因为一点照明的单一光线使空间呆板无趣，在这种环境中时间久了会使人眼睛疲劳。与之相比，散点照明则能增加光线冷与暖的柔和变化，使光线具有流动的乐感，而动感的光线使人视觉清醒，也有助于眼睛做有氧呼吸。

本案例书房就采用散点照明的方式进行布置灯光，从图11-12可看出：窗户外面有强烈的天光照射进来，室内再添加照射范围不大的灯光作为辅助光和细节光，而且在颜色上是冷暖相结合，散点照明布光方法是效果表现中最为广泛的一种布光技巧。

图11-12 布光分析图

11.4.2 初始渲染参数的设置

Step 1 启动3ds Max 2013软件，打开配套光盘提供的CHP11/书房初始模型.Max文件场景，如图11-13所示。

在此，已经为书房模型指定一些基本材质，以便于灯光测试渲染。

Step 2 按F10键打开【渲染设置】对话框，进入【V-Ray：：全局开关】、【V-Ray：：图像采样器】卷展栏，取消【照明】区域中的"默认灯光"选项，将图像采样器类型设置为固定，取消【抗锯齿过滤器】区域的"开"选项，如图11-14所示。

图11-13 打开场景模型

图11-14 取消"默认灯光"和设置图像采样器类型

Step 3 依次展开VR渲染器的各个卷展栏，并设置其相应的卷展栏参数，如图11-15、图11-16所示。

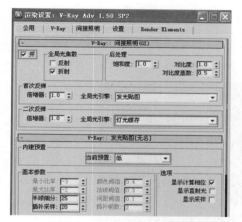

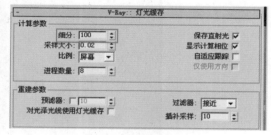

图11-15 设置间接照明和发光贴图卷展栏的参数

图11-16 设置细分参数

11.4.3 用VRay灯光模拟主光源

Step 1 单击【创建】面板 ▶ 图标下VRay类型中的【VR灯光】按钮，将灯光类型设置为穹顶，在顶视图靠近窗户位置创建一盏VR灯光模拟天光。

Step 2 进入【修改】面板，将天光设置为蓝色，倍增器设置为60，勾选【选项】区域中的"不可见"选项，取消"影响反射"选项，并将【采样】区域中的细分设置为20，如图11-17所示。

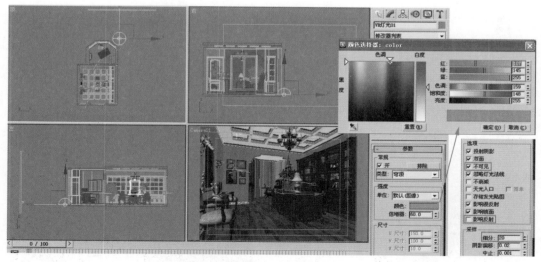

图11-17 设置VR灯光参数（一）

技巧提示

　　VR穹顶灯主要用来模拟天光，对场景的照射范围非常大，在设置细分参数时，较大的值可以得到比较好的光滑效果，因此将细分设置为20。

Step 3　按F9键进行测试渲染，效果如图11-18所示。

图11-18　创建天光后的效果

　　从渲染效果来看，窗户外面有明显的光线透过窗户照射进来，只是离视线近的地方还是很暗，下面继续创建灯光。

Step 4　进入灯光创建面板，将VR灯光类型设置为平面，在顶视图的窗户位置创建一盏VR灯光，倍增器设置为15，勾选【选项】区域中的"不可见"选项，取消"影响反射"选项，并将【采样】区域中的细分设置为12，如图11-19所示。

Step 5　按F9键进行测试渲染，效果如图11-20所示。

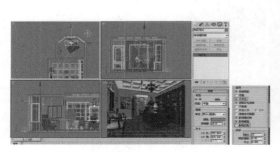

图11-19　设置VR灯光参数（二）

图11-20　测试渲染效果（一）

此时窗户位置更能强烈地感到阳光照射效果，而且还有微弱的光线进入书房室内，光线从窗户到室内过渡非常好，只是亮度还要加强。

Step 6 前视图门位置创建一盏VR灯光，倍增器设置为10，如图11-21所示。

Step 7 按F9键进行测试渲染，效果如图11-22所示。

图11-21 设置VR灯光参数（三）　　　　　图11-22 测试渲染效果（二）

在门位置创建VR灯光后，室内光线明显地有了好转，但整体仍给人一种阴森的感觉，原因在于光线太蓝了，不是所想要的效果。

11.4.4 创建辅助光

Step 1 单击【创建】面板 图标下VRay类型中的【VR灯光】按钮，将灯光类型设置为平面，在顶视图拖动鼠标创建一盏VR灯光作为辅助光。

Step 2 进入【修改】面板，将辅助光设置为黄色，倍增器设置为1.6，如图11-23所示。

> **技巧提示**
>
> 在设置辅助光参数时，一般不要将这些辅助光强度设置得过大，否则就会在场景中出现不真实的光照效果。同时还应该注意辅助灯光不要过多，最好是根据场景测试渲染效果，灯光不足的位置再适当地添加。

Step 3 按F9键进行测试渲染，效果如图11-24所示。

这是添加VR灯光后的效果，明显与以前效果不同，没有了之前的冰冷。但是吊顶还是有点偏蓝，后面可以通过添加别的灯光来改变这种现象。

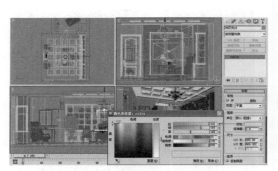

图11-23 设置辅助光参数

图11-24 测试渲染效果（一）

Step 4 单击【创建】面板 图标下光度学类型中的【目标灯光】按钮，在前视图中拖动鼠标创建一盏目标灯光作为辅助光。

Step 5 进入【修改】面板，勾选【阴影】区域中的"开"选项，将阴影类型设置为"VRay阴影"，在【灯光分布】区域中设置为"光度学Web类型"，展开【分布（光度学）】卷展栏，单击【选择光度学文件】按钮，弹出【打开光域网Web文件】对话框，打开配套光盘提供的CHP11/15.IES文件，将结果强度设置为30%，颜色设置为黄色，如图11-25、图11-26所示。

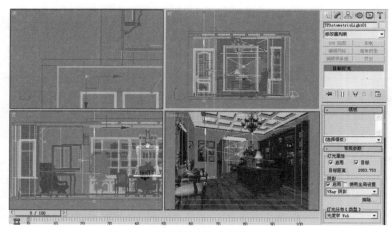

图11-25 设置目标灯光参数（一）

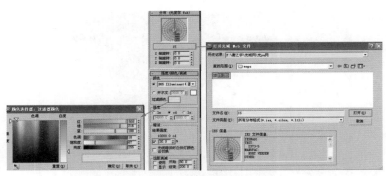

图11-26 设置目标灯光参数（二）

Step 6 配合Shift键，将目标灯光以实例的方式复制4盏到如图11-27所示的位置。

技巧提示

目标灯光是辅助光，在场景复制4盏目标灯光，一是因主光源的不足加强场景亮度，二是加强场景的立体感。

Step 7 按F9键进行测试渲染，效果如图11-28所示。

添加目标灯光后，书房的立体感增加了很多，墙壁也没有那么单调了。

图11-27 复制目标灯光

图11-28 测试渲染效果（二）

11.4.5 创建细节光

Step 1 单击【创建】面板 图标下VRay类型中的【VRay IES】按钮，在前视图拖动鼠标创建一盏VRay IES作为细节光。

Step 2 进入【修改】面板，将细节光设置为黄色，功率设置为500，如图11-29所示。

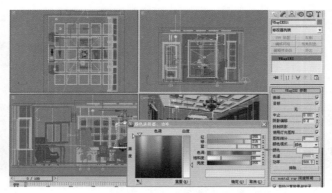

图11-29 设置灯光参数

Step 3 配合Shift键，将细节光以实例的方式复制5盏到如图11-30所示的位置。

Step 4 按F9键进行测试渲染，效果如图11-31所示。

VRay IES照射范围还是很大的，整个场景亮度加强的同时细节也增加了很多，但是整个场景还是显得单调、没有生机，原因是壁灯、吊灯和台灯都没有创建灯光，下面开始创建。

Step 5 单击【创建】面板图标下VRay类型中的【VR灯光】按钮，将灯光类型设置为球体，在顶视图壁灯位置创建一盏VR灯光模拟壁灯。

Step 6 进入【修改】面板，将壁灯设置为黄色，倍增器设置为28，如图11-32所示。

Step 7 配合Shift键，将壁灯以实例的方式复制3盏到别的壁灯模型中心位置。按F9键进行测试渲染，效果如图11-33所示。

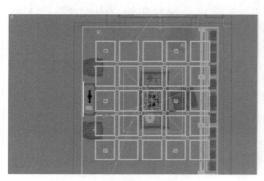

图11-30 复制细节光

图11-31 测试渲染效果（一）

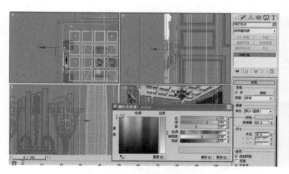

图11-32 设置壁灯参数

图11-33 创建壁灯后的效果

创建壁灯之后，整个书房空间平衡了很多，不像之前那样感觉书房右边特别的笨重。

Step 8 在左视图的台灯位置创建一盏VR灯光模拟台灯，将颜色设置为黄色，倍增器设置为8，如图11-34所示。

Step 9 在左视图的吊灯位置创建一盏VR灯光模拟吊灯，将颜色设置为黄色，倍增器设置为20，如图11-35所示。

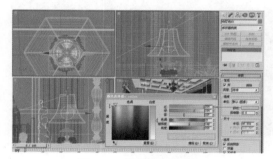

图11-34 设置台灯参数

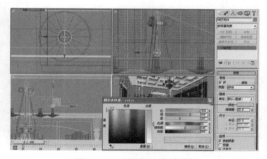

图11-35 设置吊灯参数

Step 10 配合Shift键，将吊灯以实例的方式复制到各个灯帽内，按F9键进行测试渲染，效果如图11-36所示。

图11-36 测试渲染效果（二）

书房是人们读书学习的地方，也是修身养性的私人空间，光线还是要求比较明亮的，现在的效果很明显可以看出整体光线过渡非常好，只是整个场景有点暗。

Step 11 进入【V-Ray：：彩色贴图】卷展栏，将类型设置为指数，黑暗倍增器和变亮倍增器均设置为1.8，如图11-37所示。

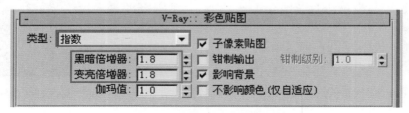

图11-37 设置黑暗和变亮倍增器参数

Step 12 按F9键进行测试渲染，效果如图11-38所示。

如果单从光线上分析，可以感觉到明亮温馨、柔和的光线效果，但从整体上看，场景有点轻飘飘的感觉，层次不够清晰。针对这两点可以通过调节材质来改变，因为各种不同材质具有不同的材质颜色、贴图以及反射和折射等因素，而这些因素会对场景的光照产生影响。

图11-38 整体提亮后的效果

11.5 材质表现

通常在书房中都会有书柜、书桌、休闲茶几、椅子等家具，同样也充斥着大量的书籍、装饰物品等。在本章实例中，主要讲述磨光木地板、皮革材质，以及书房中常见装饰品、植物等物体的材质设置方法。

11.5.1 木地板材质的分析和制作

前面好多章节都详细讲述过木地板的制作方法，相信读者对木地板的制作方法肯定不会陌生，这里介绍的方法恰好可以让读者重新巩固一下。

Step 1 按M键打开材质编辑器，选择地板材质示例窗。

Step 2 在【基本参数】卷展栏中，给漫反射指定木地板贴图，反射指定黑白木地板贴图，激活高光光泽度右侧的按钮，将高光光泽度设置为0.75，光泽度设置为0.9，细分设置为15，如图11-39所示。

Step 3 进入【贴图】卷展栏，给凹凸通道指定一张木地板灰色贴图，并将凹凸通道值设置为5，如图11-40所示。

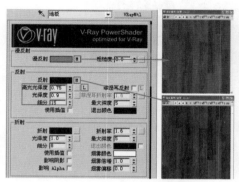

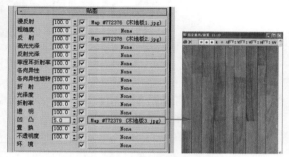

图11-39 设置木地板材质　　　　　图11-40 设置凹凸通道贴图

> **技巧提示**
>
> 制作一些反射特性较大的材质时，需要准备一些不同通道上使用的贴图，如反射贴图、凹凸贴图等。使用Photoshop二维图形软件可以轻松地制作出这些贴图。

11.5.2 木纹材质的分析和制作

Step 1 按M键打开材质编辑器，选择木纹材质示例窗。

Step 2 在【基本参数】卷展栏中，给漫反射指定木纹贴图，反射设置深灰色，激活高光光泽度右侧的按钮，将高光光泽度设置为0.65，光泽度设置为0.8，细分设置为20，如图11-41所示。

> **技巧提示**
>
> 整个案例场景中，所赋予木纹材质的物体模型（书柜、书桌、茶几等）非常多，而且书柜转角的地方也特别多，所以将细分参数设置为20，这是为了防止出现黑斑、杂点等现象，不过这将增加更多的渲染时间。

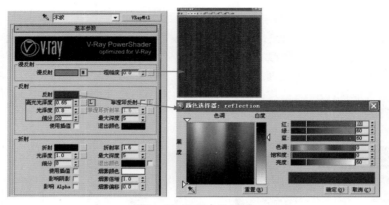

图11-41 设置木纹材质

Step **3** 进入【贴图】卷展栏，将漫反射通道贴图以实例的方式，拖动复制到凹凸通道上，并将凹凸通道值设置为50，如图11-42所示。

图11-42 设置凹凸通道贴图

11.5.3 皮革材质的分析和制作

本场景使用皮革材质的是办公椅和休闲椅，皮革表面光滑，具有较高的高光，并带有一定的反射。

Step **1** 按M键打开材质编辑器，选择皮革材质示例窗。

Step **2** 在【基本参数】卷展栏中，给漫反射指定皮革贴图，反射设置深灰色，激活高光光泽度右侧的按钮，将高光光泽度和光泽度参数都设置为0.7，细分设置为15，如图11-43所示。

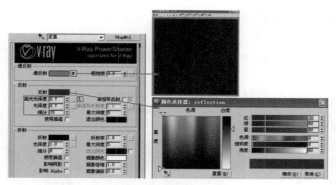

图11-43 设置皮革材质

Step 3 进入【贴图】卷展栏，将漫反射通道贴图以实例的方式，拖动复制到凹凸通道上，并将凹凸通道值设置为10，如图11-44所示。

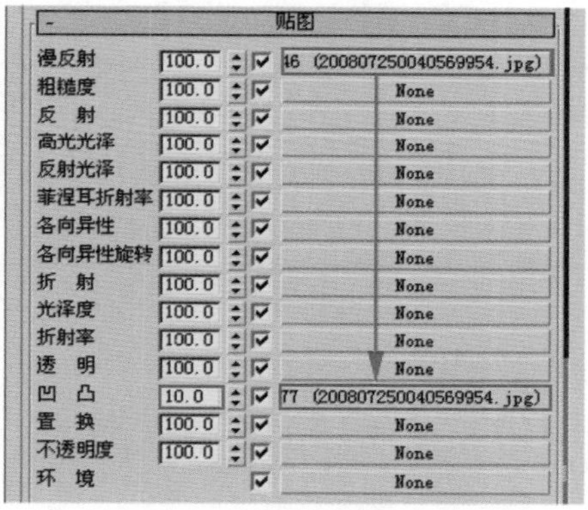

图11-44 设置凹凸通道贴图

11.5.4 墙纸材质的分析和制作

Step 1 按M键打开材质编辑器，选择墙纸材质示例窗。

Step 2 在【基本参数】卷展栏中，给漫反射指定墙纸贴图，细分设置为12，如图11-45所示。

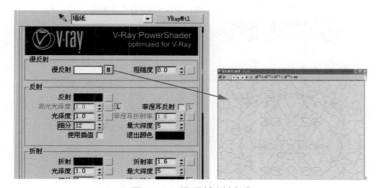

图11-45 设置墙纸材质

11.5.5 石膏线材质的分析和制作

Step 1 按M键打开材质编辑器，选择石膏线材质示例窗。

Step 2 在【基本参数】卷展栏中，将漫反射设置为白色，反射设置为深灰色，激活高光光泽度右侧的按钮，将高光光泽度设置为0.35，细分设置为30，如图11-46所示。

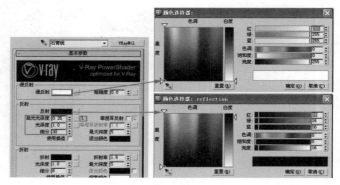

图11-46 设置石膏线材质

技巧提示

石膏线具有表面光滑、立体感强、强度高等特性，所以要设置一定的高光光泽度参数，由于转折的地方比较多，细分参数也要相对较高。

11.5.6 不锈钢材质的分析和制作

本场景讲解两种不锈钢材质，下面介绍其具体制作方法。

Step 1 按M键打开材质编辑器，选择不锈钢材质示例窗。

Step 2 在【基本参数】卷展栏中，将漫反射设置为浅蓝色，反射设置为灰色，光泽度设置为0.8，细分设置为12，如图11-47所示。

Step 3 选择不锈钢2材质示例窗。在【基本参数】卷展栏中，将漫反射设置为黄色，反射设置为深黄色，光泽度设置为0.75，如图11-48所示。

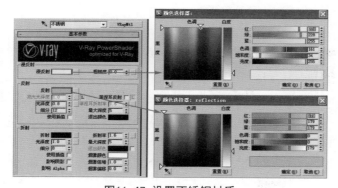

图11-47 设置不锈钢材质

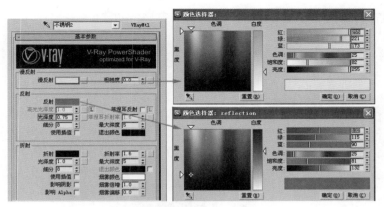

图11-48 设置不锈钢2材质

技巧提示

　　读者不难发现两种不锈钢材质的制作方法是一样的，只是漫反射和反射颜色设置不一样而已。原因在于：在整个案例场景中，被赋予不锈钢材质的物体模型非常多，但是接受光线程度是不一样的。

11.5.7 镜子材质的分析和制作

　　镜子和不锈钢材质的制作方法是一样的，只是没有模糊反射而已。

Step 1 按M键打开材质编辑器，选择镜子材质示例窗。

Step 2 在【基本参数】卷展栏中，将漫反射设置为深灰色，反射设置为白色，如图11-49所示。

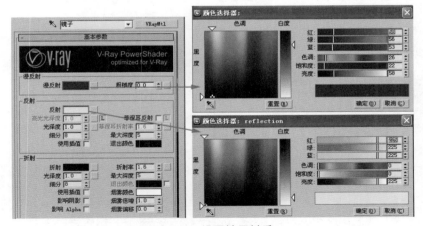

图11-49 设置镜子材质

11.5.8 植物材质的分析和制作

植物是家居中不可缺少的一种装饰物，在制作效果图时也都会考虑加入植物模型，下面介绍植物材质的制作方法。

Step 1 按M键打开材质编辑器，选择植物材质示例窗。

Step 2 在【基本参数】卷展栏中，给漫反射指定植物贴图，反射设置为深灰色，光泽度设置为0.7，细分设置为16，把【折射】区域中的折射也设置为深灰色，光泽度设置为0.2，折射率设置为1.01，如图11-50所示。

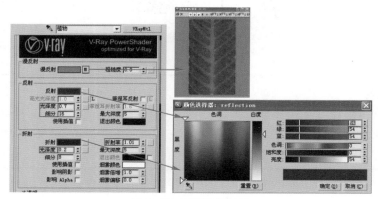

图11-50 设置植物材质

> **技巧提示**
>
> 要较好地表现植物材质，必须在制作模型时下一定功夫，模型的精细程度对材质的表现有很大的帮助，但是贴图的选择也很重要（比如：本案例植物贴图的选择，一定要选择绿色，最好有纹理的）。

Step 3 进入【贴图】卷展栏，给凹凸通道指定一张黑白条纹贴图，并将凹凸通道值设置为150，如图11-51所示。

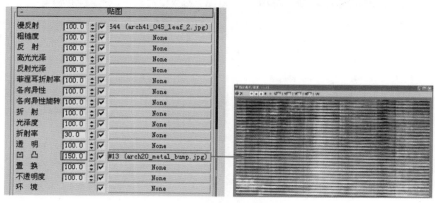

图11-51 设置凹凸通道

11.5.9 窗帘材质的分析和制作

本案例场景要表现的是透光纱帘，有一定的光泽度。

Step 1 按M键打开材质编辑器，选择窗帘材质示例窗。

Step 2 在【基本参数】卷展栏中，将漫反射设置为灰色，给折射指定【衰减】贴图，这时会自动进入到【衰减参数】卷展栏，将前侧的两个通道颜色互相调换，再返回到【基本参数】卷展栏，将光泽度设置为0.9，细分设置为12，折射率设置为1，并勾选"影响阴影"选项，如图11-52所示。

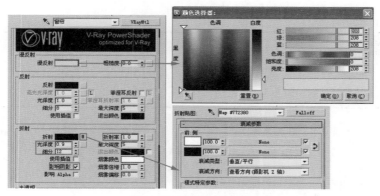

图11-52 设置窗帘材质

Step 3 进入【贴图】卷展栏，给环境通道指定【输出】贴图，这时会自动进入到【输出】卷展栏，将输出量设置为2，如图11-53所示。

图11-53 设置环境通道贴图

11.5.10 台灯材质的分析和制作

台灯是由灯座和灯帽组成的，下面介绍两者的制作方法。

Step 1 按M键打开材质编辑器，选择灯帽材质示例窗。将灯帽转化为VR双面材质，如图11-54所示。

图11-54 将灯帽转化为VR双面材质

技巧提示

　　将书房的灯帽材质设置为VR双面材质，目的是为了表现出逼真的透光材质，因为VR双面材质不透明却能真实地透出灯光的光线。

Step 2　进入正面材质的【基本参数】卷展栏中，将漫反射设置为黄色，如图11-55所示。

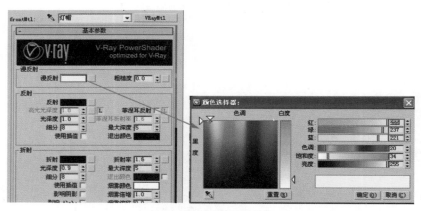

图11-55 设置灯帽材质

Step 3　选择灯座材质示例窗。在【基本参数】卷展栏中，将漫反射设置为黄色，反射设置为深黄色，光泽度设置为0.8，细分设置为12，如图11-56所示。

　　本案例场景表现的是美式新古典风格，所以在设置具有代表性的台灯材质时，灯帽和灯座的颜色最好带点黄色。

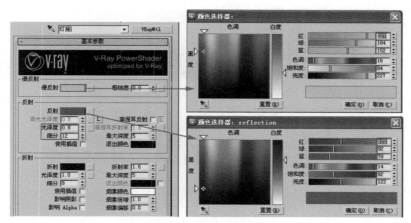

图11-56 设置灯座材质

11.5.11 电脑材质的分析和制作

书房既是办公室的延伸，又是家庭生活的一部分，它的这一双重性使其在家庭环境中处于一种独特的地位。所以电脑是很多书房必配的装置，下面介绍笔记本材质的制作方法。

Step 1 按M键打开材质编辑器，选择笔记本材质示例窗。

Step 2 在【基本参数】卷展栏中，将漫反射设置为灰色，反射设置为白色，激活高光光泽度右侧的按钮，将高光光泽度设置为0.7，光泽度设置为0.8，细分设置为20，并勾选菲涅耳反射选项，如图11-57所示。

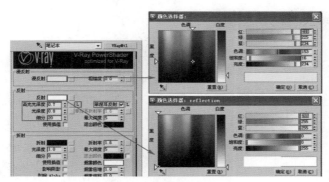

图11-57 设置笔记本材质

11.5.12 蜡烛材质的分析和制作

Step 1 按M键打开材质编辑器，选择蜡烛材质示例窗。

Step 2 在【基本参数】卷展栏中，将漫反射设置为红色，反射设置为深灰色，光泽度设置为0.8，细分设置为20，如图11-58所示。

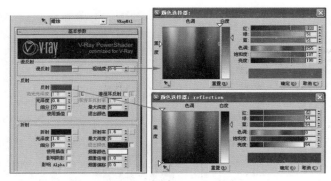

图11-58 设置蜡烛材质

技巧提示

　　蜡烛在整个案例场景中所占面积不大，只是摆放在茶几上作为装饰品而已，之所以将颜色设置为红色，是因为偶尔出现小面积艳色的点缀可以改变居室单调沉闷的气氛。读者在别的案例场景也可以尝试这种方法。

11.5.13　装饰品材质的分析和制作

Step **1**　按M键打开材质编辑器，选择装饰品材质示例窗。

Step **2**　在【基本参数】卷展栏中，给漫反射指定画贴图，反射设置为深灰色，光泽度设置为0.8，如图11-59所示。

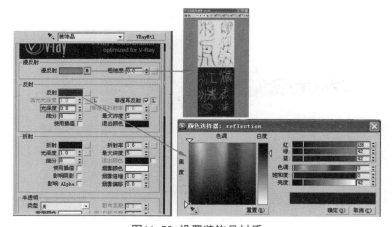

图11-59 设置装饰品材质

技巧提示

　　在室内书房表现中，适当放置一些装饰品，可以充分展现出主人的品位和个性，可不要忽略了这些细节的表现，往往注重细节才能出效果。

到此，书房材质已调节完成，至于一些细小材质的设置方法，读者可参照本章配套光盘提供的书房最终模型.Max文件。

Step 3 按F9键进行测试渲染，效果如图11-60所示。

从渲染效果可以看出场景的层次感更明显，而且在颜色上也能充分体现美式风格特有的温馨，只是在吊顶处及材质的表面有些噪点，其实这些都是渲染参数过低造成的，将参数设置得高些效果会更加清晰、细腻。

图11-60 测试渲染效果

11.6 渲染技巧

11.6.1 提高高精度渲染参数

高精度渲染参数的设置，就是在测试渲染参数的基础上，适当提高一些渲染参数，或者改变发光贴图、DMC采样器卷展栏等参数类型。

Step 1 进入【V-Ray：：图像采样】卷展栏，设置图像采样器的类型为"自适应确定性蒙特卡洛"，勾选"开"选项，抗锯齿过滤器使用Mitchell-Netravali的类型，如图11-61所示。

Step 2 进入【V-Ray：：发光贴图】卷展栏，在【当前预置】中选择"高"的类型，将半球细分设置为60，插补采样设置为30，如图11-62所示。

图11-61 设置图像采样器的类型

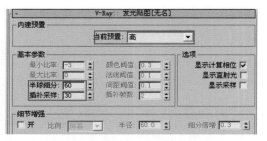

图11-62 设置发光贴图卷展栏的参数

技巧提示

　　设置发光贴图卷展栏参数时，将当前预置设置为"高"的类型，它是一种高质量的预设模式，大多数情况下使用这种模式，会得到具有大量细节的效果。

Step 3 进入【V-Ray：：灯光缓存】卷展栏，将【计算参数】区域的细分设置为1200，并勾选【重置参数】区域中的预滤器选项，如图11-63所示。

Step 4 进入【V-Ray：：DMC采样器】、【V-Ray：：系统】卷展栏，将最小采样器值设置为16，最大树形深度设置为80，如图11-64所示。

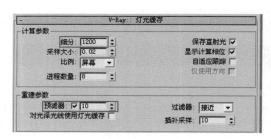

图11-63 设置细分参数

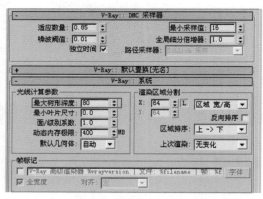

图11-64 设置最小采样值和最大树形深度参数

Step 5 按F9键进行测试渲染，效果如图11-65所示。

图11-65 测试渲染效果

这是设置比较高参数得到的效果，此时的效果不再出现杂点和黑斑等现象。那么下面可以保存并调用光子了，不需要重新渲染光子。

> **技巧提示**
>
> 在场景中使用【VRayIES】灯光时，在测试渲染的时候速度相对来说会慢些，但是出来的效果会更加真实、细腻。

11.6.2 保存、调用光子

Step 1 进入【V-Ray：：发光贴图】、【V-Ray：：灯光缓存】卷展栏，对刚才渲染出的图像进行保存光子图，如图11-66所示。

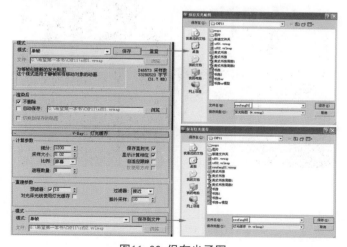

图11-66 保存光子图

Step 2 确定保存光子后，在【模式】下拉列表中选择从文件，然后单击【浏览】按钮，打开刚才保存的光子图，如图11-67所示。

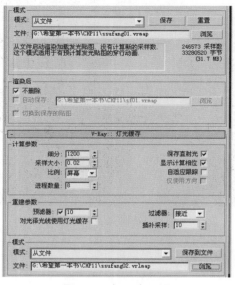

图11-67 打开光子图

11.6.3 最终图像的输出

Step 1 进入【渲染设置】对话框，根据需要设置最终图像的输出大小。

Step 2 单击【渲染设置】对话框中的【渲染】按钮开始进行最终渲染，书房最终的效果如图11-68所示。

图11-68 书房的最终效果

这是一个书房的傍晚效果。在柔和、温暖的光线下，打开书桌上的台灯，静静地坐在办公椅上，这里的确是一个开始安静思考的好去处。

11.7 读者问答

问： 为什么要使用【VR灯光】中的"穹顶"类型作为主光源？

答： （1）VR穹顶灯得到的光感比较细腻，而且在使用VR穹顶灯时不论是放在哪个位置，其光线都是从窗口进入，这一点对于不善于布光的读者来说是非常有用的。

（2）VR穹顶灯不仅光感好，而且对材质也是有帮助的，尤其是场景中有反射或模糊反射的材质，使用VR穹顶灯后这些材质都会得到比较好的高光效果。本章节的木纹如果不使用VR穹顶灯来照明，那么材质也不可能这么真实。

（3）虽然VR穹顶灯效果好，但渲染相对要慢些。原因在于VR穹顶灯容易产生噪点，需要将其细分设置得大些，这也就降低了渲染的速度。

问： 【VRayIES】灯光与常用光域网有什么区别？

答： 首先看同一个位置的VRayIES和常用光域网的灯光效果，如图11-69和图11-70所示。

通过比较可以总结出以下几点：

（1）VRayIES的照射范围比较大，这是常用光域网无法与之相比的；

（2）VRayIES不能指定照射到某一物体上，而常用光域网可以；

（3）VRayIES的光是向四周散射的，而常用光域网一般只向下或向上照射。

光域网效果

VRayIES 效果

图11-69 VRayIES和常用光域网的区别（一）

光域网效果

VRayIES 效果

图11-70 VRayIES和常用光域网的区别（二）

问： 布光分析图对整个场景的布光过程有什么帮助吗？

答： 布光分析图可以更直观地表现出光线在场景中的变化效果，这对于分析一张表现图的光感以及主次是有帮助的，通过分析它可以知道主光应该放在哪个位置，辅助光应该放在哪个角落更适合等。如果单从透视图中看，有些角落是看不到的，也不可能知道看不到的物体是不是也被照亮，如果光线照不到，场景中有反射的物体将反射到的是黑的地方，这样的效果图也就没有真实可言。但是布光分析图却可以很好地做到这点。

11.8 扩展练习

希望读者结合本章所学习的方法，练习一张与本章书房光线效果相似的场景，最终效果如图11-71所示。

图11-71 扩展练习书房最终效果

资料： 配套光盘含有原模型文件、贴图、光域网。

要求： 本案例的灯光布置方法对此书房创建灯光有很好的帮助，读者可参照布光分析图进行研究；材质也可以参考前面材质的设置方法进行调节，制作出如图11-71所示的效果。

注意事项：

（1）书房为白天效果，室外太阳光作主光源。

（2）创建灯光的时候，室内一定要有目标灯光照射在地面上，而且参数不宜过高。

（3）创建灯光的时候，台灯的颜色和强度大小一定要设置好。

（4）在调节材质时，软包的凹凸效果要表现好；木纹的反射模糊特性要注意调节高光光泽度和光泽度参数。

12　LWF和AO的综合运用
——欧式古典会客室

欧式古典风格以其华丽、高雅为主要特色，其中以巴洛克、洛可可风格为其主要代表。这种风格多采用带有图案的壁纸、地毯、窗帘、床罩、帐幔以及古典装饰画为其装饰物。为了体现其华丽的风格，家具、画框等线条部位多饰以金线、金边。这种装修风格多应用在大空间内，便于展现出其特有的奢华、浪漫的风格。如图12-1所示。

图12-1 会客室的最终效果

12.1 设计介绍

由于单层面积的限制，设计师在空间配置上由水平关系转变为垂直关系。室内风格以舒适的欧式古典风格为主。单色的仿古砖、简单的布艺沙发及提升视觉的壁炉为欧式风格作了注释，精彩的灯具也丰富了室内空间。

会客室并没有因宽敞而忽略人情味，它与庭院相互连通，空间因此得到了进一步的扩展。设计师采用素洁的黄色作为基调，布艺的沙发、简洁的茶几和壁炉等多种设计元素共同构成了纯结构主义风格。会客室空间的灯光照明也受到足够的重视，吊灯和起着点睛作用的落地灯相配合，使空间有了不同层次的空间明暗关系，光影变化丰富，各部分的关联性得到清晰的表达，使空间错落有致，富于变化。如图12-2所示。

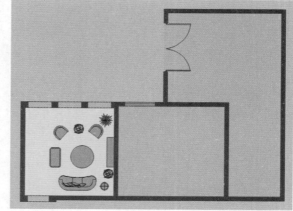

图12-2 平面布置图

12.2 软装应用

欧式古典风格强调以华丽的装饰、浓烈的色彩、精美的造型达到雍容华贵的装饰效果。墙面最好用壁纸，或选用优质乳胶漆，以烘托豪华效果。地面材料以石材或地板为佳。欧式客厅非常需要用家具和软装饰来营造整体效果。深色的橡木或枫木家具，色彩鲜艳的布艺沙发，都是欧式客厅里的主角。还有浪漫的罗马帘、精美的油画、制作精良的雕塑工艺品，都是点缀欧式风格不可缺少的元素。如图12-3和图12-4所示。

图12-3 欧式古典风格家具（一）

图12-4 欧式古典风格家具（二）

在欧洲古典风格的家居空间里，灯饰设计是其不可缺少的一项重要的环节。在灯饰方面通常选择具有西方风情的造型，客厅顶部常用大型灯池，华丽而多枝的吊灯营造出一种浪漫的氛围。

在会客室安静交流的空间里，一个案几加上疏密有致、造型自然的植物，就能起到很好的点缀作用。如图12-5和图12-6所示。

图12-5 家具的选择

图12-6 案几装饰的选择

装饰画具有一定的审美情趣，在家庭装修风格中，可以很好地起到点睛的作用。古典风格的装修可以搭配抽象一些的图画，这样有助于空间品位的提升。如图12-7和图12-8所示。

图12-7　家居装饰品

图12-8　客厅的色调

本案例会客室整个色彩比较和谐，色调上都是选择一些黄色、灰色和绿色等大众化的颜色作为主色调，这三种颜色搭配一起要注意：绿色不要占太大的面积，可以运用在一些细小的家居上。

12.3　制作流程

会客室场景不是特别大，但要表现出精致、细腻的效果还需要从灯光和材质方面多下功夫，整个制作流程如图12-9所示。

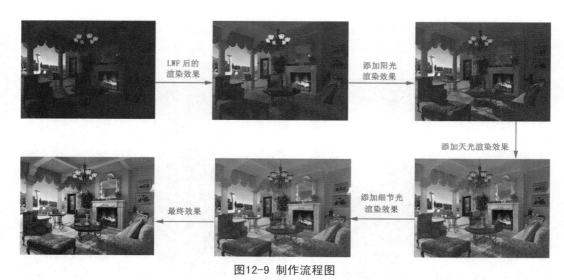

图12-9　制作流程图

12.4 灯光艺术

灯光是营造家居气氛的魔术师，在室内空间创造不同的照明层次和舒适的光线照明，不但使家居气氛格外温馨，还能增强室内空间艺术效果，烘托空间气氛和增添情趣等功能。

12.4.1 布光分析

要依照空间属性的不同来配置不同的灯，这样平凡的空间才会因为灯光设置而与众不同。会客室的功能与作用较多，它是主人招待客人的场所，有很多活动都在这里进行，这就决定了会客室的灯光效果要公共化、多变化。在日常生活中，整个房间需要较为均匀的照度，灯光要营造干净开朗的气氛。

从图12-10布光分析中可以看出：会客室有大量的太阳光和天光透过入口照射进来，但是太阳光才是整个场景的主光源，也确定了整个场景的基调——黄色。所以天光强度不需要设置过大；室内的细节光也只是点缀局部场景效果，也不需要设置太大的强度参数，但是颜色设置为暖色最佳。

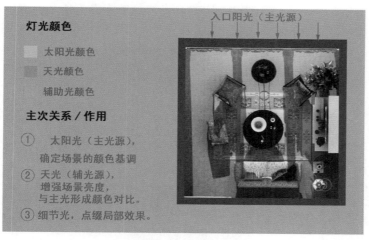

图12-10 布光分析

12.4.2 初始参数的设置

Step 1 启动3ds Max 2013软件，打开配套光盘提供的CHP12/会客室初始模型.Max文件，如图12-11所示。

图12-11 会客室模型场景

Step 2 设置渲染图像大小，切换成VRay渲染器后调整图像大小，并使用VR的帧缓冲窗口，此项可灵活掌握，只是建议纵横比为默认即可，如图12-12、图12-13所示。

图12-12 设置图像大小

图12-13 勾选"启用内置帧缓冲区"选项

Step 3 设置【V-Ray：：全局开关】和【V-Ray：：图像采样器】卷展栏各选项便于快速预览，如图12-14所示。

Step 4 设置【V-Ray：：间接照明】和【V-Ray：：发光贴图】卷展栏的各项参数，如图12-15所示。

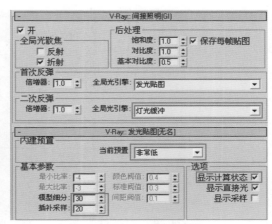

图12-14 取消"默认灯光"和设置图像采样器类型　　　图12-15 设置卷展栏的参数

Step 5 设置【V-Ray：：灯光缓冲】和【V-Ray：：彩色贴图】卷展栏的各项参数，如图12-16所示。

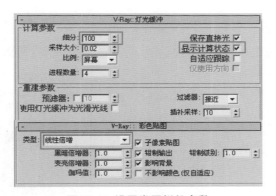

图12-16 设置卷展栏的参数

Step 6 此时将分别使用彩色贴图中的指数和线性类型进行渲染，得到如图12-17和图12-18所示的效果。

图12-17 指数方式渲染的效果

图12-18 线性方式渲染的效果

　　除了各自曝光的方式特点鲜明之外，还可以看到两张图都有一个共同缺点：场景得到的效果太黑暗，看不清内容，从模拟写实的角度上说这并不合理。虽然会客室不直接受光，但仍有一定采光面，会有部分光线能够散射进来，所以不应出现几乎死黑的效果。此外，人眼也很少能看到死黑，人往昏暗背光的地方看时，瞳孔会自动扩大，使眼睛能接收到更多光线，从而也可以看清暗处的东西。所以说图中会客室过黑的现象，现实中不会存在。

技巧提示

　　至于为什么渲染会出现这样的现象，客观上有渲染器原理局限的原因也有软硬件处理图像显示方式上的原因。但这里不说那些晦涩的东西，只讲怎么解决它。一个好的解决办法就是使用LWF。LWF的好处在于可以平衡画面的明暗，避免出现暗部死黑和亮部曝光的问题，使图画面效果更接近人眼的视觉，也就更符合写实照片级的要求。

12.4.3 使用LWF进行渲染

Step 1 执行主菜单的【自定义｜首选项】命令，打开【首选项设置】对话框，在"Gamma和LUT"面板中设置各项参数如图12-19所示。这样就完成了LWF的第一步设置。

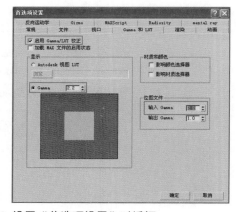

图12-19 设置"首选项设置"对话框

Step 2 进入【V-Ray：：彩色贴图】卷展栏，把伽玛值设置为2.2。这是实现LWF的第二步设置，也是最后一步，如图12-20所示。

Step 3 按F9键进行测试渲染，效果如图12-21所示。

图12-20 设置伽玛值参数

图12-21 测试渲染效果

显然这次得到了比较好的改善，无论是光线还是材质都显得比较真实，而且最重要的是没有特别死黑的地方（不限于线性或其他曝光控制），不过相对于白天而言，这样的亮度还是不够的，那么这时也就需要添加一些灯光来加强整个场景的亮度了，应在尽可能使用灯光少的情况下得到更真实的效果。

技巧提示

如果不使用VR的帧缓冲窗口，而使用的是3ds Max默认的帧缓冲窗口，那么得到的效果会有点曝光。

12.4.4 使用VRay灯光模拟太阳光

Step 1 按M键打开材质编辑器，选择背景材质后将其转化为VR灯光材质，如图12-22所示。

因为要表现的是白天，从室内往室外看，大自然在阳光的照射下都是很明亮的，所以使用VR灯光材质来表现，读者也可以使用3ds Max默认材质的自发光，得出的效果也是可以的。

图12-22 设置背景材质

Step 2 单击灯光创建面板下的【VR太阳】按钮,在顶视图创建一盏VR太阳光, Max询
问是否同时创建VR天空时单击【否】按钮即可,然后调整到合适位置,并修改
太阳光的参数,直接渲染即可。如图12-23和图12-24所示。

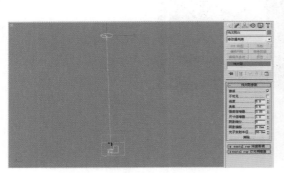

图12-23 设置VR太阳光参数

图12-24 创建太阳光后的效果

这是添加太阳光后的效果,可以很强烈地感觉到阳光洒进来的那种温馨与自然。
场景虽然不是很亮,却给人真实的感觉,下一步继续添加灯光,使场景更加明亮。

12.4.5 使用VRay灯光模拟天光

Step 1 单击灯光创建面板下的【VR灯光】按钮,在前视图创建一盏面光源来模拟天
光,各项参数如图12-25所示。

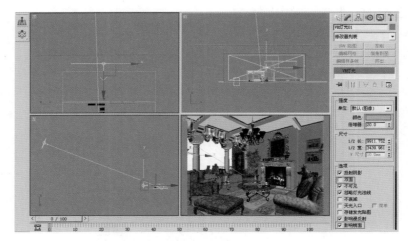

图12-25 设置VR灯光参数

Step 2 在前视图中将灯光以实例的方式复制一盏,然后用移动工具和旋转工具放到合
适的位置,如图12-26所示。

Step 3 按F9键进行渲染,效果如图12-27所示。

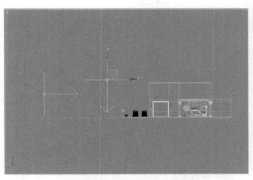

图12-26 复制灯光的位置   图12-27 创建天光后的效果

12.4.6 使用VRay灯光模拟室内光

Step 1 在顶视图中创建一盏VR灯光并将其进行复制，参数及位置如图12-28和图12-29所示。

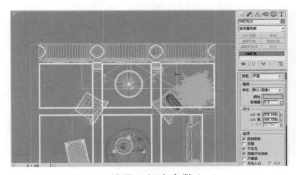

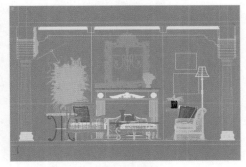

图12-28 设置VR灯光参数(一)   图12-29 VR灯光的位置（一）

Step 2 继续在顶视图创建VR灯光，参数及位置如图12-30、图12-31所示。

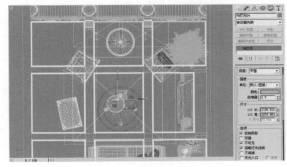

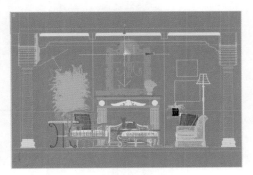

图12-30 设置VR灯光参数（二）   图12-31 VR灯光的位置（二）

Step 3 按F9键进行渲染，效果如图12-32所示。

图12-32 创建室内光后的效果

Step 4 单击灯光创建面板下的【VR灯光】按钮，将灯光类型设置为球体，然后在吊灯及地灯内分别创建球体灯，位置及参数如图12-33和图12-34所示。

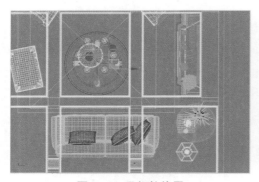

图12-33 吊灯的位置

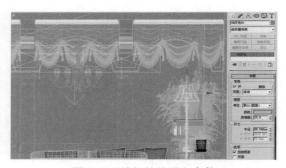

图12-34 地灯的位置和参数

技巧提示

　　吊灯和地灯的颜色、倍增器是一样的，只是两者半径不同而已。

Step 5 按F9键进行渲染，效果如图12-35所示。

这时已经得到了比较理想的效果，也许很多人会觉得在材质方面会有很多的设置，其实不是，一个场景要是光感到位，气氛把握得好，那么材质相对来说就容易多了。材质只有在光的作用下才能更真实地显示出它的特性。如果没有了光，材质调节得再好也是看不到效果的，当然也不是说材质不重要。下面就来看场景中都有哪些材质。在这里只是有针对性地讲解几个比较重要的材质，因为有很多材质前面的章节都有讲解和说明了，在此不再赘述。

图12-35 创建吊灯和地灯后的效果

12.5 材质表现

12.5.1 仿古砖材质的分析和制作

Step 1 按M键打开材质编辑器，选择仿古砖材质示例窗。

Step 2 在【基本参数】卷展栏中，激活高光光泽度右侧的按钮并将其参数设置为0.8，光泽度设置为0.85，细分设置为16，如图12-36所示。

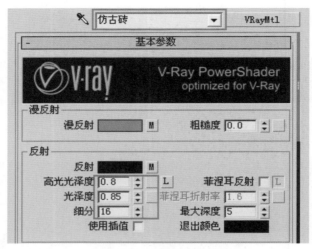

图12-36 设置基本参数

Step 3 进入【贴图】卷展栏，给漫反射、反射通道指定仿古砖贴图，然后给凹凸通道指定【法线凹凸】贴图，此时会自动进入到【参数】卷展栏，给法线通道指定仿古砖的蓝色贴图，如图12-37、图12-38所示。

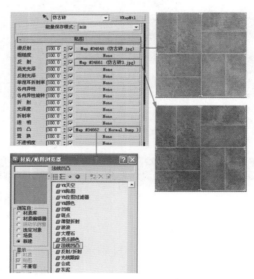

图12-37 设置通道贴图

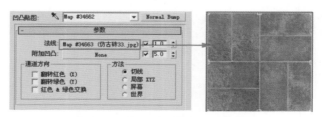

图12-38 给法线通道指定砖贴图

小知识

➤ 法线凹凸贴图是可以应用到3D表面的特殊纹理，不同于以往的纹理只可以用于2D表面。作为凹凸纹理的扩展，它包括了每个像素的高度值，内含许多细节的表面信息，能够在平淡无奇的物体上，创建出许多种特殊的立体外形。

➤ 法线：指定法线贴图。

➤ 附加凹凸：可以添加一个附加的凹凸贴图。

➤ 通道方向：默认情况下，法线贴图的红色通道表示左与右，而绿色则表示上与下。

➤ 翻转红色（X）：翻转红色通道，以反转左和右。

➤ 翻转绿色（Y）：翻转绿色通道，以反转上和下。

➤ 红色和绿色交换：交换红色和绿色通道，以使法线贴图旋转90°。

➤ 方法：使用该选项组可以选择要在法线上使用的坐标。

12.5.2 布纹材质的分析和制作

Step 1 按M键打开材质编辑器，选择碎花布材质示例窗。

Step 2 在【基本参数】卷展栏中，激活高光光泽度右侧的按钮并将其参数设置为0.5，光泽度设置为0.75，然后给漫反射通道指定【混合】贴图，如图12-39所示。

图12-39 设置布纹材质

Step 3 进入【混合参数】卷展栏，把颜色#1设置为棕黄色，颜色#2设置为浅绿色。然后在颜色#1通道和混合量通道上分别指定【衰减】和【细胞】贴图，如图12-40所示。

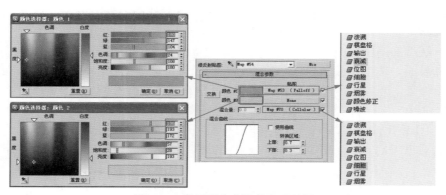

图12-40 设置混合参数的各项贴图

Step 4 依次展开【衰减参数】和【细胞参数】卷展栏，设置各项参数如图12-41、图12-42所示。

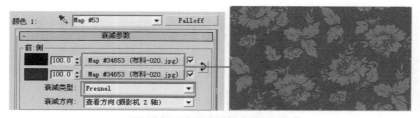

图12-41 设置衰减参数卷展栏

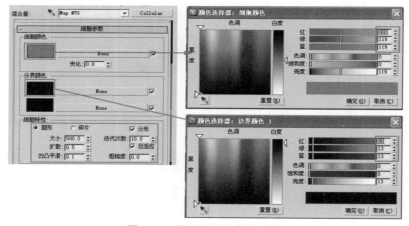

图12-42 设置细胞参数卷展栏

小知识

> 细胞贴图是一种程序贴图，生成用于各种视觉效果的细胞图案，包括马赛克、鹅卵石表面甚至海洋的表现。注意：材质编辑器示例窗不能很清楚地展现细胞贴图，将贴图指定几何体并渲染场景会得到想要的效果。

Step 5 返回到【贴图】卷
展栏，将凹凸通道
值设置为300，并
在其通道上指定一
张黑白贴图。如图
12-43所示。

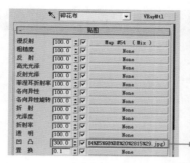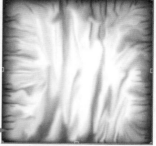

图12-43 设置凹凸通道贴图

12.5.3 乳胶漆材质的分析和制作

Step 1 按M键打开材质编辑器，选择顶材质示例窗。

Step 2 把漫反射颜色设置为黄色，细分设置为30，如图12-44所示。

图12-44 设置顶材质

技巧提示

因为场景中使用面光源比较多，而且面光源容易产生噪点，所以大面积的墙面和吊顶都要设置比较高的细分值，否则墙面及吊顶会有噪点。

Step 3 当材质设置完成之后，按F9进行
渲染，效果如图12-45所示。

材质设置完成后，会发现得到的效果
比之前要干净、清晰。但是这还没有达
到照片级的效果，因为现实中的物体在
光的照射下，直接受光面和间接受光面
的对比会比较强烈，而且在物体与物体
交接处的投影会有一个过渡的效果，包
括物体本身也是，为了达到这种效果，
必须用到VRayDirt简称AO（中文翻译为
污垢或灰尘）。

图12-45 调节材质后的效果

12.6 最终渲染参数的设置

12.6.1 设置高精度参数

Step 1 进入【V-Ray：：图像采样器】、【V-Ray：：发光贴图】卷展栏，分别设置它们的各项参数，如图12-46所示。

Step 2 进入【V-Ray：：灯光缓存】、【V-Ray：：DMC采样器】卷展栏，分别设置它们的各项参数，如图12-47所示。

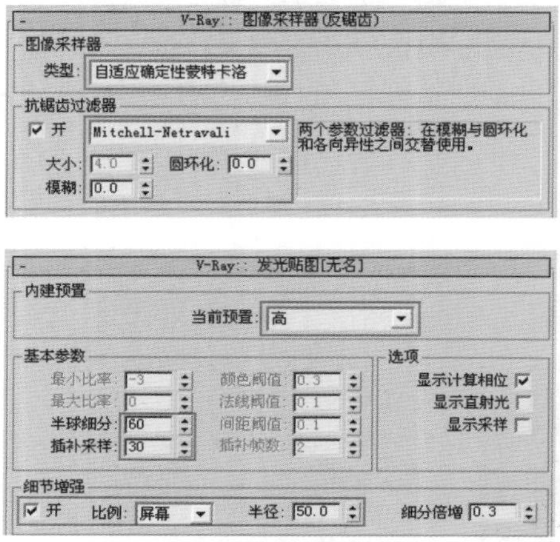

图12-46 设置卷展栏的各项参数（一）

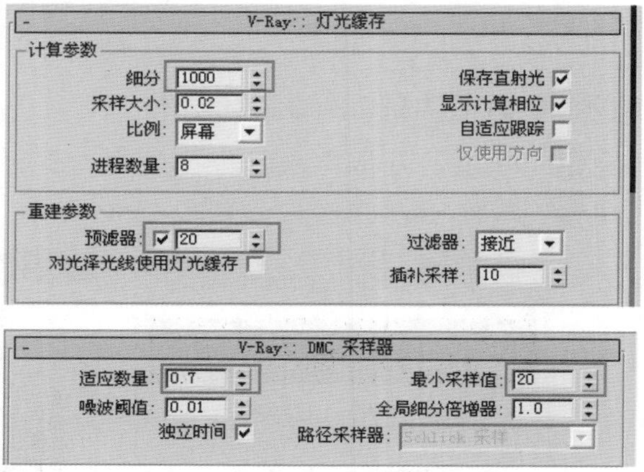

图12-47 设置卷展栏的各项参数（二）

这是最终渲染效果的参数，读者可以看出比以前设置的参数都要高，不过为了达到照片级别的效果，牺牲点时间也是值得的。很多参数之前也用过，唯一不同的是在发光贴图卷展栏中开启了细节增强。这样渲染就会更慢，但渲染出来的效果明暗关系明显，而且气氛也更好。

Step 3 按F9键进行渲染，效果如图12-48所示。

图12-48 渲染的最终效果

12.6.2　渲染AO图

当渲染完成后，下面开始来渲染AO图。

Step 1　打开渲染面板进入【V-Ray：：全局开关】卷展栏，勾选【材质】区域的覆盖材质选项，然后单击None按钮，在弹出的【材质/贴图浏览器】对话框中双击VR灯光材质选项，如图12-49所示。

图12-49　设置覆盖材质

Step 2　按M键打开材质编辑器，把VR灯光材质拖动到材质编辑器中的任意一个材质示例窗口上，如图12-50所示。

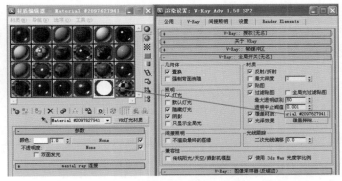

图12-50　复制VR灯光材质

Step 3　在【参数】卷展栏中单击None按钮，在弹出的【材质/贴图浏览器】对话框中双击VRayDirt贴图，设置各项参数如图12-51、图12-52所示。

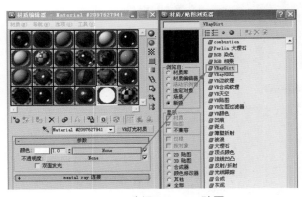

图12-51　选择VRayDirt贴图

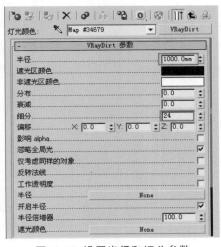

图12-52　设置半径和细分参数

小知识

> 半径：以场景单位为标准来控制灰尘区域的半径，同时也可以用贴图来控制半径，按照灰尘的灰度，白色表示产生灰尘效果，黑色表示不产生灰尘效果，灰色就是按照它的灰度百分比来显示灰尘效果。

> 阻挡颜色：灰尘区域的颜色。

> 无阻挡颜色：非灰尘区域的颜色。

> 分布：控制灰尘的分布，0表示分布均匀。

> 衰减：灰尘区域到非区域的过渡效果。

> 细分：灰尘区域的细分，小的值会产生杂点，但是渲染速度很快；大的值不会产生杂点，但是需要花费很多的渲染时间。

> 偏移：灰尘在x、y、z轴上的偏移。

> 影响 alpha：勾选时，会影响通道效果。

> 忽略全局光：决定是否让灰尘效果参加全局光照的计算。

> 仅考虑同样的对象：勾选时灰尘效果只影响自身，不勾选场景的物体都会受到影响。

> 反转法线：反转灰尘效果的法线。

> 纹理贴图半径：使用贴图来控制吸光的半径。

> 打开纹理贴图半径：此选项可以打开或关闭用贴图来控制吸光的半径。

> 纹理贴图半径倍增器：使用贴图来设置吸光的颜色。

Step 4 按F9键进行渲染，效果如图12-53所示。

图12-53 测试渲染效果

从AO图中可以看出，无论是受光面还是背光面都显得很自然，而且亮面和暗面的过渡非常好。但是很多人却不知道怎么把它结合到效果图中来使用，下面就简单地讲解一下两者的使用方法。

Step 5　启动Photoshop软件，打开渲染出来的成图和AO图，结合Shift键用移动工具把AO图拖到成图中，如图12-54所示。

Step 6　确定选择AO图，在图层面板中单击正常右侧的按钮，在弹出的下拉列表中选择柔光，如图12-55所示。

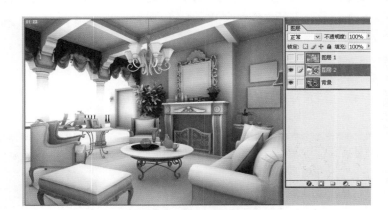

图12-54　把AO图拖动到成图中　　　　　　　　　图12-55　选择柔光选项

Step 7　在图层面板中，把不透明度设置为50%，如图12-56所示，会客室的最终效果如图12-57所示。

图12-56　设置不透明度参数　　　　　图12-57　会客室的最终效果

技巧提示

　　不透明度可以根据需要来设置，并不一定是50%或30%。因为视觉习惯的问题，应该会有不少人在初次接触LWF后，觉得LWF的图比较灰，色彩比较淡。其实只要光和材质表现都理想，有些不足之处都可以轻易地通过PS来修正和弥补。毕竟没有任何一张大图是不需要PS就可以达到完美的，LWF的图也不例外。如果要表现明暗和颜色对比都比较强烈，或者光影绚丽的图，建议不要使用LWF，因为这是LWF的弱项。

12.7　读者问答

问：在【首选项设置】对话框的【材质和颜色】区域中勾选与不勾选"子像素贴图"和"钳制输出"选项有什么区别？

答：勾选后会丢失一些颜色信息，但跟效果没有太大关系，如图12-58和图12-59所示。

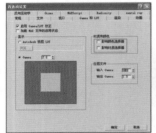 

图12-58 不勾选"子像素贴图"和
"钳制输出"的效果

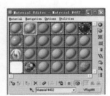

图12-59 勾选"子像素贴图"和
"钳制输出"的效果

问：在【V-Ray帧缓冲器】窗口的校正工具有什么作用？

答：可以用来调节场景的亮度，就像Photoshop中的曲线调整命令一样，如图12-60所示。

 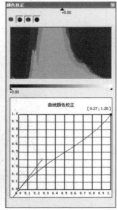

图12-60 使用校正工具调整图像亮度

问：什么是LWF？

答：LWF全称Linear Workflow，中文翻译为线性工作流。"工作流"在这里可以当作工作流程来理解。LWF就是一种通过调整图像Gamma值，来使得图像得到线性化显示的技术流程。而线性化的本意就是让图像得到正确的显示结果。设置LWF后会使图像明亮，这个明亮即是正确的显示结果，是线性化的结果。

问：为什么要用LWF？

答：教程开头的例子中提到，全局光渲染器在常规作图流程下得到的图像会比较暗（尤其是暗部）。而本来，这个图像是不应该这么暗的，不应该在作图调高灯光亮度时，亮处都几近曝光了，而场景的某些暗部还是亮不起来（即不应该明暗差距过大）。这个过暗问题，最主要的客观原因是因为显示器错误地显示了图像，使原来不暗的图像，被显示器给显示暗了（也就是非线性化了）。所以要用LWF，通过调整Gamma，来让图像达到正确的线性化显示效果（即让它变亮），使得图像的明暗看起来更有真实感，更符合人眼视觉和现实中真正的光影感，而不是像原本那样的明暗差距过大。

问：什么是Gamma值？为什么要设置成2.2这个值？

答：为什么显示器显示出来的结果会过暗，这个问题涉及电路电气知识，在这里简短引用火星论坛凡子前辈的解释，希望可以大致明白一下。

首先，显示器的亮度变化，是因为它的输入电压发生变化。而输入电压的变化函数和显示器的亮度变化关系不成正比，无法合理对应。所以导致了显示器显示失真，产生了不正确的显示结果（即暗的结果，非线性的结果）。而Gamma就是表示这个失真程度的参数。值越大，失真越大，图像也就越暗。其中，1则意味着图像不失真，会正常显示。

大多数显示器的失真程度，即它的Gamma值是2.2。所以在用LWF来校正图像失真时，才有了2.2这个参照数值。

问：LWF的流程怎么理解？

答：实现LWF的手段，实质就是修改两个地方，即A+B，如图12-61所示。

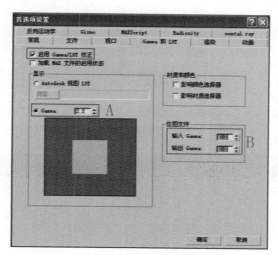

图12-61 LWF的流程

A：修改Max自身的Gamma。

B：修改图像文件输入输出时的Gamma。

问：为什么要在VRay的颜色贴图卷展栏里设置为2.2，它和Max的Gamma设置有何联系？

答：通常VRay在计算暗部角落区域的时候，因为那里出现的内容少，有效的像素少，或者说需要表现的细节少，所以VRay不会在那些地方过多地去采样和计算以节约时间。这就带来一个问题：如果仅仅通过上述Max自身的Gamma设置，完成了LWF，校正了图的Gamma使之变亮，那图中那些原本偏暗的地方在被强行校正提亮后，就会因为暗部采样样本少而出现很多杂点。这就和在PS中把一个原本灰暗的图一下子调得太亮而导致暗部出现许多杂点的效果一样。要避免这个问题，实现一个能保证质量的LWF流程，就需要在VRay的颜色贴图中，把曝光模式的Gamma设置为2.2。这样VRay就可以保证图中的暗处也有足够的采样计算了（因为VRay也知道了显示器的Gamma是2.2而自发作了调整）。它和上面Max里提到的A设置，意思是一样的。但因为唯一不同的是VRay有了暗部采样计算的过程，所以质量效果更好。同时为了保证图的色彩还原真实度和考虑到调节的便捷性，建议尽可能地只用线性曝光方式来渲染LWF图。

问：为什么LWF下务必使用VRay帧缓冲器窗口？

答：首先要说的是，Max里的2.2和VRay的2.2，如果两者都同时设置了的话，默认会得到一个错误的结果。因为这就相当于图在渲染出来后，Gamma被校正了两次，而变得过于白亮和不正常。而两者若只改其一，渲染后当然就可以得到对的效果，但仍然有如下问题：

（1）只改Max的2.2，也就是上述的A设置，会造成暗部采样不足，导致产生很多杂点，图像质量不高。

（2）只改VRay的2.2，Max的Gamma全局环境没有得到调整，渲染出来的材质效果和从材质编辑器里看到的效果不一样，给作图造成不便。（因为没有设置A，只设置了B，贴图会显得非常暗；如果A、B都不设置，则图像会受VRay的2.2影响而发白。）

为了能够保证质量和方便调节，当然是希望两者能够共存。所以要达到合理化的LWF设置流程，最好的选择就是使用VRay的渲染窗口（也就是VR帧缓冲器/Frame buffer）。在之前的教程正文中也提到务必使用VRay的渲染窗口。因为Max的全局Gamma设置正好是对这个东西不起作用的，它既可以正确支持VRay的Gamma是2.2，又不会受到Max中A设置的影响。两处地方同时设置为2.2，也不会产生因二次校正后导致的图像发白的错误效果，这也就完美地解决了共存问题。但要说明的是，在VRay渲染窗口渲染完图像保存的时候，按Gamma值为1的原则保存即可。也就是说不用在Max的Gamma输出设置中设置为2.2而是保持默认的1。否则还是会产生二次校正。

12.8 扩展练习

通过对本章案例的学习，相信读者对使用LWF方法和渲染AO图已有一定的了解。希望读者结合本章所学习的灯光和材质方法来练习一张会客厅白天效果的制作。最终效果如图12-62所示。

图12-62 扩展练习最终效果

资料： 配套光盘含有原模型文件、贴图。

要求： 读者需要结合本章灯光的布置方法，以及材质设置方法，制作出如图12-62所示的效果。

注意事项：

（1）会客室为白天效果，布置灯光的时候室外光要强烈些。

（2）创建灯光的时候，灯光的阴影要设置好，光线过渡要由亮到暗比较合适。

（3）调节材质的时候，木纹的反射模糊特性一定要表现出来，也要控制好色溢问题。

13　技法与心得

任何一张效果图都是由光和材质组合而成的，同一个场景，不同的人会表现出不同的效果，有好的也有不好的。对于初学者来说有时并不能分清什么样的图才是好的表现图。也许很多人跟着书本做可以得到好的效果，一旦离开书本换另一场景却不知从何入手。原因在于我们书上学到的知识运用到现实中却有着一定的差别，同时由于有些书本只讲结果，对于过程并不着重讲，所以遇到新的空间我们也就做不出好的效果。在此我们这一章节就深入讲解现实中的光与表现图中的光的区别与应用，以及本人从事多年表现图的一些经验。

13.1 光域网

光域网英文名为Photometric Webs，是一种基于工业照明的三维表现形式，也是物理光度学灯光的一种。简单来说，我们平时所见的车灯、手电筒就属于光域网。在3DS中我们经常使用光域网来模拟现实中的灯光效果（如台灯、壁灯、射灯等）。因此合理地使用光域网不仅可以使效果图增色，而且还可以得到近似于照片的灯光效果。

在3DS中使用的光域网都是IES格式。用法不难，首先在3DS中创建一盏物理灯光，然后在"灯光分布"卷展栏中选择"光度学Web"，如图13-1所示。

然后在"光度学Web"复选框中单击"选择光度学文件按钮"，在弹出的对话框中选择任意一种光域网，如图13-2所示。

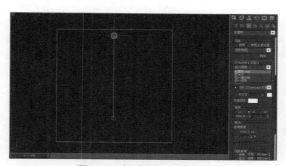

图13-1 光域网的创建

图13-2 打开光域网

在3DS中相信很多人都会使用光域网，但真正了解光域网的并不多。下面我们就针对光域网的各种物理属性一一讲解，让大家对其有更深入的认识，从而得心应手地制作出更加优秀的效果表现图。

（1）光域网的分布。

光域网对场景的影响是很大的，不同形状的光域网它本身的亮度和漫反射也是不一样的，如图13-3所示，我们可以看出各种光域网对场景的影响，以及它在墙面地面产生的光斑效果。如果改变它的颜色，那么整个空间的气氛也会有所影响，如图13-4所示。

图13-3 光域网的形状

图13-4 光域网的气氛

（2）光域网的用途。

不管是在现实中还是在表现图中，光域网是必不可少的，它是营造气氛点缀空间的主要因素。从图13-5中可以看出，光域网的用途非常广泛。

图13-5 光域网的用途

　　3ds max在光域网的光度学中心设置了一个模拟点光源，通过它，光源发散灯光的方向只表现为向外发散的状态。光源的发光强度依据光域网预置的水平和垂直角度进行分布，从而预知光域网形态，如图13-6所示。

图13-6 光域网形态

（3）光域网浏览器的用法及制作。

说了这么多相信大家已经明白光域网是怎么一回事了，但光域网是如何浏览，又是如何制作呢？有很多光域网会附带有浏览的JPG文件，如果没有，可以用前面提到的方法来浏览，也可以使用IES编辑器来浏览及编辑我们想要的光域网文件。

双击 🐾 图标，打开Creator ies（创建 ies）面板。单击 Load 按钮，打开任意一个ies，就可以在图上显示出光域网的开关及默认的亮度，如图13-7所示。如果想改变光域网的形状，可以把鼠标放在红色曲线上，按住鼠标左键不放，任意移动曲线的位置，从而右边的光域网也会跟着改变，至于亮度及形状大家可以根据所需来进行调整，然后保存即可。

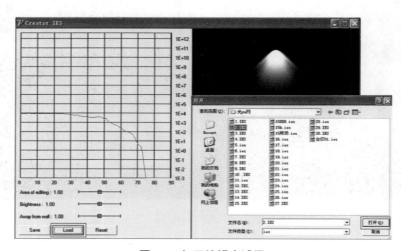

图13-7 打开编辑光域网

13.2 模拟现实中的各种光照效果

现实中除了光域网还有台灯、暗藏灯、云石灯、太阳光等各种光照，前面的章节也有所讲解，在这里我们还要进一步分析各种光的不同使用方法及各自的利与弊。

对于台灯、壁灯、吊灯类的灯具，我们用得最多，而且材质的调节与灯的布置也不难，一般常用的有三种方法：VR球形灯、光域网及自由点光源。

云石灯因为不同于成品的灯具，很多成品灯具都有共同的特点，就是本身的材料透明或半透明，这样我们容易模拟，对于只透光不透明的物体，我们就不能像平时那样调材质，要用到VR双面材质，如图13-8所示，我们可以看出它们的区别。

图13-8 VR双面材质透光效果

　　由于光本身的漫反射和衰减特性不同，因此光投射在物体表面上所受到的光照程度也是不一样的（如：射灯照在地面上所产生的不同光斑，吊灯及台灯对周围光照的影响等），如图13-9、图13-10所示。

图13-9 光对周边的影响（一）

图13-10 光对周边的影响（二）

其实很多知识前面也有所讲解，现在我们来分析与区别它们的用法与所得到的效果。先在3DS中任意建立几个空心和实心的物体，然后给它们指示两种不同的材质，一种是半透明的，另一种是透明的。如图13-11、图13-12所示。在物体中放置几盏大小和参数都一样的灯光，渲染就能得到如图13-13所示的效果。

图13-11 创建物体

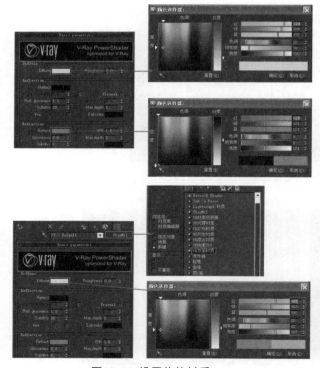

图13-12 设置物体材质

图13-13 添加灯光效果

在相同的灯光下，材质一样而物体不一样，或物体一样材质不一样时得到的效果是有区别的，从而我们总结出以下几点：

（1）对于空心的物体，如果里面布光，材质最好是半透明的（如台灯、吊灯）。

（2）对于透光而不透明的物体，材质应该设置为VR双面材质（如云石灯、光纤光等）。

（3）空心的物体应尽可能地少用VR双面材质，而实心的物体也尽量少用透明材质（指本身有发光性质的物体）。

暗藏灯其实也是有多种布光方法的，最直接最常用的方法就是布置VR面光。如果一个场景有很多暗藏灯，那么这样用面光来渲染会非常慢，所以我们用另外两种方法来布灯，即VR灯光和材质包裹器也能得到我们想要的效果，如图13-14所示。

图13-14 暗藏灯效果

这是三种不同布光方法得到的暗藏光效果，需要注意的是后两种方法最好把发光体的摄像机可见和投射阴影取消，因为我们只是要体现光而不需要看到其本身，每一种方法我们都应该掌握，因为它们对场景是有影响的。在运用时需注意如下：

（1）运用VR灯光直接布光，效果好，材质也不易漏光，但如果一个场景布置很多面光时，渲染是很耗时间的。

（2）运用VR灯光材质布光，材质的细分改变必须大些，否则容易产生光线不均匀或有阴影。

（3）运用VR材质包裹器得到的效果也可以，光线的衰减度也不错，但材质本身由于接收和扩散的原因，在使用时应该控制好，材质的饱和度也不宜过高。

13.3 材质的保存与调用及漫反射（色彩搭配）

（1）打开材质编辑器，单击 按钮将材质保存到库内，并给材质命名，如图13-15所示。

单击"standard "按钮进入贴图浏览器，在"文件"复选框内"保存"设置好的材质，如图13-16所示。如果要使用调好或下载的材质，单击"打开"按钮就行。

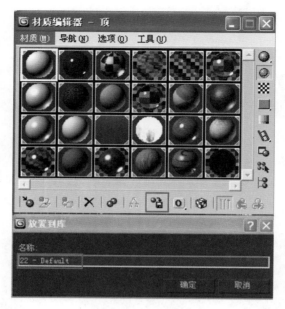

图13-15　保存材质

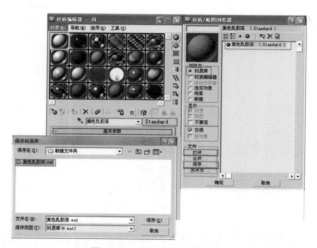

图13-16　调用与保存材质

（2）材质由于受到光照，材质本身的颜色也会随之漫反射到周边环境，比如材质本身是红色的，那么它周边的环境也会或多或少地受到红色的影响而产生细微的变化，如图13-17所示。

图13-17 颜色漫反射

　　我们怎么去解决这种问题呢，相信大家都会用到VR材质包裹器来控制它的颜色的扩散，这样一来也可以解决，不过整个空间也会跟着变化，那么灯光也得加大才能保证原有的亮度。还有另一种方法可以解决，而且效果会更好，就是运用光的颜色或材质色彩搭配来解决问题。我们都知道光的三原色为红黄蓝，颜色的三原色为红绿蓝。它们之间的两种色彩放在一起都会对本身的颜色或周围颜色扩散发生改变。如：红＋绿＝黄，绿＋蓝＝青，红＋蓝＝品红，如图13-18所示。知道这一点我们就知道为什么布光时窗外有很蓝的灯光，室内布暖色的灯光而场景不会变得蓝或很暖的缘故，材质也是这个道理。

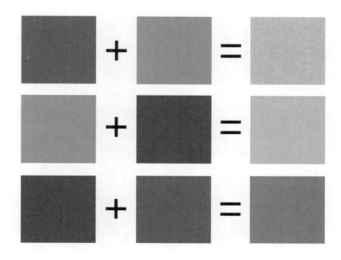

图13-18 色彩三原色

13.4 速度与质量的平衡

关于速度与质量的平衡，这应该也是很多人关心的，因为现在对效果图要求越来越高，很多时候都是用模型来体现真实的物体（以前很多都是PS加放：饰品、植物等），这样一来对电脑的硬件要求也就越来越高，有时候由于设备或资金的问题，电脑有时并不能满足我们所有的要求，所以我们只能通过各种方法来解决。

我们在操作时经常遇到因为物体太多而导致电脑运行速度变慢，这是由于物体显示实体时占用更多的资源，从而使电脑运算变慢，这些使电脑变慢的物体都是一些家具或软装所造成的，只要设置为线框显示，那么再多的物体也不会影响操作，如图13-19所示。因为这只是一种在操作区的显示状态，虽然可以提高在操作上的速度，但对于渲染效果是不会变的，渲染跟物体的显示并没什么关联。

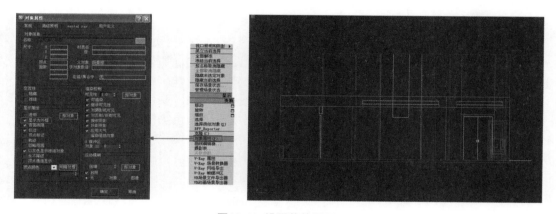

图13-19 设置物体显示

前面讲到，在XP系统中内存不足而终止渲染的问题，如果你用的是Windows7系统就不会出现内存不足，即便出现，那只是由于硬件跟不上或内存与主板不兼容所致。

作为商业表现图质量往往是主要的，然而我们并不一味地追求质量而忽略了时间。甲方也不可能给我们很多时间去渲一张表现图，所以我们应该在确保质量的同时而保证时间的充溢，从而达到质量与速度的平衡。首先来看图13-20，前面那张渲染用了10个小时，后面那张才用了3个小时，但我们发现两张图的区别并不明显，那为什么渲染时间却区别如此之大呢，原因有三。

图13-20 参数大小的对比效果

（1）布光不同。我们知道一个大的空间是需要布置很多灯光的，不然场景会不够高，但布灯的方法有很多种，适当地少用VR面光及穹顶灯之类的灯来照明，而用部分VR灯光材质或VR材质包裹器来代替，从而减少渲染时间。

（2）材质的细分。材质细分越大，效果越好，所以很多初学者刚接触时都是跟着书本学习，其材质细分都很大，所以渲染会很慢。材质细分达到20，效果已经不错了，就没必要选择50。书本只是作为参考，其参数并不是死的，灵活运用才能使时间更充足。

（3）渲染参数。渲染参数的设置在很大程度上影响着效果的细节，但并不是说所有的参数都设置很大，细节就很明显。如"插补采样"这一项如果细分大不但影响速度，而且还会损失一些转折面的细节。总之，光线表现到位，材质细分合理，则渲染参数不用设置过高也一样能达到好的效果。